微积分 （上册）

WEIJIFEN

主　编　陈相兵　王　妍

副主编　何　兴　李　玲

主　审　韩　泽　闵心畅

重庆大学出版社

内容提要

基于我校教育教学改革和应用型本科办学定位,结合独立学院培养应用型人才的办学宗旨,我们编写了这套《微积分》教材以适应各专业对人才培养的要求.

全书分为上、下两册.本书为上册,共六章,包括函数、极限与连续,导数与微分,微分中值定理及其应用,不定积分,定积分及其应用和微分方程.

本书根据独立学院学生的特点,在编写时遵循重视基本概念和培养基本能力的原则,不过分强调烦琐的理论证明;在习题的编排上突出丰富性和层次性,分为基础题、提高题及应用题三种类型;在提高题部分精选了近几年的考研真题,用以训练学生的综合解题能力.

本书可供普通高等院校经济管理类专业和理工科各专业学生使用,也可作为其他相关专业教师和学生的参考书.

图书在版编目(CIP)数据

微积分.上册 / 陈相兵,王妍主编. -- 重庆:重庆大学出版社,2020.6(2024.7 重印)
ISBN 978-7-5689-2202-9

Ⅰ.①微… Ⅱ.①陈… ②王… Ⅲ.①微积分—高等学校—教材 Ⅳ.①O172

中国版本图书馆 CIP 数据核字(2020)第 097390 号

微积分

(上册)

主　编　陈相兵　王　妍
副主编　何　兴　李　玲
主　审　韩　泽　闵心畅

责任编辑:谭　敏　　版式设计:谭　敏
责任校对:邹　忌　　责任印制:邱　瑶

*

重庆大学出版社出版发行
出版人:陈晓阳
社址:重庆市沙坪坝区大学城西路 21 号
邮编:401331
电话:(023) 88617190　88617185(中小学)
传真:(023) 88617186　88617166
网址:http://www.cqup.com.cn
邮箱:fxk@ cqup.com.cn(营销中心)
全国新华书店经销
重庆升光电力印务有限公司印刷

*

开本:720mm×960mm　1/16　印张:16　字数:289 千
2020 年 6 月第 1 版　　2024 年 7 月第 5 次印刷
ISBN 978-7-5689-2202-9　定价:44.00 元

前　言

随着社会的进步和科技的发展,数学与越来越多的新领域相互渗透,形成交叉学科,现代社会对人们的数学素养要求越来越高。"高新技术的本质就是数学技术"的观点已经被越来越多的人所接受."微积分"是普通高等院校各专业重要的基础课,通过微积分的学习,不仅能提升学生的数学素养和创新能力,还能激发学生的创造力,提高思维的逻辑性,所以对低年级大学生而言,学好"微积分"这门课程显得尤为重要.

本书是四川大学锦江学院特色教材和"一师一优"课题项目研究成果,以培养和提高学生的数学素养、创新意识、分析和解决实际问题的能力为宗旨,根据四川大学锦江学院教育教学改革和应用型本科办学定位,结合独立学院培养应用型人才的办学宗旨和近几年全国硕士研究生入学考试大纲的内容和要求编写而成.在编写过程中,我们教学团队特别关注了独立院校数学基础课程的特点,总结了数年来在大学数学基础课程教学第一线的教学经验和实践,编写的教材具有以下特点:

1. 本书是完全按照普通应用型本科高校学生培养计划和目标编写的,即本教材面向的对象为应用型普通本科高校的学生.

2. 对全书的内容进行锤炼和调整.在保证教学内容完整的前提下,将三重积分、曲线积分和曲面积分作为下册的最后一章,供理工科各专业学生学习,同时也便于学有余力的经济管理类专业学生拓展学习.

3. 根据独立学院学生的知识基础和实用性要求,在编写时重视基本概念的引入与讲授,强调解题思路,便于学生熟悉计算过程,精通解题技巧,提高解题能力.在内容上做到合理取舍,避免烦琐的理论证明,以适应应用型本科学生的需要.

4. 在习题的编排上突出丰富性和层次性,每一章均配备有基础题和提高题两种类型,若干章节配备有应用题型.基础题是针对基本方法的训练而编写的,提高题部分精选近几年的考研真题,用以训练学生的综合解题能力,应用题多数选自与实际生活和工程问题贴近的数学应用案例,以培养学生用数学知识分析和解决实际问题的能力.

本书上、下册分别由四川大学锦江学院数学教学部陈相兵、王妍和钟琴主编，其中上册由陈相兵、王妍任主编，何兴、李玲任副主编，韩泽、闵心畅任主审. 编写分工为：陈相兵（负责第 4、6 章及全书校稿），王妍（负责第 2 章及第 5 章内容修改），何兴（负责第 1 章），李玲（负责第 5 五章），梅杰（负责第 3 章），四川大学锦江学院数学教学部办公室负责人郑巧凤老师也作了大量工作. 在此教材出版之际，我们非常感谢原四川大学数学学院副院长、现四川大学锦江学院数学教学部主任韩泽教授，以及四川大学数学学院教授、四川大学锦江学院数学教学部执行主任闵心畅老师，他们在百忙中抽出时间来牵头并悉心指导、督促我们团队的编写工作. 同时，编写中还参阅了大量优秀的教材及文献资料，谨向这些教材、文献的编者及出版单位致以诚挚的谢意！

由于作者水平所限，加之时间仓促，教材中难免有错误和不足之处，敬请专家、同行及读者不吝赐教，我们深表感谢.

编　者

2020 年 5 月

目 录

第1章　函数、极限与连续

初等数学的研究对象基本上是不变的量,而高等数学研究的对象则是变化的量. 函数反映了变量间的依赖关系,它是高等数学的主要研究对象. 极限是变量的一种变化趋势,是高等数学的理论基础,也是学好这门课程的关键. 本章将介绍函数、极限和函数的连续等基本概念、性质以及应用.

1.1　函数的概念

在现实世界中,事物之间往往存在着某种联系.17 世纪初,以莱布尼茨为首的数学家为了研究变量间的依赖关系,首次引入了函数这个基本概念. 从那以后,函数成为数学应用实践中建立数学模型的基础. 本节将介绍函数(一元函数)的概念、表示与特征.

1.1.1　实数与区间

1)实数系与数轴

公元前 3000 年以前,人类的祖先最先认识的数是自然数 $1, 2, 3, \cdots$. 随着社会实践和数的运算的需要,经过长期的历史演变和科学总结,数的范围得到不断扩展,形成了实数系:

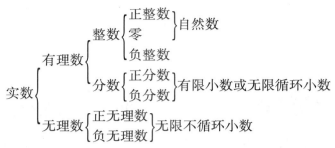

全体有理数所构成的集合和全体无理数构成的集合的总体就是实数集合. 为了后面的叙述方便, 习惯上, 我们把自然数集记为 **N**, 整数集记为 **Z**, 有理数集记为 **Q**, 实数集记为 **R**, 且这些数集之间的关系如下:

$$\textbf{N} \subset \textbf{Z} \subset \textbf{Q} \subset \textbf{R}.$$

为了直观形象地理解"数", 我们有了数轴的概念. 任给一个实数, 在数轴上就有唯一的点与之对应; 反之, 数轴上任意一个点也对应着唯一的实数, 由此, 实数集中的数与数轴上的点是一一对应的.

2) 区间和邻域

常用的区间有以下几种:

（1）开区间 $(a, b) = \{x \mid a < x < b\}$;

（2）闭区间 $[a, b] = \{x \mid a \leqslant x \leqslant b\}$;

（3）半开半闭区间, 如 $(a, b] = \{x \mid a < x \leqslant b\}$ 等;

（4）无穷区间, 如 $(a, +\infty) = \{x \mid x > a\}$ 等.

有时需要研究某个数附近的数的性质, 由此引入邻域的概念. 设 $\delta > 0$, 用 $U(x_0, \delta)$ 表示 x_0 的 δ 邻域, $U(x_0, \delta) = (x_0 - \delta, x_0 + \delta) = \{x \mid |x - x_0| < \delta\}$; 用 $\overset{\circ}{U}(x_0, \delta)$ 表示 x_0 的去心 δ 邻域, $\overset{\circ}{U}(x_0, \delta) = (x_0 - \delta, x_0) \cup (x_0, x_0 + \delta) = \{x \mid 0 < |x - x_0| < \delta\}$, 其中 x_0 为**邻域的中心**, δ 为**邻域的半径**.

1.1.2 函数的概念

定义 设 x 和 y 是两个变量, D 是一个给定的非空数集. 如果对于 $x \in D$, 按照一定的对应法则 f, 使 x 有唯一 y 相对应, 则称 y 是 x 的函数, 记作

$$y = f(x), \quad x \in D,$$

其中, x 称为**自变量**, y 称为**因变量**, 数集 D 称为这个函数的**定义域**, 也记为 D_f, 即 $D_f = D$.

对 $x_0 \in D$, 按照对应法则 f, 总有确定的值 y_0（记为 $f(x_0)$）与之对应, 称

$f(x_0)$ 为函数在点 x_0 处的**函数值**. 因变量与自变量的这种依赖关系通常称为**函数关系**.

当自变量 x 取遍 D 的所有数值时,对应的函数值 $f(x)$ 的全体构成的集合称为函数 f 的**值域**,记为 R_f,即

$$R_f = \{y \mid y = f(x), x \in D\}$$

函数的表现形式

(1)表格法:函数与自变量的关系可用一个表格表示.

(2)图像法:函数与自变量的关系由平面直角坐标系中的曲线给出.

(3)解析法:用解析式表示自变量与因变量之间关系,根据函数解析表达式的不同,函数可分为显函数、隐函数和分段函数三种:

(i)显函数:函数 y 由 x 的解析表达式直接表示. 例如, $y = x + 1$.

(ii)隐函数:函数的自变量 x 与因变量 y 的对应关系由

$$F(x, y) = 0$$

来确定. 例如, $\ln y = \cos(x + y)$.

(iii)分段函数:函数在其定义域的不同范围内具有不同的解析表达式. 以下是几个分段函数的例子.

例1 绝对值函数

$$y = |x| = \begin{cases} x, x \geqslant 0 \\ -x, x < 0 \end{cases}$$

的定义域 $D = (-\infty, +\infty)$,值域 $R_f = [0, +\infty)$. 图形如图 1-1 所示.

例2 符号函数

$$y = \operatorname{sgn} x = \begin{cases} 1, x > 0 \\ 0, x = 0 \\ -1, x < 0 \end{cases}$$

的定义域 $D = (-\infty, +\infty)$,值域 $R_f = \{-1, 0, 1\}$. 图形如图 1-2 所示.

例3 取整函数, $y = [x]$, $[x]$ 表示不超过 x 的最大整数. 例如, $[0.3] = 0$, $[3.14] = 3$, $[2] = 2$, $[-1.5] = -2$. 易见,取整函数的定义域 $D = (-\infty, +\infty)$,值域 $R_f = \mathbf{Z}$. 图形如图 1-3 所示.

1.1.3 函数特性

1)函数的有界性

设函数 $f(x)$ 的定义域为 D,若对 $\forall x \in D$, $\exists M > 0$,有

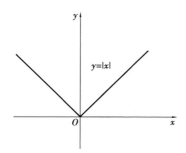

图 1-1

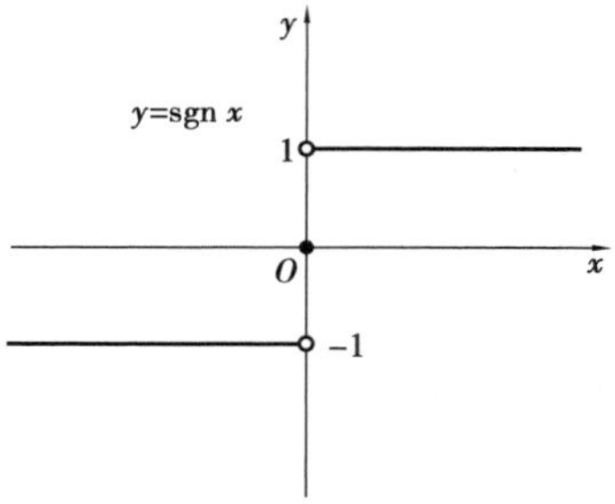

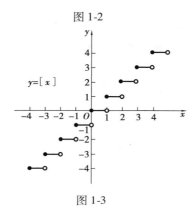

图 1-2

$$| f(x) | \leqslant M,$$

则称函数 $f(x)$ 在 D 内有界. 如果这样的正数 M 不存在, 就称函数 $f(x)$ 在区间 D 内无界. 若是 $f(x) \leqslant M(f(x) \geqslant -M)$, 则称函数 $f(x)$ 在 D 内有上界(有下界), 否则称函数 $f(x)$ 在 D 内无上界(无下界).

例如, 函数 $y = \sin x$ 在 $(-\infty, +\infty)$ 内有界, 因为对于任一 $x \in (-\infty, +\infty)$, 总有 $|\sin x| \leqslant 1$.

图 1-3

2）函数的单调性

设函数 $f: A \to B, \forall x_1, x_2 \in A$, 且 $x_1 < x_2$ 时, 有

$$f(x_1) \leqslant f(x_2)(f(x_1) \geqslant f(x_2)),$$

则称函数 $f(x)$ 为**增函数(减函数)**. 若

$$f(x_1) < f(x_2)(f(x_1) > f(x_2)),$$

则称函数 $f(x)$ 为**严格增函数(严格减函数)**.

例如符号函数、取整函数是增函数, 但不是严格增函数; $y = x^2$ 在 $(0, +\infty)$ 上单调增加, 在 $(-\infty, 0)$ 上单调减少.

3）函数的奇偶性

设函数 $f(x)$ 的定义域 D_f 关于原点对称, 如果对于任一 $x \in D_f$, 都有

$$f(-x) = -f(x)$$

成立, 则称 $f(x)$ 为**奇函数**; 如果对于任一 $x \in D_f$, 都有

$$f(-x) = f(x)$$

成立, 则称 $f(x)$ 为**偶函数**.

奇函数的图像关于原点对称,偶函数的图像关于 y 轴对称. 例如 $y = 3x$,$y = \ln(x + \sqrt{1 + x^2})$ 是奇函数;$y = x^2$,$y = |x|$ 是偶函数.

4) 函数的周期性

设 $f: A \to B$,若 $\exists T \neq 0$,使得对每个 $x \in A$,$x + T \in A$,有 $f(x + T) = f(x)$ 成立,则称 $f(x)$ 为**周期函数**,T 为 $f(x)$ 的**周期**. 显然,若 n 为正整数,则 nT 也是周期,因此每个周期函数的周期有无数个. 通常,周期函数的周期是指这无数个周期中最小的一个正数,即**最小正周期**.

注:周期函数的最小正周期不一定存在. 例如,常值函数以任意非零实数为周期,它没有最小正周期.

习题 1.1

基础题

1. 求下列函数的定义域:

$(1) y = \dfrac{1}{x + 3}$;

$(2) y = \sqrt{3x - 6}$;

$(3) y = \ln(x^2 - 3x)$;

$(4) y = \tan 2x$.

2. 指出下列函数中哪些是奇函数,哪些是偶函数,哪些既不是奇函数也不是偶函数?

$(1) f(x) = x^3 - 2x + 6$;

$(2) f(x) = x^2 \sin x$;

$(3) f(x) = \dfrac{e^x + e^{-x}}{2}$;

$(4) f(x) = \dfrac{e^x - e^{-x}}{2}$.

3. 下列函数中哪些是周期函数? 对于周期函数,指出其周期:

$(1) y = \sin\left(x - \dfrac{\pi}{3}\right)$;

$(2) y = 2\cos 5x$;

$(3) y = \tan \pi x - 9$;

$(4) y = x^2 \tan x$.

4. 下列各对函数是否相同? 为什么?

$(1) f(x) = x$,$g(x) = \sqrt{x^2}$;

$(2) f(x) = x + 1$,$g(x) = \dfrac{x^2 - 1}{x - 1}$.

1.2 初等函数

1.2.1 反函数

定义 1 设函数 $y = f(x)$ 的定义域为 A，值域为 B，且 f 是单射，则对每一个 $y \in B$，都存在唯一 $x \in A$，使得 $y = f(x)$. 定义函数

$$f^{-1}: B \to A, \quad f^{-1}(y) = x.$$

函数 $x = f^{-1}(y)$ 称作函数 $y = f(x)$ 的**反函数**. 相对于反函数 $x = f^{-1}(y)$ 来说，原来的函数 $y = f(x)$ 称作**直接函数**.

习惯上，函数的自变量用 x 表示，因变量用 y 表示，所以反函数通常表示为

$$y = f^{-1}(x).$$

直接函数与它的反函数的图像关于直线 $y = x$ 对称. 严格单调函数的反函数总是存在的，并且严格增（减）函数的反函数也是严格增（减）的.

例如，$y = x^3$ 的反函数是 $y = \sqrt[3]{x}$，$y = 2^x$ 的反函数是 $y = \log_2 x$.

1.2.2 基本初等函数

常值函数、幂函数、指数函数、对数函数、三角函数、反三角函数，这六类函数称作基本初等函数.

1）常值函数

$$y = C, \quad (-\infty < x < +\infty).$$

常值函数相当于把实数看成一类特殊的函数.

2）幂函数

$$y = x^{\alpha}.$$

其中，α 是任意实数，幂函数的定义域根据 α 的取值的变化而变化. 当 $\alpha = 1, 2, 3, \dfrac{1}{2}, -1$ 时的幂函数，如图 1-4 所示.

3）指数函数

$$y = a^x, \quad (a > 0, a \neq 1).$$

指数函数的图像只有两种类型. ①当 $a > 1$ 时，$y = a^x$ 是增函数，如图 1-5 所

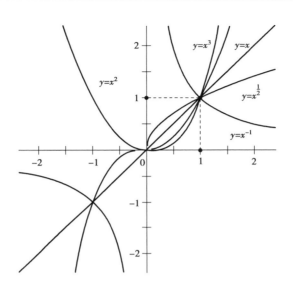

图 1-4

示；②当 $0 < a < 1$ 时，$y = a^x$ 是减函数，如图 1-6 所示.

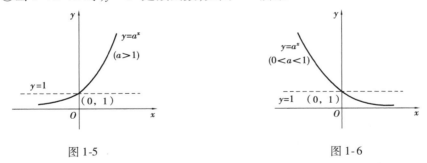

图 1-5   图 1-6

4）对数函数

$$y = \log_a x, (a > 0, a \neq 1).$$

对数函数的图像也只有两种类型. 当 $a > 1$ 时，$y = \log_a x$ 是增函数，如图 1-7 所示；当 $0 < a < 1$ 时，$y = \log_a x$ 是减函数，如图 1-8 所示.

对数运算有一些常用的性质：

（1）$\forall M, N > 0, \log_a M + \log_a N = \log_a MN$；

（2）$\forall M, N > 0, \log_a M - \log_a N = \log_a \dfrac{M}{N}$；

（3）$\forall M > 0, a^{\log_a M} = M.$

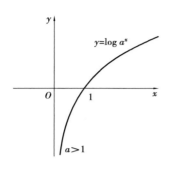

图 1-7 图 1-8

注：$y = \lg x$ 被称作常用对数，它是以 10 为底数的对数；$y = \ln x$ 被称作自然对数，它是以 e 为底数的对数，$e = 2.718\ 281\ 828\ 4\cdots$是一个无理数.

5）三角函数

（1）正弦函数 $y = \sin x$. 它的定义域为$(-\infty, +\infty)$，值域为$[-1, 1]$，如图 1-9所示.

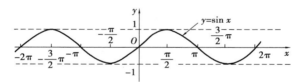

图 1-9

（2）余弦函数 $y = \cos x$. 它的定义域为$(-\infty, +\infty)$，值域为$[-1, 1]$，如图 1-10所示.

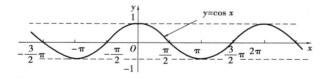

图 1-10

（3）正切函数 $y = \tan x$，$\tan x = \dfrac{\sin x}{\cos x}$. 它的定义域为$\{x \mid x \in \mathbf{R}, x \neq \dfrac{\pi}{2} + k\pi, k \in \mathbf{Z}\}$，值域为$(-\infty, +\infty)$，如图 1-11 所示.

（4）余切函数 $y = \cot x$，$\cot x = \dfrac{\cos x}{\sin x}$. 它的定义域为$\{x \mid x \in \mathbf{R}, x \neq k\pi, k \in \mathbf{Z}\}$，值域为$(-\infty, +\infty)$，如图 1-12 所示.

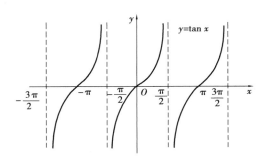

图 1-11

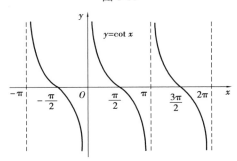

图 1-12

（5）正割函数 $y = \sec x, \sec x = \dfrac{1}{\cos x}$. 它的定义域为 $\{x \mid x \in \mathbf{R}, x \neq \dfrac{\pi}{2} + k\pi,$

$k \in \mathbf{Z}\}$,值域为 $(-\infty, -1] \cup [1, +\infty)$,如图 1-13 所示.

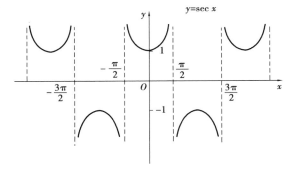

图 1-13

（6）余割函数 $y = \csc x, \csc x = \dfrac{1}{\sin x}$. 它的定义域为 $\{x \mid x \in \mathbf{R}, x \neq k\pi, k \in$

Z},值域为$(-\infty,-1]\cup[1,+\infty)$,如图 1-14 所示.

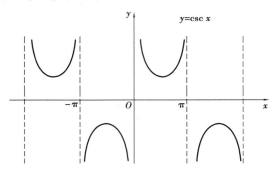

图 1-14

6)反三角函数

正弦函数、余弦函数、正切函数和余切函数在各自定义域内不存在反函数,只有在它们的单调区间上才有反函数. 对正弦函数、余弦函数、正切函数及余切函数,分别取$\left[-\dfrac{\pi}{2},\dfrac{\pi}{2}\right]$、$[0,\pi]$、$\left(-\dfrac{\pi}{2},\dfrac{\pi}{2}\right)$及$(0,\pi)$作为单调区间. 并把在这几个区间上的反函数称为反三角函数.

（1）反正弦函数$y=\arcsin x,\left(-1\leqslant x\leqslant 1,-\dfrac{\pi}{2}\leqslant y\leqslant\dfrac{\pi}{2}\right)$. 它是奇函数,还是增函数,如图 1-15 所示.

（2）反余弦函数$y=\arccos x,(-1\leqslant x\leqslant 1,0\leqslant y\leqslant\pi)$. 它是减函数,如图 1-16 所示.

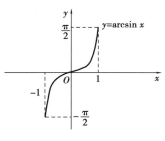

图 1-15　　　　　　　　　　　图 1-16

（3）反正切函数$y=\arctan x,\left(-\infty<x<+\infty,-\dfrac{\pi}{2}<y<\dfrac{\pi}{2}\right)$. 它是奇函数,

还是增函数,如图 1-17 所示.

(4)反余切函数 $y = \operatorname{arccot} x$, $(-\infty < x < +\infty, 0 < y < \pi)$. 它是减函数,如图 1-18 所示.

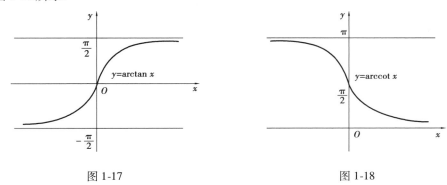

图 1-17　　　　　　　　　　　图 1-18

1.2.3　复合函数

定义 2　设函数 $y = f(u)$ 的定义域为 D_f,而函数 $u = \varphi(x)$ 的值域为 R_φ,若

$$D_f \cap R_\varphi \neq \varnothing,$$

则称函数 $y = f(\varphi(x))$ 为 x 的**复合函数**. 其中,x 称为**自变量**,y 称为**因变量**,u 称为**中间变量**.

注:并非任何两个函数都可以复合成一个复合函数.

例如,$y = \arcsin u$,$u = 2 + x^2$,因为前者定义域为 $[-1, 1]$,而后者 $u = 2 + x^2 \geqslant 2$,所以这两个函数不能复合成复合函数.

例 1　设 $y = f(u) = \cos u$,$u = \varphi(x) = x^2 + 1$,求 $f(\varphi(x))$.

解　$y = f(\varphi(x)) = \cos(\varphi(x)) = \cos(x^2 + 1)$.

例 2　指出下列复合函数的复合过程:

(1) $y = \sin 2^x$.

(2) $y = \ln \cos 3x$.

解　(1) $y = \sin 2^x$ 的复合过程是

$$y = \sin u, u = 2^x.$$

(2) $y = \ln \cos 3x$ 的复合过程是

$$y = \ln u, u = \cos v, v = 3x.$$

例 3　设 $f(x) = \begin{cases} \mathrm{e}^x, & x < 1 \\ x, & x \geqslant 1 \end{cases}$, $\varphi(x) = \begin{cases} x + 2, & x < 0 \\ x^2 - 1, & x \geqslant 0 \end{cases}$,求 $f(\varphi(x))$.

解 $f(\varphi(x)) = \begin{cases} e^{\varphi(x)}, \varphi(x) < 1 \\ \varphi(x), \varphi(x) \geqslant 1 \end{cases}$.

（1）当 $\varphi(x) < 1$ 时，

若 $x < 0, \varphi(x) = x + 2 < 1$，得 $x < -1$；

若 $x \geqslant 0, \varphi(x) = x^2 - 1 < 1$，得 $0 \leqslant x < \sqrt{2}$；

（2）当 $\varphi(x) \geqslant 1$ 时，

若 $x < 0, \varphi(x) = x + 2 \geqslant 1$，得 $-1 \leqslant x < 0$；

若 $x \geqslant 0, \varphi(x) = x^2 - 1 \geqslant 1$，得 $x \geqslant \sqrt{2}$.

综上所述，得到

$$f(\varphi(x)) = \begin{cases} e^{x+2}, x < -1 \\ x + 2, -1 \leqslant x < 0 \\ e^{x^2-1}, 0 \leqslant x < \sqrt{2} \\ x^2 - 1, x \geqslant \sqrt{2} \end{cases}.$$

1.2.4 初等函数

定义 3 由基本初等函数经过有限次**四则运算**和有限次**复合运算**而成的函数，叫作**初等函数**. 例如，

$$y = \sqrt{1 + x^2}, y = 2^x + \cos(2x + 1), y = \arcsin^2 x - 1, y = \ln(\sec x + \tan x)$$

等都是初等函数.

 习题 1.2

基础题

1. 求下列各式的值：

（1）$\arcsin \dfrac{\sqrt{3}}{2}$；

（2）$\arcsin\left(-\dfrac{1}{2}\right)$；

（3）$\arccos \dfrac{\sqrt{2}}{2}$；

（4）$\arccos 0$；

（5）$\arctan \dfrac{\sqrt{3}}{3}$；

（6）$\operatorname{arccot}(-1)$.

2. 求下列各式的值:

(1) $\sin\left(\arcsin\dfrac{4}{5}\right)$;

(2) $\sin\left(\arcsin\left(-\dfrac{1}{3}\right)\right)$;

(3) $\cos\left(\arcsin\dfrac{4}{5}\right)$;

(4) $\sin\left(\dfrac{\pi}{3}+\arccos\dfrac{1}{4}\right)$;

(5) $\tan(\operatorname{arccot}\sqrt{3})$;

(6) $\sin(\arctan 2)$.

3. 已知 $f\left(x+\dfrac{1}{x}\right)=x^2+\dfrac{1}{x^2}$, 求 $f(x)$.

4. 已知 $f(\varphi(x))=1+\cos x$, $\varphi(x)=\sin\dfrac{x}{2}$, 求 $f(x)$.

1.3 数列的极限

高等数学与初等数学不仅研究的对象不同,研究的方法也不相同. 初等数学的方法是建立在有限的观念上,而高等数学的方法是建立在无限的观念上. 对于无限,我们要用极限的方法来处理.

1.3.1 数列的极限

数列就是从正整数集到实数集的函数,通常记作 $\{a_n\}$. 例如

$$1,\frac{1}{2},\frac{1}{3},\cdots,\frac{1}{n},\cdots$$

$$1,-1,1,-1,\cdots,(-1)^{n+1},\cdots$$

$$2,4,6,\cdots,2n,\cdots$$

分别表示数列 $\left\{\dfrac{1}{n}\right\}$, $\{(-1)^{n+1}\}$, $\{2n\}$. 如图 1-19 所示,如果将数列 $\{a_n\}$ 的每一项所对应的点画在数轴上,则数列 $\{a_n\}$ 可看作数轴上的一个动点,它依次取数轴上的点 $a_1,a_2,\cdots,a_n,\cdots$.

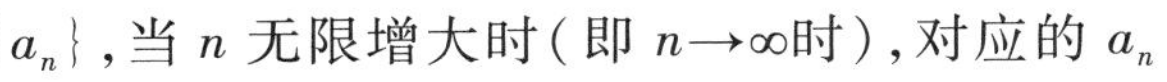

图 1-19

对于数列 $\{a_n\}$,当 n 无限增大时(即 $n\to\infty$时),对应的 a_n 的变化趋势如何呢?

如图 1-20,考察当 $n \to \infty$ 时,数列

$$1, \frac{1}{2}, \frac{1}{3}, \cdots, \frac{1}{n}, \cdots$$

的变化趋势. 将数列的各项依次画在数轴上,可以看出,当 n 无限增大时, $\frac{1}{n}$ 对

应的点无限接近于确定的常数 0. 这时,我们把常数 0 称作数列 $\left\{\frac{1}{n}\right\}$ 的极限.

图 1-20

一般地,有下面的定义:

定义 1 如果当 n 无限增大时,数列 $\{a_n\}$ 无限接近于一个确定的常数 a,则称常数 a 是数列 $\{a_n\}$ 的**极限**,或者称数列 $\{a_n\}$ **收敛**于 a,记作

$$\lim_{n \to \infty} a_n = a, \text{或} a_n \to a (n \to \infty).$$

例如,当 $n \to \infty$ 时,数列 $\left\{\frac{1}{n}\right\}$ 的极限是 0. 可记作

$$\lim_{n \to \infty} \frac{1}{n} = 0, \text{或} \frac{1}{n} \to 0 (n \to \infty).$$

例 1 观察下列数列的变化趋势,写出它们的极限:

$(1) a_n = 3 - \frac{1}{n^2}$; $(2) a_n = \left(\frac{1}{2}\right)^n$.

解 计算出数列的前几项,考察当 $n \to \infty$ 时数列的变化趋势如下表:

n	1	2	3	4	5	$\cdots$	$\to \infty$
$a_n = 3 - \dfrac{1}{n^2}$	$3 - \dfrac{1}{1}$	$3 - \dfrac{1}{4}$	$3 - \dfrac{1}{9}$	$3 - \dfrac{1}{16}$	$3 - \dfrac{1}{25}$	$\cdots$	$\to 3$
$a_n = \left(\dfrac{1}{2}\right)^n$	$\dfrac{1}{2}$	$\dfrac{1}{4}$	$\dfrac{1}{8}$	$\dfrac{1}{16}$	$\dfrac{1}{32}$	$\cdots$	$\to 0$

可以看出,它们的极限分别是:

$(1) \lim_{n \to \infty} a_n = \lim_{n \to \infty}\left(3 - \frac{1}{n^2}\right) = 3.$

$(2) \lim_{n \to \infty} a_n = \lim_{n \to \infty}\left(\frac{1}{2}\right)^n = 0.$

一般地,有下述结论:

（1）$\lim\limits_{n\to\infty}\dfrac{1}{n^{\alpha}}=0(\alpha>0)$.

（2）$\lim\limits_{n\to\infty}q^{n}=0(|q|<1)$.

（3）$\lim\limits_{n\to\infty}C=C(C$ 为常数$)$.

定义2 $\forall\varepsilon>0$,存在正整数 N,使得当 $n>N$ 时,有 $|a_{n}-a|<\varepsilon$,则称 a 是数列 $\{a_{n}\}$ 的极限,或者称数列 $\{a_{n}\}$ 收敛于 a,记作

$$\lim_{n\to\infty}a_{n}=a,\text{或}\ a_{n}\to a(n\to\infty).$$

例2 证明数列 $a_{n}=\dfrac{2n-1}{3n+4}$ 的极限是 $\dfrac{2}{3}$.

证明

$$|a_{n}-a|=\left|\frac{2n-1}{3n+4}-\frac{2}{3}\right|=\frac{11}{9n+12}<\frac{11}{9n}<\frac{2}{n}.$$

对于任意给定的正数 ε（设 $\varepsilon<1$）,只要

$$\frac{2}{n}<\varepsilon\ \text{或}\ n>\frac{2}{\varepsilon},$$

则不等式 $|a_{n}-a|<\varepsilon$ 必定成立. 所以,取正整数 $N=\left[\dfrac{2}{\varepsilon}\right]$,则当 $n>N$ 时,就有

$$|a_{n}-a|=\left|\frac{2n-1}{3n+4}-\frac{2}{3}\right|<\frac{2}{n}<\varepsilon.$$

故由极限的定义知

$$\lim_{n\to\infty}a_{n}=\lim_{n\to\infty}\frac{2n-1}{3n+4}=\frac{2}{3}.$$

1.3.2 收敛数列的性质

定理1（唯一性） 如果数列 $\{a_{n}\}$ 收敛,则数列 $\{a_{n}\}$ 的极限是唯一的.

证明 用反证法,假设数列 $\{a_{n}\}$ 有两个不同的极限,即 $\lim\limits_{n\to\infty}a_{n}=a$, $\lim\limits_{n\to\infty}a_{n}=b$, 且 $a\neq b$. 根据定义2,对于给定的 $\varepsilon=\dfrac{|b-a|}{2}>0$,因为 $\lim\limits_{n\to\infty}a_{n}=a$,所以存在正整数 N_{1},当 $n>N_{1}$ 时,有

$$|a_{n}-a|<\frac{|b-a|}{2}.$$

又因为 $\lim\limits_{n\to\infty}a_{n}=b$,所以存在正整数 N_{2},当 $n>N_{2}$ 时,有

$$|a_{n}-b|<\frac{|b-a|}{2}.$$

取 $N = \max\{N_1, N_2\}$，当 $n > N$ 时，以上两个不等式都成立. 于是

$$|a - b| = |a - a_n + a_n - b| \leqslant |a_n - a| + |a_n - b| < \frac{|b - a|}{2} + \frac{|b - a|}{2} = |a - b|.$$

这显然矛盾，所以数列 $\{a_n\}$ 有唯一的极限.

定理 2（有界性） 如果数列 $\{a_n\}$ 收敛，则数列 $\{a_n\}$ 一定有界.

证明 因为数列 $\{a_n\}$ 收敛，所以数列的极限存在. 设这个极限值为 a，即 $\lim\limits_{n \to \infty} a_n = a$. 根据数列极限的定义，对于 $\varepsilon = 1$，必存在正整数 N，使得当 $n > N$ 时，有

$$|a_n - a| < 1.$$

成立. 因此，当 $n > N$ 时，有

$$|a_n| = |a_n - a + a| \leqslant |a_n - a| + |a| < 1 + |a|.$$

取 $M = \max\{|a_1|, |a_2|, \cdots, |a_N|, 1 + |a|\}$，于是对一切正整数 n，不等式

$$|a_n| \leqslant M$$

都成立，所以数列 $\{a_n\}$ 有界.

由上述定理可知，如果数列 $\{a_n\}$ 无界，则数列一定发散. 据此可判定一类数列的发散性. 例如，数列 $a_n = 2^n$ 无界，所以发散，即 $\lim\limits_{n \to \infty} 2^n$ 不存在.

数列有界只是数列收敛的必要条件，不是充分条件. 如果数列 $\{a_n\}$ 有界，则不能断定数列 $\{a_n\}$ 一定收敛. 例如，数列 $(-1)^{n+1}$ 有界，但它是发散的.

定理 3（保号性） 若 $\lim\limits_{n \to \infty} a_n = a$，且 $a > 0$（或 $a < 0$），则存在正整数 N，使得当 $n > N$ 时，恒有 $a_n > 0$（或 $a_n < 0$）.

证明 先证明 $a > 0$ 的情形. 按定义，对于 $\varepsilon = \dfrac{a}{2} > 0$，存在正整数 N，当 $n > N$ 时，有

$$|a_n - a| < \frac{a}{2},$$

即 $a_n > a - \dfrac{a}{2} = \dfrac{a}{2} > 0$.

同理可证 $a < 0$ 的情形.

推论 若数列 $\{a_n\}$ 从某项起有 $a_n \geqslant 0$（或 $a_n \leqslant 0$），且 $\lim\limits_{n \to \infty} a_n = a$，则 $a \geqslant 0$（或 $a \leqslant 0$）.

基础题

1. 观察数列 $\{a_n\}$ 的一般项 a_n 的变化趋势，写出它们的极限：

(1) $a_n = \dfrac{1}{4^n}$;

(2) $a_n = (-1)^n \dfrac{2}{n+1}$;

(3) $a_n = 3$;

(4) $a_n = 1 - \dfrac{1}{n^3}$;

(5) $a_n = \dfrac{3-n}{n+1}$;

(6) $a_n = 1 + \dfrac{1}{n^2}$.

2. 观察下列数列的变化趋势，写出它们的极限：

(1) $a_n = \dfrac{n+1}{n-1}$;

(2) $a_n = 2n$;

(3) $a_n = 5 + (-1)^n \dfrac{1}{n}$;

(4) $a_n = 3 + (-1)^n$.

3. 观察并求下列极限：

(1) $\lim\limits_{n \to \infty} \dfrac{1}{n^2}$;

(2) $\lim\limits_{n \to \infty} \dfrac{3n-1}{2n+3}$.

提高题

1. 根据数列极限的定义证明：

(1) $\lim\limits_{n \to \infty} \dfrac{1}{n^2} = 0$;

(2) $\lim\limits_{n \to \infty} \dfrac{5n+2}{2n+1} = \dfrac{5}{2}$.

2. 设数列 $\{a_n\}$ 有界，又 $\lim\limits_{n \to \infty} b_n = 0$，证明：$\lim\limits_{n \to \infty} a_n b_n = 0$.

3. 若 $\lim\limits_{n \to \infty} u_n = a$，证明 $\lim\limits_{n \to \infty} |u_n| = |a|$.

4. 对于数列 $\{x_n\}$，若 $x_{2k-1} \to a (k \to \infty)$，$x_{2k} \to a (k \to \infty)$，证明：$x_n \to a (n \to \infty)$.

5. (1999 年数二)"对任意给定的 $\varepsilon \in (0,1)$，总存在正整数 N，当 $n > N$ 时，恒有 $|x_n - a| \le \varepsilon$"是数列 $\{x_n\}$ 收敛于 a 的(　　　).

A. 充分条件但非必要条件

B. 必要条件但非充分条件

C. 充分必要条件

D. 既非充分条件又非必要条件

6. (2014 年数三) 设 $\lim\limits_{n\to\infty} a_n = a$，且 $a\neq 0$，则当 n 充分大时有（　　）.

A. $|a_n| > \dfrac{|a|}{2}$　　　　　　　　　　B. $|a_n| < \dfrac{|a|}{2}$

C. $a_n > a - \dfrac{1}{n}$　　　　　　　　　　D. $a_n < a + \dfrac{1}{n}$

1.4　函数的极限

数列可看作一种特殊的函数，我们实际上是研究了数列 $a_n = f(n)$ 这种特殊函数的极限. 现在开始研究一般函数的极限.

在数列极限中，由于自变量 n 只能取正整数，所以自变量只有 $n\to\infty$ 这一种变化方式. 研究一般函数 $y = f(x)$ 的极限时，自变量通常取实数，其变化过程有两种基本情况，自变量趋向无穷大和自变量趋于有限值.

下面分别讨论这两种基本情况的极限问题.

1.4.1　自变量趋向无穷大时函数的极限

看下面的例子：

考察 $x\to\infty$ 时，函数 $f(x) = \dfrac{1}{x}$ 的变化趋势.

由图 1-21 可以看出，当 x 的绝对值无限增大时，$f(x)$ 的值无限接近于 0. 这时，我们把数 0 称作 $f(x)$ 当 $x\to\infty$ 时的极限.

定义 1　设函数 $y = f(x)$ 在 $|x|$ 充分大时有定义，如果当 x 的绝对值无限增大时，函数 $f(x)$ 的值无限接近于一个确定的常数 A，则 A 称为函数 $f(x)$ 当 $x\to\infty$ 时的**极限**，记作

$$\lim_{x\to\infty} f(x) = A，\text{或} f(x) \to A(\text{当 } x \to \infty).$$

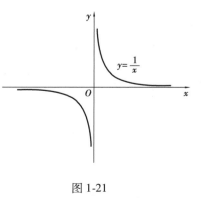

图 1-21

例如，当 $x\to\infty$ 时，函数 $f(x) = \dfrac{1}{x}$ 的极限是 0，记作

18

$$\lim_{x \to \infty} f(x) = \lim_{x \to \infty} \frac{1}{x} = 0.$$

或 $f(x) = \dfrac{1}{x} \to 0$ （当 $x \to \infty$）.

很明显，这里所述的自变量 x 的绝对值无限增大包含两种基本情形，即沿 x 轴正方向趋于无穷大，记作 $x \to +\infty$，和沿 x 轴负方向趋于无穷大，记作 $x \to -\infty$.

定义2 如果当 $x \to +\infty (x \to -\infty)$ 时，函数 $f(x)$ 的值无限接近于一个确定的常数 A，则 A 称为函数 $f(x)$ 当 $x \to +\infty (x \to -\infty)$ 时的极限，记作

$$\lim_{x \to +\infty} f(x) = A, \text{或} f(x) \to A (\text{当} x \to +\infty);$$
$$\lim_{x \to -\infty} f(x), \text{或} f(x) \to A (\text{当} x \to -\infty).$$

例如，由图 1-21 可知

$$\lim_{x \to +\infty} \frac{1}{x} = 0, \lim_{x \to -\infty} \frac{1}{x} = 0.$$

这两个极限值与 $\lim\limits_{x \to \infty} \dfrac{1}{x} = 0$ 相等，都是 0.

这就是说，如果 $\lim\limits_{x \to +\infty} f(x)$ 和 $\lim\limits_{x \to -\infty} f(x)$ 都存在并且相等，则 $\lim\limits_{x \to \infty} f(x)$ 也存在并且与它们相等. 由定义可知，如果 $\lim\limits_{x \to +\infty} f(x)$ 和 $\lim\limits_{x \to -\infty} f(x)$ 有一个不存在，或两者存在但不相等，则 $\lim\limits_{x \to \infty} f(x)$ 不存在.

例1 考察函数 $y = \arctan x$ 的图像，求出下列极限：

$$\lim_{x \to +\infty} \arctan x, \lim_{x \to -\infty} \arctan x, \lim_{x \to \infty} \arctan x.$$

解 考察图 1-17 可知，当 $x \to +\infty$ 时，函数 $\arctan x$ 无限接近于常数 $\dfrac{\pi}{2}$，所以

$$\lim_{x \to +\infty} \arctan x = \frac{\pi}{2};$$

类似地，当 $x \to -\infty$ 时，$\lim\limits_{x \to -\infty} \arctan x = -\dfrac{\pi}{2}$；

因为 $\lim\limits_{x \to +\infty} \arctan x \neq \lim\limits_{x \to -\infty} \arctan x$，所以当 $x \to \infty$ 时，极限 $\lim\limits_{x \to \infty} \arctan x$ 不存在.

仿照数列极限的 $\varepsilon - N$ 定义，可以给出当 $x \to \infty$ 时，函数极限的精确定义.

定义3 设函数 $y = f(x)$ 在 $|x| > M (M > 0)$ 处有定义，如果 $\forall \varepsilon > 0$，$\exists X > 0$，当 $|x| > X > M$ 时，有

$$|f(x) - A| < \varepsilon.$$

则称 A 为 $f(x)$ 的极限，记作

$$\lim_{x \to \infty} f(x) = A \text{ 或 } f(x) \to A (x \to \infty).$$

极限 $\lim\limits_{x \to \infty} f(x) = A$ 的几何意义是：作直线 $y = A - \varepsilon$ 和 $y = A + \varepsilon$，则总有一个正数 X 存在，使得当 $x < -X$ 或 $x > X$ 时，函数 $y = f(x)$ 的图像夹在这两条平行直线之间. 这时，直线 $y = A$ 是 $y = f(x)$ 的图像的水平渐近线，如图 1-22 所示.

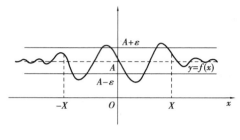

图 1-22

例 2 证明：$\lim\limits_{x \to \infty} \dfrac{1}{x} = 0$.

证明 因为 $|f(x) - A| = \left| \dfrac{1}{x} - 0 \right| = \dfrac{1}{|x|}$，所以对于给定的任意小的正数 ε，要使

$$|f(x) - A| = \left| \frac{1}{x} - 0 \right| < \varepsilon,$$

只要 $\dfrac{1}{|x|} < \varepsilon$，即 $|x| > \dfrac{1}{\varepsilon}$. 所以，取 $X = \dfrac{1}{\varepsilon}$，当 $|x| > X$ 时，就有

$$\left| \frac{1}{x} - 0 \right| < \varepsilon$$

成立. 故由定义可知，$\lim\limits_{x \to \infty} \dfrac{1}{x} = 0$.

例 3 证明：$\lim\limits_{x \to \infty} \dfrac{3x^2 + 2x - 2}{x^2 - 1} = 3$.

证 设 $|x| > 1$. 因为

$$\left| \frac{3x^2 + 2x - 2}{x^2 - 1} - 3 \right| = \left| \frac{2x + 1}{x^2 - 1} \right| \leqslant \frac{2|x| + 1}{|x|^2 - 1} < \frac{2|x| + 2}{|x|^2 - 1} < \frac{2}{|x| - 1},$$

所以，对任意 $\varepsilon > 0$，取 $M = \dfrac{2}{\varepsilon} + 1$，则 $|x| > M$ 时，有

$$\left| \frac{3x^2 + 2x - 2}{x^2 - 1} - 3 \right| < \varepsilon.$$

1.4.2 自变量趋于有限值时函数的极限

现在研究自变量 x 趋于有限值 x_0(即 $x \to x_0$)时,函数 $f(x)$ 的变化趋势.

在 $x \to x_0$ 的过程中,对应的函数值 $f(x)$ 无限接近 A,可用

$$|f(x) - A| < \varepsilon \text{(这里 } \varepsilon \text{ 是任意给定的正数)}$$

来表达. 因为函数值 $f(x)$ 无限接近 A 是在 $x \to x_0$ 的过程中实现的,所以对于任意给定的 ε,只要求充分接近 x_0 的 x 的函数值 $f(x)$ 满足不等式 $|f(x) - A| < \varepsilon$,而充分接近 x_0 的 x 可表述为

$$0 < |x - x_0| < \delta \text{(这里 } \delta \text{ 为某个正数).}$$

根据上述分析,可给出当 $x \to x_0$ 时函数极限的定义.

定义 4 设函数 $y = f(x)$ 在点 x_0 的某个去心邻域内有定义,A 为常数,如果 $\forall \varepsilon > 0$,$\exists \delta > 0$,当 $0 < |x - x_0| < \delta$ 时,有

$$|f(x) - A| < \varepsilon.$$

则称常数 A 为 $f(x)$ 当 $x \to x_0$ 时的极限,记作

$$\lim_{x \to x_0} f(x) = A \text{ 或 } f(x) \to A(x \to x_0).$$

如图 1-23 所示,极限 $\lim_{x \to x_0} f(x) = A$ 的几何意义是:作直线 $y = A - \varepsilon$ 和 $y = A + \varepsilon$,则总有一个正数 δ 存在,使当 $x \in (x_0 - \delta, x_0) \cup (x_0, x_0 + \delta)$ 时,函数 $y = f(x)$ 的图像夹在这两条平行直线之间.

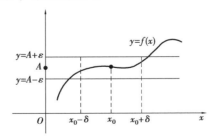

图 1-23

例 4 利用定义证明 $\lim\limits_{x \to 1} \dfrac{x^2 - 1}{x - 1} = 2$.

证明 函数在点 $x = 1$ 没有定义,又因为

$$|f(x) - A| = \left| \frac{x^2 - 1}{x - 1} - 2 \right| = |x - 1|,$$

所以对于任意给定的 $\varepsilon > 0$,要使 $|f(x) - 2| < \varepsilon$,只需取 $\delta = \varepsilon$,则当 $0 <$

$|x-1|<\delta$ 时，就有

$$\left|\frac{x^2-1}{x-1}-2\right|<\varepsilon,$$

故 $\lim\limits_{x\to 1}\dfrac{x^2-1}{x-1}=2.$

1.4.3 左、右极限

很明显，上述的自变量 x 的值无限接近 x_0 包含两种基本情形，即 x 从 x_0 的左边 $(x<x_0)$ 无限接近于 x_0（记作 $x\to x_0^-$）和 x 从 x_0 的右边 $(x>x_0)$ 无限接近于 x_0（记作 $x\to x_0^+$）。

定义 5　如果当 $x\to x_0^-$（$x\to x_0^+$）时，函数 $f(x)$ 的值无限接近于一个确定的常数 A，则 A 称为函数 $f(x)$ 当 $x\to x_0^-$（$x\to x_0^+$）时的**左（右）极限**，记作

$$\lim_{x\to x_0^-}f(x)=A \text{ 或 } f(x_0^-)=A.$$

$$\left(\lim_{x\to x_0^+}f(x)=A \text{ 或 } f(x_0^+)=A\right).$$

这就是说，如果当 $x\to x_0$ 时，函数 $f(x)$ 的左右极限都存在并且相等，即 $f(x_0^-)=f(x_0^+)=A$，则 $\lim\limits_{x\to x_0}f(x)$ 存在并且也等于 A；反之，如果 $\lim\limits_{x\to x_0}f(x)$ 存在并且等于 A，则 $\lim\limits_{x\to x_0^-}f(x)$ 和 $\lim\limits_{x\to x_0^+}f(x)$ 存在并且都等于 A，即 $f(x_0^-)=f(x_0^+)=A.$

定理　函数 $f(x)$ 当 $x\to x_0$ 时极限存在的充分必要条件是左、右极限都存在且相等，即

$$\lim_{x\to x_0}f(x)=A\Leftrightarrow f(x_0^-)=f(x_0^+)=A.$$

因此，如果 $f(x_0^-)$ 和 $f(x_0^+)$ 至少有一个不存在，或都存在但不相等，则 $\lim\limits_{x\to x_0}f(x)$ 不存在。

例 5　求符号函数，当 $x\to 0$ 时的左、右极限，并讨论极限 $\lim\limits_{x\to 0}f(x)$ 是否存在。

解　当 $x\to 0$ 时，函数的左极限为

$$f(0^-)=\lim_{x\to 0^-}f(x)=\lim_{x\to 0^-}(-1)=-1.$$

右极限为

$$f(0^+)=\lim_{x\to 0^+}f(x)=\lim_{x\to 0^+}1=1.$$

因为 $f(0^-)\neq f(0^+)$，所以极限 $\lim\limits_{x\to 0}f(x)$ 不存在。

1.4.4 函数极限的性质

性质1(唯一性) 如果 $\lim\limits_{x \to x_0} f(x)$ 存在,那么极限唯一.

性质2(局部有界) 如果 $\lim\limits_{x \to x_0} f(x) = A$,那么存在常数 $M > 0$ 和 $\delta > 0$,使得当 $0 < |x - x_0| < \delta$ 时,有 $|f(x)| \leqslant M$.

性质3(局部保号性) 如果 $\lim\limits_{x \to x_0} f(x) = A > 0$(或 $A < 0$),那么存在常数 $\delta > 0$,使得当 $0 < |x - x_0| < \delta$ 时,有 $f(x) > 0$(或 $f(x) < 0$).

性质4 如果 $f(x) \geqslant 0$(或 $f(x) \leqslant 0$),且 $\lim\limits_{x \to x_0} f(x) = A$,则 $A \geqslant 0$(或 $A \leqslant 0$).

习题 1.4

基础题

1. 利用函数图像,求下列极限:

(1) $\lim\limits_{x \to 4} 2x$;

(2) $\lim\limits_{x \to -2} (x^2 + 1)$;

(3) $\lim\limits_{x \to 0} (e^x + 1)$;

(4) $\lim\limits_{x \to 1^-} \arcsin x$.

2. 观察并写出下列极限:

(1) $\lim\limits_{x \to \infty} \dfrac{5}{x^2}$;

(2) $\lim\limits_{x \to -\infty} e^x$;

(3) $\lim\limits_{x \to -\infty} \left(\dfrac{1}{3} \right)^x$;

(4) $\lim\limits_{x \to \infty} \left(5 - \dfrac{1}{x} \right)$.

(5) $\lim\limits_{x \to \infty} \dfrac{5x + 2}{3x + 2}$;

(6) $\lim\limits_{x \to -\infty} 6$.

3. 观察并写出下列极限:

(1) $\lim\limits_{x \to 1} \ln x$;

(2) $\lim\limits_{x \to 0} \tan x$;

(3) $\lim\limits_{x \to -2} (2x - 5)$;

(4) $\lim\limits_{x \to 1} (-3)$.

4. 设 $f(x) = \begin{cases} x + 1, & x < 1 \\ x - 1, & x > 1 \end{cases}$,画出它的图像,并求当 $x \to 1$ 时,函数的左、右极限,从而说明当 $x \to 1$ 时函数的极限是否存在.

5. 设 $f(x) = \begin{cases} 1+2x, & x<0 \\ 1, & x=0 \\ 1-x, & x>0 \end{cases}$ ，求 $f(0^+)$，$f(0^-)$ 及 $\lim\limits_{x\to 0} f(x)$.

6. 考察函数 $y = \operatorname{arccot} x$ 的图像，求出下列极限：

$\lim\limits_{x\to +\infty} \operatorname{arccot} x$，$\lim\limits_{x\to -\infty} \operatorname{arccot} x$ 及 $\lim\limits_{x\to \infty} \operatorname{arccot} x$.

提高题

1. 选择题：

（1）函数 $f(x)$ 在 $x=x_0$ 处有定义是 $x\to x_0$ 时函数 $f(x)$ 有极限的（   ）.

A. 必要条件   B. 充分条件

C. 充要条件   D. 无关条件

（2）$f(x_0^+)$ 与 $f(x_0^-)$ 都存在是函数 $f(x)$ 在 $x=x_0$ 处有极限的（   ）.

A. 必要条件   B. 充分条件

C. 充要条件   D. 无关条件

（3）设 $\lim\limits_{n\to \infty} a_n = a$，且 $a \neq 0$，则 n 充分大时有（   ）.

A. $|a_n| > \dfrac{|a|}{2}$ B. $|a_n| < \dfrac{|a|}{2}$ C. $a_n < a - \dfrac{1}{n}$ D. $a_n > a + \dfrac{1}{n}$

2. 求函数 $f(x) = \dfrac{|x|}{x}$ 当 $x\to 0$ 时的左、右极限，并说明当 $x\to 0$ 时，极限是否存在.

3. 试用函数极限的定义证明下列各极限：

（1）$\lim\limits_{x\to 2}(4x-2) = 6$；   （2）$\lim\limits_{x\to +\infty} \dfrac{\cos x}{\sqrt{x}} = 0$.

1.5   无穷小与无穷大

1.5.1   无穷小

定义 1   极限是零的函数，称为无穷小.

例如，因为 $\lim\limits_{n\to \infty}\left(\dfrac{1}{n}\right)^2 = 0$，所以 $\left(\dfrac{1}{n}\right)^2$ 是当 $n\to \infty$ 时的无穷小；因为 $\lim\limits_{x\to \infty}\dfrac{1}{x^2} = 0$，

所以 $\dfrac{1}{x^2}$ 是当 $x \to \infty$ 时的无穷小；因为 $\lim\limits_{x \to 2}(2-x)=0$，所以 $2-x$ 是当 $x \to 2$ 时的无穷小.

注：（1）说一个函数 $f(x)$ 是无穷小，必须指明自变量 x 的变化趋向. 如函数 $x+3$ 是当 $x \to -3$ 时的无穷小，但当 $x \to 1$ 时，$x+3$ 就不是无穷小.

（2）不要把一个绝对值很小的常数（如 0.000 000 1）说成无穷小，因为这个常数的极限不等于 0.

（3）数"0"可以看作无穷小，因为 $\lim\limits_{x \to x_0} 0 = 0$.

无穷小与函数的极限之间有着密切的关系.

如果 $\lim\limits_{x \to x_0} f(x) = A$，则可以看出，极限 $\lim\limits_{x \to x_0}[f(x)-A]=0$. 设 $\alpha = f(x)-A$，则 α 是当 $x \to x_0$ 时的无穷小. 于是 $f(x)=A+\alpha$，即函数 $f(x)$ 可以表示为它的极限与一个无穷小的和.

反之，如果函数 $f(x)$ 可以表示为一个常数 A 与一个无穷小 α 的和，即 $f(x)=A+\alpha$，则可以看出，$\lim\limits_{x \to x_0} f(x) = \lim\limits_{x \to x_0}(A+\alpha)=A$.

综上所述，得：

定理 1 具有极限的函数等于它的极限与一个无穷小之和；反之，如果函数可表示为常数与无穷小之和，那么该常数就是这个函数的极限. 即
$$\lim_{x \to x_0} f(x) = A \Leftrightarrow f(x) = A + \alpha \quad (\alpha \text{ 是当 } x \to x_0 \text{ 时的无穷小}).$$

1.5.2 无穷小的性质

性质 1 有限个无穷小的代数和仍是无穷小.

注：无限个无穷小的和不一定是无穷小.

性质 2 有界函数与无穷小的乘积是无穷小.

推论 1 常数与无穷小的乘积是无穷小.

推论 2 有限个无穷小的乘积是无穷小.

例 1 求 $\lim\limits_{x \to \infty} \dfrac{\sin x}{x}$.

解 因为
$$\lim_{x \to \infty} \frac{\sin x}{x} = \lim_{x \to \infty} \frac{1}{x} \cdot \sin x,$$

且 $\dfrac{1}{x}$ 当 $x \to \infty$ 时为无穷小，$\sin x$ 是有界函数，所以根据无穷小的性质，有

$$\lim_{x\to\infty} \frac{\sin x}{x} = 0.$$

1.5.3 无穷大

看下面的例子：

观察图 1-24 可知，当 $x\to 0$ 时，函数 $f(x) = \dfrac{1}{x}$ 的绝对值无限制增大.

观察图 1-25 可知，当 $x\to +\infty$ 时，函数 $f(x) = e^x$ 的绝对值无限制增大.

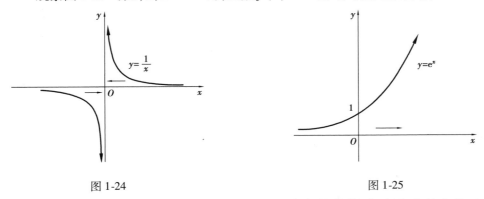

图 1-24　　　　　　　　　　　　图 1-25

这类函数的共同特点是，虽然不趋于某个确定的常数，但在各自的变化过程中都是无限增大的，称为无穷大.

定义 2　如果当 $x\to x_0$（或 $x\to\infty$）时，函数 $f(x)$ 的绝对值无限增大，则函数 $f(x)$ 称为当 $x\to x_0$（或 $x\to\infty$）时的**无穷大**.

如果函数 $f(x)$ 当 $x\to x_0$（或 $x\to\infty$）时是无穷大，则它的极限是不存在的. 但为了便于描述函数的这种变化趋势，我们也说"函数的极限是无穷大"，并记作

$$\lim_{x\to x_0} f(x) = \infty \quad (\text{或} \lim_{x\to\infty} f(x) = \infty).$$

例如，$f(x) = \dfrac{1}{x}$ 是当 $x\to 0$ 时的无穷大，记作

$$\lim_{x\to 0} \frac{1}{x} = \infty.$$

$f(x) = e^x$ 是当 $x\to +\infty$ 的无穷大，记作

$$\lim_{x\to +\infty} e^x = \infty.$$

如果函数 $f(x)$ 当 $x\to x_0$（或 $x\to\infty$）时是无穷大，且当 x 充分接近 x_0（或 x 的绝对值充分大）时，对应的函数值都是正的或都是负的，则分别记作

$$\lim_{x \to x_0} f(x) = +\infty, \lim_{x \to x_0} f(x) = -\infty.$$

例如,由图 1-24 可知

$$\lim_{x \to 0^+} \frac{1}{x} = +\infty, \lim_{x \to 0^-} \frac{1}{x} = -\infty.$$

由图 1-25 可知

$$\lim_{x \to +\infty} e^x = +\infty.$$

又如,当 $x \to 0^+$ 时,$\ln x$ 为负值且绝对值无限增大,所以 $\ln x$ 是当 $x \to 0^+$ 时的负无穷大,即

$$\lim_{x \to 0^+} \ln x = -\infty.$$

注:(1)说一个函数 $f(x)$ 是无穷大,必须指明自变量 x 的变化趋向. 如函数 $\frac{1}{x}$ 是当 $x \to 0$ 时的无穷大,但当 $x \to 1$ 时,就不是无穷大.

(2)不要把一个绝对值很大的常数(如 1 000 000)说成无穷大,因为这个常数当 $x \to x_0$(或 $x \to \infty$)时,其绝对值不能无限制地增大.

注:无界函数不一定是无穷大. 比如,$y = x \cos x$.

1.5.4 无穷小与无穷大的关系

定理 2 在自变量的同一变化过程中,如果 $f(x)$ 是无穷大,则 $\frac{1}{f(x)}$ 是无穷小;反之,如果 $f(x)$ 是无穷小,且 $f(x) \neq 0$,则 $\frac{1}{f(x)}$ 是无穷大.

例 2 求 $\lim\limits_{x \to \infty} \dfrac{x^4}{x^3 + 5}$.

解 因为

$$\lim_{x \to \infty} \frac{x^3 + 5}{x^4} = \lim_{x \to \infty} \left(\frac{1}{x} + \frac{5}{x^4} \right) = 0,$$

于是,根据无穷小与无穷大的关系有

$$\lim_{x \to \infty} \frac{x^4}{x^3 + 5} = \infty.$$

 习题 1.5

基础题

1. 当 $x \to 0$ 时，下列函数中哪些是无穷小，哪些是无穷大？

（1）$y = 5x^2$；

（2）$y = \sqrt[3]{x}$；

（3）$y = \dfrac{3}{x}$；

（4）$y = \dfrac{x}{2x^3}$；

（5）$y = \tan x$；

（6）$y = \cot x$.

2. 用无穷小的性质说明下列函数是无穷小.

（1）$y = 2x^3 + 3x^2 + x \, (x \to 0)$；

（2）$y = x^2 \cos \dfrac{1}{x} \, (x \to 0)$；

（3）$y = \dfrac{\sin x}{x} \, (x \to \infty)$；

（4）$y = \dfrac{\arctan x}{x} \, (x \to \infty)$.

提高题

1. 指出下列函数在自变量给定的变化过程中哪些是无穷小？哪些是无穷大？

（1）$y = \dfrac{x+3}{x^2-9} \, (x \to 3)$；

（2）$y = \log_a x \, (a > 1) \, (x \to 0^+)$；

（3）$y = \dfrac{x^2}{1+x} \, (x \to 0)$；

（4）$y = 2^x \, (x \to -\infty)$.

2. 下列函数在自变量怎样变化时是无穷小或无穷大？

（1）$y = \dfrac{1}{x^3+1}$；

（2）$y = \dfrac{x}{x+5}$；

（3）$y = \sin x$；

（4）$y = \ln x$.

1.6 极限的运算法则

1.6.1 极限的四则运算法则

现在我们来研究极限的加法、减法、乘法与除法法则. 自变量的所有变化过程共六种: $x \to x_0, x \to x_0^+, x \to x_0^-, x \to \infty, x \to +\infty, x \to -\infty$. 为了简便, 在下面的讨论中只对 $x \to x_0$ 的情形进行说明, 但得到的结论对于自变量的所有变化过程都是成立的.

定理1 如果 $\lim\limits_{x \to x_0} f(x) = A, \lim\limits_{x \to x_0} g(x) = B$, 则:

(1) $\lim\limits_{x \to x_0} [f(x) \pm g(x)] = \lim\limits_{x \to x_0} f(x) \pm \lim\limits_{x \to x_0} g(x) = A \pm B$.

(2) $\lim\limits_{x \to x_0} [f(x) \cdot g(x)] = \lim\limits_{x \to x_0} f(x) \cdot \lim\limits_{x \to x_0} g(x) = A \cdot B$.

(3) $\lim\limits_{x \to x_0} \dfrac{f(x)}{g(x)} = \dfrac{\lim\limits_{x \to x_0} f(x)}{\lim\limits_{x \to x_0} g(x)} = \dfrac{A}{B} (B \neq 0)$.

证明 我们只证 (1).

因为 $\lim\limits_{x \to x_0} f(x) = A, \lim\limits_{x \to x_0} g(x) = B$, 所以由极限的定义有

$\forall \varepsilon > 0$, 存在 $\delta_1, \delta_2 > 0$, 当 $0 < |x - x_0| < \delta_1, 0 < |x - x_0| < \delta_2$ 时, 有

$$|f(x) - A| < \frac{\varepsilon}{2}, |g(x) - B| < \frac{\varepsilon}{2}.$$

取 $\delta = \min\{\delta_1, \delta_2\}$, 则当 $0 < |x - x_0| < \delta$ 时, 有

$$|f(x) - A| < \frac{\varepsilon}{2}, |g(x) - B| < \frac{\varepsilon}{2}.$$

故

$$
\begin{aligned}
|(f(x) \pm g(x)) - (A \pm B)| &= |(f(x) - A) \pm (g(x) - B)| \\
&\leqslant |(f(x) - A)| + |(g(x) - B)| \\
&< \frac{\varepsilon}{2} + \frac{\varepsilon}{2} \\
&= \varepsilon.
\end{aligned}
$$

所以

$$\lim_{x \to x_0}[f(x) \pm g(x)] = A \pm B = \lim_{x \to x_0}f(x) \pm \lim_{x \to x_0}g(x).$$

定理 1 的结论可推广到有限个函数的情形. 例如,如果 $\lim_{x \to x_0}f(x)$, $\lim_{x \to x_0}g(x)$, $\lim_{x \to x_0}h(x)$ 都存在,则有

$$\lim_{x \to x_0}[f(x) + g(x) - h(x)] = \lim_{x \to x_0}f(x) + \lim_{x \to x_0}g(x) - \lim_{x \to x_0}h(x).$$

$$\lim_{x \to x_0}[f(x) \cdot g(x) \cdot h(x)] = \lim_{x \to x_0}f(x) \cdot \lim_{x \to x_0}g(x) \cdot \lim_{x \to x_0}h(x).$$

特别地,在定理 1 的(2)中,当 $g(x) = C$(C 为常数)时,因为 $\lim_{x \to x_0}C = C$,所以有

推论 1 $\lim_{x \to x_0}f(x)$ 存在,C 为常数,则

$$\lim_{x \to x_0}Cf(x) = C \cdot \lim_{x \to x_0}f(x).$$

这就是说,常数因子可以提到极限符号外面.

在定理 1 的(2)中,当 $g(x) = f(x)$,并将它推广到 n 个函数相乘时,有:

推论 2 如果 $\lim_{x \to x_0}f(x)$ 存在,n 为正整数,则

$$\lim_{x \to x_0}[f(x)]^n = \left[\lim_{x \to x_0}f(x)\right]^n.$$

注:(1)在使用上述运算法则时,要求每个参与运算的函数的极限都必须存在.

(2)在使用商的法则时,还要求分母的极限不能为零.

例 1 求 $\lim_{x \to 1}(3x^2 + 2x - 1)$.

解 $\lim_{x \to 1}(3x^2 + 2x - 1) = \lim_{x \to 1}3x^2 + \lim_{x \to 1}2x - \lim_{x \to 1}1$
$$= 3(\lim_{x \to 1}x)^2 + 2\lim_{x \to 1}x - 1 = 3 \times 1^2 + 2 \times 1 - 1 = 4.$$

例 2 求 $\lim_{x \to 5}\dfrac{x + 3}{x - 2}$.

解 当 $x \to 5$ 时,分母的极限不为 0,所以应用商的极限运算法则,得

$$\lim_{x \to 5}\frac{x + 3}{x - 2} = \frac{\lim_{x \to 5}(x + 3)}{\lim_{x \to 5}(x - 2)} = \frac{\lim_{x \to 5}x + \lim_{x \to 5}3}{\lim_{x \to 5}x - \lim_{x \to 5}2} = \frac{5 + 3}{5 - 2} = \frac{8}{3}.$$

例 3 求 $\lim_{x \to 1}\dfrac{x^2 - 1}{x - 1}$.

解 当 $x \to 1$ 时,分母的极限为 0,这时不能直接应用极限的运算法则. 但我们发现,它的分子的极限也为零. 因为 $x \to 1$,但 $x \neq 1$,即 $x - 1 \neq 0$. 所以,可以先

消去 $x-1$，再求极限. 于是有

$$\lim_{x\to 1}\frac{x^2-1}{x-1}=\lim_{x\to 1}\frac{(x+1)(x-1)}{x-1}=\lim_{x\to 1}(x+1)=1+1=2.$$

例 4　求 $\lim\limits_{x\to 1}\dfrac{x+3}{x-1}$.

解　因为当 $x\to 1$ 时，分母的极限是 0，而分子极限不为零，故其极限不存在. 但在 $x\to 1$ 的过程中 $\left|\dfrac{x+3}{x-1}\right|$ 是无限增大的. 于是有

所以
$$\lim_{x\to 1}\frac{x-1}{x+3}=\frac{0}{4}=0.$$

$$\lim_{x\to 1}\frac{x+3}{x-1}=\infty.$$

例 5　求 $\lim\limits_{x\to\infty}\left[\left(2-\dfrac{1}{x}\right)\left(1+\dfrac{1}{x^2}\right)\right]$.

解　$\lim\limits_{x\to\infty}\left[\left(2-\dfrac{1}{x}\right)\left(1+\dfrac{1}{x^2}\right)\right]=\lim\limits_{x\to\infty}\left(2-\dfrac{1}{x}\right)\cdot\lim\limits_{x\to\infty}\left(1+\dfrac{1}{x^2}\right)$

$$=\left(\lim_{x\to\infty}2-\lim_{x\to\infty}\frac{1}{x}\right)\cdot\left(\lim_{x\to\infty}1+\lim_{x\to\infty}\frac{1}{x^2}\right)$$

$$=(2-0)(1+0)=2.$$

例 6　求 $\lim\limits_{x\to\infty}\dfrac{3x^3-2x-1}{5x^3+x-5}$.

解　因为分子分母的极限都不存在，所以不能直接用极限的运算法则. 但是分子、分母同时除以 x^3，再求极限，得

$$\lim_{x\to\infty}\frac{3x^3-2x-1}{5x^3+x-5}=\lim_{x\to\infty}\frac{3-\dfrac{2}{x^2}-\dfrac{1}{x^3}}{5+\dfrac{1}{x^2}-\dfrac{5}{x^3}}=\frac{\lim\limits_{x\to\infty}\left(3-\dfrac{2}{x^2}-\dfrac{1}{x^3}\right)}{\lim\limits_{x\to\infty}\left(5+\dfrac{1}{x^2}-\dfrac{5}{x^3}\right)}$$

$$=\frac{3-0-0}{5+0-0}=\frac{3}{5}.$$

例 7　求 $\lim\limits_{x\to\infty}\dfrac{8x^2+2x+1}{x^3+x^2-5}$.

解　分子、分母同时除以 x^3，再求极限，得

$$\lim_{x\to\infty}\frac{8x^2+2x+1}{x^3+x^2-5}=\lim_{x\to\infty}\frac{\left(\dfrac{8}{x}+\dfrac{2}{x^2}+\dfrac{1}{x^3}\right)}{\left(1+\dfrac{1}{x}-\dfrac{5}{x^3}\right)}=\frac{\lim\limits_{x\to\infty}\left(\dfrac{8}{x}+\dfrac{2}{x^2}+\dfrac{1}{x^3}\right)}{\lim\limits_{x\to\infty}\left(1+\dfrac{1}{x}-\dfrac{5}{x^3}\right)}=\frac{0}{1}=0.$$

例8 求 $\lim\limits_{x\to\infty}\dfrac{2x^3+x^2-3}{x^2+1}$.

解 由于分子的次数比分母的次数高,如果分子、分母同时除以 x^3,则得

$$\lim\limits_{x\to\infty}\frac{2+\dfrac{1}{x}-\dfrac{3}{x^3}}{\dfrac{1}{x}+\dfrac{1}{x^3}}.$$

其分母极限为零,因此不能直接用极限的运算法则. 仿照例4,求原来函数的倒数的极限,得

$$\lim\limits_{x\to\infty}\frac{x^2+1}{2x^3+x^2-3}=\lim\limits_{x\to\infty}\frac{\dfrac{1}{x}+\dfrac{1}{x^3}}{2+\dfrac{1}{x}-\dfrac{3}{x^3}}=0.$$

所以

$$\lim\limits_{x\to\infty}\frac{2x^3+x^2-3}{x^2+1}=\infty.$$

归纳例6、例7及例8,可得以下一般结论:

$$\lim\limits_{x\to\infty}\frac{a_0x^m+a_1x^{m-1}+\cdots+a_m}{b_0x^n+b_1x^{n-1}+\cdots+b_n}=\begin{cases}\dfrac{a_0}{b_0},n=m\\[2mm]0,n>m\\[2mm]\infty,n<m\end{cases},(a_0\neq0,b_0\neq0).$$

上述结论对数列极限同样适用.

例9 求 $\lim\limits_{n\to\infty}\dfrac{1+2+3+\cdots+n}{n^2+1}$.

解 因为 $1+2+3+\cdots+n=\dfrac{n(n+1)}{2}$,所以

$$\lim\limits_{n\to\infty}\frac{1+2+3+\cdots+n}{n^2+1}=\lim\limits_{n\to\infty}\frac{\dfrac{n(n+1)}{2}}{n^2+1}=\frac{1}{2}\lim\limits_{n\to\infty}\frac{n^2+n}{n^2+1}$$

$$=\frac{1}{2}\lim\limits_{n\to\infty}\frac{1+\dfrac{1}{n}}{1+\dfrac{1}{n^2}}=\frac{1}{2}.$$

1.6.2 复合函数的极限法则

定理2 设函数 $y=f(u)$ 与 $u=\varphi(x)$ 满足条件:

（1）$\lim\limits_{u \to a} f(u) = A$；

（2）当 $x \neq x_0$ 时，$\varphi(x) \neq a$，且 $\lim\limits_{x \to x_0} \varphi(x) = a$，则复合函数 $f[\varphi(x)]$ 当 $x \to x_0$ 时的极限存在，且

$$\lim\limits_{x \to x_0} f[\varphi(x)] = \lim\limits_{u \to a} f(u) = A.$$

注：上述定理必须满足当 $x \neq x_0$ 时，$\varphi(x) \neq a$. 否则不一定成立. 例如

$$y = f(u) = \begin{cases} u^2, & u \neq 2 \\ 0, & u = 2 \end{cases}, \quad u = \varphi(x) = 2.$$

则 $\lim\limits_{u \to 2} f(u) = 4$，$\lim\limits_{x \to x_0} \varphi(x) = 2$. 但 $\lim\limits_{x \to x_0} f[\varphi(x)] = \lim\limits_{x \to x_0} f(2) = \lim\limits_{x \to x_0} 0 = 0$.

定理 2 表明，在一定条件下，求极限可以采用换元的方式.

例 10 求 $\lim\limits_{x \to 8} \dfrac{\sqrt[3]{x} - 2}{x - 8}$.

解 $\lim\limits_{x \to 8} \dfrac{\sqrt[3]{x} - 2}{x - 8} \xlongequal{u = \sqrt[3]{x}} \lim\limits_{u \to 2} \dfrac{u - 2}{u^3 - 8} = \lim\limits_{u \to 2} \dfrac{u - 2}{(u - 2)(u^2 + 2u + 4)}$

$$= \lim\limits_{u \to 2} \dfrac{1}{u^2 + 2u + 4} = \dfrac{1}{12}.$$

习题 1.6

基础题

1. 求下列极限：

（1）$\lim\limits_{x \to 2} (3x^2 + 2x - 1)$；

（2）$\lim\limits_{x \to 1} \dfrac{4x - 1}{x - 2}$；

（3）$\lim\limits_{x \to -1} \dfrac{x^2 - 1}{x + 3}$；

（4）$\lim\limits_{x \to 5} \dfrac{x^2 - 25}{x - 5}$；

（5）$\lim\limits_{x \to 1} \dfrac{x}{x - 1}$.

2. 求下列极限：

（1）$\lim\limits_{x \to \infty} \dfrac{3x^2 + 2x - 4}{x^2 + 7}$；

（2）$\lim\limits_{x \to \infty} \dfrac{x^2 - 3x + 7}{4x^3 - x + 5}$；

（3）$\lim\limits_{x \to \infty} \dfrac{3x^3 - 7x - 27}{4x^2 + 5x + 2}$；

（4）$\lim\limits_{n \to \infty} \dfrac{n^3 + 3n - 1}{2n^3 - n + 5}$.

3.求下列极限：

(1) $\lim\limits_{x \to 1} \dfrac{x^2 - 2x + 1}{x^3 - x}$；

(2) $\lim\limits_{x \to 1} \left(\dfrac{1}{1-x} - \dfrac{1}{1-x^3} \right)$；

(3) $\lim\limits_{n \to \infty} \dfrac{1 + 2 + 3 + \cdots + n}{n^3}$；

(4) $\lim\limits_{n \to \infty} \left(1 + \dfrac{1}{n} \right)^2$；

(5) $\lim\limits_{x \to \infty} \dfrac{\sin 2x}{x}$；

(6) $\lim\limits_{x \to 0} x^2 \cos \dfrac{1}{x}$。

4.设

$$f(x) = \begin{cases} x^2 + 2x - 3, & x \le 1 \\ x, & 1 < x < 2 \\ 2x - 2, & x \ge 2 \end{cases}.$$

求 $\lim\limits_{x \to 1} f(x), \lim\limits_{x \to 2} f(x), \lim\limits_{x \to 3} f(x)$。

提高题

1.求下列极限：

(1) $\lim\limits_{n \to \infty} \left(1 + \dfrac{1}{2} + \dfrac{1}{4} + \cdots + \dfrac{1}{2^n} \right)$；

(2) $\lim\limits_{n \to \infty} \dfrac{1 + \dfrac{1}{2} + \dfrac{1}{4} + \cdots + \dfrac{1}{2^n}}{1 + \dfrac{1}{3} + \dfrac{1}{9} + \cdots + \dfrac{1}{3^n}}$；

(3) $\lim\limits_{n \to \infty} \dfrac{2^n - 1}{2^n + 1}$；

(4) $\lim\limits_{n \to \infty} \dfrac{2^n - 3^n}{(-2)^{n+1} + 3^{n+1}}$。

2.求下列极限：

(1) $\lim\limits_{h \to 0} \dfrac{(x+h)^3 - x^3}{h}$；

(2) $\lim\limits_{x \to 1} \dfrac{\sqrt{5x - 4} - \sqrt{x}}{x - 1}$；

(3) $\lim\limits_{x \to \infty} \dfrac{(2x - 1)^{30}(3x - 2)^{20}}{(2x + 1)^{50}}$；

(4) $\lim\limits_{x \to \infty} (3x^2 - x + 1)$；

(5) $\lim\limits_{x \to 0} \dfrac{3x^3 + x}{4x^2 - 2x}$。

3.已知 $\lim\limits_{x \to 1} \dfrac{x^2 + ax + b}{1 - x} = 1$，试求 a 与 b 的值。

4.下列陈述中，哪些是对的，哪些是错的？如果是对的，说明理由；如果是错的，试给出一个反例。

(1) 如果 $\lim\limits_{x \to x_0} f(x)$ 存在，但 $\lim\limits_{x \to x_0} g(x)$ 不存在，那么 $\lim\limits_{x \to x_0} [f(x) + g(x)]$ 不存在；

(2)如果$\lim\limits_{x \to x_0} f(x)$和$\lim\limits_{x \to x_0} g(x)$都不存在,那么$\lim\limits_{x \to x_0} [f(x) + g(x)]$不存在;

(3)如果$\lim\limits_{x \to x_0} [f(x) + g(x)]$存在,那么$\lim\limits_{x \to x_0} f(x)$和$\lim\limits_{x \to x_0} g(x)$都存在.

1.7 极限存在准则 两个重要极限

1.7.1 夹逼准则

准则 1 如果数列$\{x_n\}$,$\{y_n\}$及$\{z_n\}$满足下列条件:

(1)$y_n \leqslant x_n \leqslant z_n (n > n_0, n_0 \in \mathbf{N}^+)$;

(2)$\lim\limits_{n \to \infty} y_n = a$,$\lim\limits_{n \to \infty} z_n = a$,

那么数列$\{x_n\}$的极限存在,且$\lim\limits_{n \to \infty} x_n = a$.

注:利用夹逼准则求极限,关键是构造出y_n与z_n,并且y_n与z_n的极限相同.

例 1 求极限$\lim\limits_{n \to \infty} n \left(\dfrac{1}{n^2 + 1} + \cdots + \dfrac{1}{n^2 + n} \right)$.

解 因为$\dfrac{n^2}{n^2 + n} \leqslant n \left(\dfrac{1}{n^2 + 1} + \cdots + \dfrac{1}{n^2 + n} \right) \leqslant \dfrac{n^2}{n^2 + 1}$,

又

$$\lim\limits_{n \to \infty} \frac{n^2}{n^2 + n} = 1, \lim\limits_{n \to \infty} \frac{n^2}{n^2 + 1} = 1,$$

根据夹逼准则得

$$\lim\limits_{n \to \infty} n \left(\frac{1}{n^2 + 1} + \cdots + \frac{1}{n^2 + n} \right) = 1.$$

准则 2 如果

(1)当$0 < |x - x_0| < \delta$(或$|x| > M$)时,有$g(x) \leqslant f(x) \leqslant h(x)$;

(2)$\lim\limits_{\substack{x \to x_0 \\ (x \to \infty)}} g(x) = A$,$\lim\limits_{\substack{x \to x_0 \\ (x \to \infty)}} h(x) = A$,

那么,极限$\lim\limits_{\substack{x \to x_0 \\ (x \to \infty)}} f(x)$存在,且等于$A$.

例 2 求极限$\lim\limits_{x \to 0} \cos x$.

解 因为$0 \leqslant 1 - \cos x = 2 \sin^2 \dfrac{x}{2} \leqslant 2 \cdot \left(\dfrac{x}{2} \right)^2 = \dfrac{x^2}{2}$,由准则2,得

$$\lim_{x \to 0}(1 - \cos x) = 0, \text{即} \lim_{x \to 0} \cos x = 1.$$

1.7.2 单调有界准则

定义 如果数列 $\{x_n\}$ 满足条件

$$x_1 \leqslant x_2 \leqslant \cdots \leqslant x_n \leqslant \cdots,$$

则称数列 $\{x_n\}$ 是单调增加的;如果数列 $\{x_n\}$ 满足条件

$$x_1 \geqslant x_2 \geqslant \cdots \geqslant x_n \geqslant \cdots,$$

则称数列 $\{x_n\}$ 是单调减少的. 单调增加和单调减少的数列统称为单调数列.

准则 3 单调有界数列必有极限.

例 3 设有数列 $x_1 = \sqrt{2}$，$x_2 = \sqrt{2 + x_1}$，$x_n = \sqrt{2 + x_{n-1}}$，$\cdots$，求 $\lim_{n \to \infty} x_n$.

解 显然，$x_{n+1} > x_n$，故 $\{x_n\}$ 是单调增加的. 下面用数学归纳法证明数列 $\{x_n\}$ 有界. 因为 $x_1 = \sqrt{2} < 2$，假定 $x_k < 2$，则有

$$x_{k+1} = \sqrt{2 + x_k} < 2.$$

故 $\{x_n\}$ 有界. 根据准则 3，$\lim_{n \to \infty} x_n$ 存在.

设 $\lim_{n \to \infty} x_n = A$，因为 $x_n = \sqrt{2 + x_{n-1}}$，即 $x_{n+1}^2 = 2 + x_n$，所以

$$\lim_{n \to \infty} x_{n+1}^2 = \lim_{n \to \infty}(2 + x_n),$$

即

$$A^2 = 2 + A.$$

解得

$$A = 2 \text{ 或 } A = -1(\text{舍去}).$$

所以

$$\lim_{n \to \infty} x_n = 2.$$

1.7.3 两个重要极限

1）第一个重要极限 $\lim_{x \to 0} \dfrac{\sin x}{x} = 1.$

证明 在如图 1-26 所示的单位圆中，设

$\angle AOB = x\left(0 < x < \dfrac{\pi}{2}\right)$，点 A 处的切线与 OB 的延长线相交于 D，显然

$$BC = \sin x, \overset{\frown}{AB} = x, AD = \tan x.$$

因为

$\triangle AOB$ 的面积 $<$ 扇形 AOB 的面积 $<$ $\triangle AOD$ 的面积,

所以

$$\sin x < x < \tan x.$$

两边同除以 $\sin x$,得

$$1 < \frac{x}{\sin x} < \frac{1}{\cos x}.$$

即

$$\cos x < \frac{\sin x}{x} < 1.$$

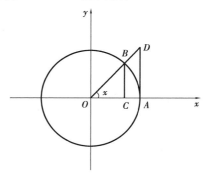

因为用 $-x$ 代替 x 时, $\cos x$ 与 $\frac{\sin x}{x}$ 都不

变,所以当 $-\frac{\pi}{2} < x < 0$ 时,上述不等式仍然

成立.

图 1-26

又因为 $\lim\limits_{x \to 0} \cos x = 1, \lim\limits_{x \to 0} 1 = 1$,所以由夹逼准则 2 得

$$\lim_{x \to 0} \frac{\sin x}{x} = 1.$$

$y = \frac{\sin x}{x}$ 在点 O 附近的图像,如图 1-27 所示.

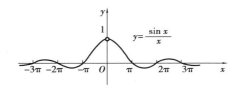

图 1-27

例 4 求 $\lim\limits_{x \to 0} \dfrac{\tan x}{x}$.

解 $\lim\limits_{x \to 0} \dfrac{\tan x}{x} = \lim\limits_{x \to 0}\left(\dfrac{\sin x}{x} \cdot \dfrac{1}{\cos x}\right) = \lim\limits_{x \to 0}\dfrac{\sin x}{x} \cdot \lim\limits_{x \to 0}\dfrac{1}{\cos x} = 1 \cdot 1 = 1.$

例 5 求 $\lim\limits_{x \to 0} \dfrac{\sin 3x}{x}$.

解 $\lim\limits_{x \to 0} \dfrac{\sin 3x}{x} = \lim\limits_{x \to 0}\left(\dfrac{\sin 3x}{3x} \cdot 3\right) = 3 \lim\limits_{x \to 0}\dfrac{\sin 3x}{3x} = 3 \cdot 1 = 3.$

例 6 求 $\lim\limits_{x \to 0} \dfrac{\sin 2x}{\sin 3x}$.

解 对分式的分子和分母同除以 x，即可求得极限：

$$\lim_{x \to 0} \frac{\sin 2x}{\sin 3x} = \lim_{x \to 0} \frac{\dfrac{\sin 2x}{x}}{\dfrac{\sin 3x}{x}} = \frac{\lim\limits_{x \to 0} \dfrac{\sin 2x}{2x} \cdot 2}{\lim\limits_{x \to 0} \dfrac{\sin 3x}{3x} \cdot 3} = \frac{2}{3}.$$

例 7 求 $\lim\limits_{x \to 0} \dfrac{1 - \cos x}{x^2}$.

解 $\lim\limits_{x \to 0} \dfrac{1 - \cos x}{x^2} = \lim\limits_{x \to 0} \dfrac{2 \sin^2 \dfrac{x}{2}}{x^2} = \lim\limits_{x \to 0} \dfrac{1}{2} \left(\dfrac{\sin \dfrac{x}{2}}{\dfrac{x}{2}} \right)^2 = \dfrac{1}{2}.$

2）第二个重要极限 $\lim\limits_{x \to \infty} \left(1 + \dfrac{1}{x}\right)^x = \mathrm{e}.$

先证 $x \to +\infty$ 的情形. 当 $x > 0$ 时，有

$$1 + \frac{1}{[x] + 1} \leqslant 1 + \frac{1}{x} \leqslant 1 + \frac{1}{[x]}.$$

由幂函数的性质得

$$\left(1 + \frac{1}{[x] + 1}\right)^x \leqslant \left(1 + \frac{1}{x}\right)^x \leqslant \left(1 + \frac{1}{[x]}\right)^x.$$

再由指数函数的性质得

$$\left(1 + \frac{1}{[x] + 1}\right)^{[x]} \leqslant \left(1 + \frac{1}{x}\right)^x \leqslant \left(1 + \frac{1}{[x]}\right)^{[x] + 1}.$$

利用 $\lim\limits_{n \to \infty} \left(1 + \dfrac{1}{n}\right)^n = \mathrm{e}$，可知

$$\lim_{x \to +\infty} \left(1 + \frac{1}{[x] + 1}\right)^{[x]} = \lim_{x \to +\infty} \left(1 + \frac{1}{[x] + 1}\right)^{[x] + 1} \left(1 + \frac{1}{[x] + 1}\right)^{-1} = \mathrm{e} \cdot 1 = \mathrm{e},$$

$$\lim_{x \to +\infty} \left(1 + \frac{1}{[x]}\right)^{[x] + 1} = \lim_{x \to +\infty} \left(1 + \frac{1}{[x]}\right)^{[x]} \left(1 + \frac{1}{[x]}\right) = \mathrm{e} \cdot 1 = \mathrm{e}.$$

所以 $\lim\limits_{x \to +\infty} \left(1 + \dfrac{1}{x}\right)^x = \mathrm{e}.$

再证 $x \to -\infty$ 的情形. 令 $x = -t$，则 $t \to +\infty$.

$$\lim_{x \to -\infty} \left(1 + \frac{1}{x}\right)^x = \lim_{t \to +\infty} \left(1 + \frac{1}{-t}\right)^{-t} = \lim_{t \to +\infty} \left(\frac{t}{t - 1}\right)^t$$

$$= \lim_{t \to +\infty} \left(1 + \frac{1}{t - 1}\right)^{t - 1} \left(1 + \frac{1}{t - 1}\right) = \mathrm{e} \cdot 1 = \mathrm{e}.$$

综合可知 $\lim\limits_{x\to\infty}\left(1+\dfrac{1}{x}\right)^{x}=\mathrm{e}$.

若令 $t=\dfrac{1}{x}$，可得 $\lim\limits_{t\to0}(1+t)^{\frac{1}{t}}=\mathrm{e}$.

$y=(1+x)^{\frac{1}{x}}$ 在点 O 附近的图像，如图 1-28 所示.

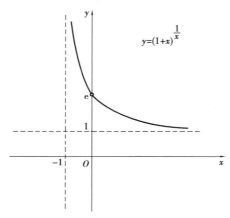

图 1-28

例 8 求极限 $\lim\limits_{x\to\infty}\left(1+\dfrac{1}{x}\right)^{-x}$.

解 $\lim\limits_{x\to\infty}\left(1+\dfrac{1}{x}\right)^{-x}=\lim\limits_{x\to\infty}\left[\left(1+\dfrac{1}{x}\right)^{x}\right]^{-1}=\mathrm{e}^{-1}=\dfrac{1}{\mathrm{e}}$.

例 9 求极限 $\lim\limits_{x\to\infty}\left(1+\dfrac{3}{x}\right)^{x}$.

解 设 $t=\dfrac{x}{3}$，则当 $x\to\infty$ 时，$t\to\infty$，于是

$$\lim\limits_{x\to\infty}\left(1+\dfrac{3}{x}\right)^{x}=\lim\limits_{t\to\infty}\left[\left(1+\dfrac{1}{t}\right)^{t}\right]^{3}=\mathrm{e}^{3}.$$

上面的解题过程可简写为

$$\lim\limits_{x\to\infty}\left(1+\dfrac{3}{x}\right)^{x}=\lim\limits_{x\to\infty}\left[\left(1+\dfrac{3}{x}\right)^{\frac{x}{3}}\right]^{3}=\mathrm{e}^{3}.$$

例 10 求极限 $\lim\limits_{x\to0}(1+\tan x)^{\cot x}$.

解 设 $t=\tan x$，则当 $x\to0$ 时，$t\to0$，于是

$$\lim\limits_{x\to0}(1+\tan x)^{\cot x}=\lim\limits_{t\to0}(1+t)^{\frac{1}{t}}=\mathrm{e}.$$

例 11　求 $\lim\limits_{x\to\infty}\left(\dfrac{x+2}{x-1}\right)^{x}$.

解　$\lim\limits_{x\to\infty}\left(\dfrac{x+2}{x-1}\right)^{x}=\lim\limits_{x\to\infty}\left\{\left[\left(1+\dfrac{3}{x-1}\right)^{\frac{x-1}{3}}\right]^{3}\cdot\left(1+\dfrac{3}{x-1}\right)\right\}$

$=\lim\limits_{x\to\infty}\left[\left(1+\dfrac{3}{x-1}\right)^{\frac{x-1}{3}}\right]^{3}\cdot\lim\limits_{x\to\infty}\left(1+\dfrac{3}{x-1}\right)=e^{3}\cdot1=e^{3}.$

习题 1.7

基础题

1. 填空题：

（1）$\lim\limits_{x\to0}\dfrac{\sin7x}{x}=$ _____；

（2）$\lim\limits_{x\to\infty}\dfrac{\sin7x}{x}=$ _____；

（3）$\lim\limits_{x\to\infty}\left(1-\dfrac{5}{x}\right)^{x}=$ _____；

（4）$\lim\limits_{n\to\infty}\left(1-\dfrac{1}{n}\right)^{n+1}=$ _____.

2. 求下列极限：

（1）$\lim\limits_{x\to0}x\cot x$；

（2）$\lim\limits_{x\to0}\dfrac{(x+2)\sin x}{x}$；

（3）$\lim\limits_{x\to0}\dfrac{1-\cos2x}{x\sin x}$.

3. 求下列极限：

（1）$\lim\limits_{x\to\infty}\left(1+\dfrac{1}{3x}\right)^{3x}$；

（2）$\lim\limits_{x\to\infty}\left(1-\dfrac{1}{x}\right)^{2x}$；

（3）$\lim\limits_{t\to0}(1+2t)^{\frac{1}{t}}$；

（4）$\lim\limits_{x\to\infty}\left(1+\dfrac{2}{x}\right)^{2x}$；

（5）$\lim\limits_{x\to\infty}\left(\dfrac{x+1}{x}\right)^{3x}$；

（6）$\lim\limits_{x\to\frac{\pi}{2}}(1+\cos x)^{2\sec x}$；

（7）$\lim\limits_{x\to\infty}\left(\dfrac{x+a}{x-a}\right)^{x}$；

（8）$\lim\limits_{x\to\infty}\left(\dfrac{2x+3}{2x+1}\right)^{x+1}$.

提高题

1. 利用极限存在的准则证明：

（1）$\lim\limits_{n\to\infty}\left[\dfrac{1}{\sqrt{n^{2}+1}}+\dfrac{1}{\sqrt{n^{2}+2}}+\cdots+\dfrac{1}{\sqrt{n^{2}+n}}\right]=1.$

(2) 设有数列 $x_1 = \sqrt{3}, x_2 = \sqrt{3 + x_1}, x_n = \sqrt{3 + x_{n-1}}, \cdots$，求 $\lim\limits_{n \to \infty} x_n$.

2. (2008 年数一) 设函数 $f(x)$ 在 $(-\infty, +\infty)$ 内单调有界，$\{x_n\}$ 为数列，下列命题正确的是( )．

A. 若 $\{x_n\}$ 收敛，则 $\{f(x_n)\}$ 收敛   B. 若 $\{x_n\}$ 单调，则 $\{f(x_n)\}$ 收敛

C. 若 $\{f(x_n)\}$ 收敛，则 $\{x_n\}$ 收敛   D. 若 $\{f(x_n)\}$ 单调，则 $\{x_n\}$ 收敛

3. (2010 年数一) 求极限 $\lim\limits_{x \to \infty} \left[\dfrac{x^2}{(x-a)(x+b)} \right]^x$.

4. (1995 年) 求极限 $\lim\limits_{n \to \infty} \left(\dfrac{1}{n^2 + n + 1} + \dfrac{2}{n^2 + n + 2} + \cdots + \dfrac{n}{n^2 + n + n} \right)$.

5. (1995 年) 设 $x_1 = 10, x_{n+1} = \sqrt{6 + x_n} \ (n = 1, 2, \cdots)$，试证：数列 $\{x_n\}$ 极限存在，并求此极限.

1.8 无穷小的比较

我们知道，两个无穷小的代数和、乘积仍然是无穷小. 自然会问：两个无穷小的商是否一定是无穷小？回答是否定的. 例如，当 $x \to 0$ 时，$x, 2x, x^3$ 都是无穷小，但

$$\lim_{x \to 0} \frac{x^3}{2x} = 0, \lim_{x \to 0} \frac{2x}{x^3} = \infty, \lim_{x \to 0} \frac{2x}{x} = 2.$$

即它们的商可以是无穷小，可以是无穷大，也可以是普通的常数等.

两个无穷小之比之所以出现各种不同的情况，是因为它们趋向 0 的快慢程度不同.

定义 设 α 和 β 都是在同一个自变量的变化过程中的无穷小，又 $\lim \dfrac{\alpha}{\beta}$ 是在这一变化过程中的极限：

(1) 如果 $\lim \dfrac{\alpha}{\beta} = 0$，就说 α 是 β 的**高阶无穷小**，记作 $\alpha = o(\beta)$.

(2) 如果 $\lim \dfrac{\alpha}{\beta} = \infty$，就说 α 是 β 的**低阶无穷小**.

(3) 如果 $\lim \dfrac{\alpha}{\beta} = C$（$C$ 为不等于 0 的常数），就说 α 是 β 的**同阶无穷小**.

（4）如果 $\lim \dfrac{\alpha}{\beta} = 1$，就说 α 与 β 是**等价无穷小**，记作 $\alpha \sim \beta$.

例如，由上面的分析可知，当 $x \to 0$ 时：x^3 是 $2x$ 的高阶无穷小；$2x$ 是 x^3 的低阶无穷小；$2x$ 是 x 的同阶无穷小.

很明显，等价无穷小是同阶无穷小当 $C = 1$ 时的特殊情形.

注：不是任意两个无穷小都可以比较. 比如，当 $x \to 0$ 时，$y = x^2$ 与 $y = x \sin \dfrac{1}{x}$.

例 1　比较下列无穷小的阶数的高低：

（1）$x \to \infty$ 时，无穷小 $\dfrac{1}{x^2}$ 与 $\dfrac{3}{x}$.

（2）$x \to 1$ 时，无穷小 $1 - x$ 与 $1 - x^2$.

解　（1）因为 $\lim\limits_{x \to \infty} \dfrac{\dfrac{1}{x^2}}{\dfrac{3}{x}} = \dfrac{1}{3} \lim\limits_{x \to \infty} \dfrac{1}{x} = 0$，所以 $\dfrac{1}{x^2}$ 是 $\dfrac{3}{x}$ 的高阶无穷小，即 $\dfrac{1}{x^2} = o\left(\dfrac{3}{x}\right)$.

（2）因为 $\lim\limits_{x \to 1} \dfrac{1 - x^2}{1 - x} = \lim\limits_{x \to 1} \dfrac{(1 + x)(1 - x)}{1 - x} = \lim\limits_{x \to 1}(1 + x) = 2$，所以 $1 - x$ 是 $1 - x^2$ 的同阶无穷小.

当 $x \to 0$ 时，常见的等价无穷小替换公式有：

$\sin x \sim x, \tan x \sim x, \arcsin x \sim x, \arctan x \sim x, 1 - \cos x \sim \dfrac{1}{2} x^2, e^x - 1 \sim x,$

$\ln(1 + x) \sim x, (1 + x)^\alpha - 1 \sim \alpha x.$

定理 1　β 与 α 是等价无穷小的充分必要条件为 $\beta = \alpha + o(\alpha)$.

定理 2　设 $\alpha \sim \tilde{\alpha}, \beta \sim \tilde{\beta}$，且 $\lim \dfrac{\tilde{\beta}}{\tilde{\alpha}}$ 存在，则 $\lim \dfrac{\beta}{\alpha} = \lim \dfrac{\tilde{\beta}}{\tilde{\alpha}}$.

证明

$$\lim \frac{\beta}{\alpha} = \lim \frac{\beta}{\tilde{\beta}} \cdot \frac{\tilde{\beta}}{\tilde{\alpha}} \cdot \frac{\tilde{\alpha}}{\alpha} = \lim \frac{\beta}{\tilde{\beta}} \cdot \lim \frac{\tilde{\beta}}{\tilde{\alpha}} \cdot \lim \frac{\tilde{\alpha}}{\alpha} = \lim \frac{\tilde{\beta}}{\tilde{\alpha}}.$$

求两个无穷小之比的极限时，分子和分母都可以用等价无穷小来代替.

例 2　求极限 $\lim\limits_{x \to 0} \dfrac{\tan 2x}{\sin 5x}$.

解 $\lim\limits_{x \to 0}\dfrac{\tan 2x}{\sin 5x} = \lim\limits_{x \to 0}\dfrac{2x}{5x} = \dfrac{2}{5}.$

例3 求极限 $\lim\limits_{x \to 0}\dfrac{\arcsin x}{x^3 + 4x}.$

解 $\lim\limits_{x \to 0}\dfrac{\arcsin x}{x^3 + 4x} = \lim\limits_{x \to 0}\dfrac{x}{x^3 + 4x} = \lim\limits_{x \to 0}\dfrac{1}{x^2 + 4} = \dfrac{1}{4}.$

例4 求极限 $\lim\limits_{x \to 0}\dfrac{\left(1 + x^2\right)^{\frac{1}{3}} - 1}{\cos x - 1}.$

解 $\lim\limits_{x \to 0}\dfrac{\left(1 + x^2\right)^{\frac{1}{3}} - 1}{\cos x - 1} = \lim\limits_{x \to 0}\dfrac{\dfrac{1}{3}x^2}{-\dfrac{1}{2}x^2} = -\dfrac{2}{3}.$

 习题 1.8

基础题

1. 当 $x \to 0$ 时，下列函数中哪些是无穷小，哪些是无穷大？

（1）$y = 5x^2$；

（2）$y = \sqrt[3]{x}$；

（3）$y = \dfrac{3}{x}$；

（4）$y = \dfrac{x}{2x^3}$；

（5）$y = \tan x$；

（6）$y = \cot x.$

2. 用无穷小的性质说明下列函数是无穷小：

（1）$y = 2x^3 + 3x^2 + x\ (x \to 0)$；

（2）$y = x^2 \cos \dfrac{1}{x}\ (x \to 0)$；

（3）$y = \dfrac{\sin x}{x}\ (x \to \infty)$；

（4）$y = \dfrac{\arctan x}{x}\ (x \to \infty).$

3. 比较下列无穷小阶数的高低：

（1）当 $x \to 0$ 时，$5x^2$ 与 $3x$；

（2）当 $x \to \infty$ 时，$\dfrac{5}{x^2}$ 与 $\dfrac{4}{x^3}.$

提高题

1. 指出下列函数在自变量给定的变化过程中哪些是无穷小？哪些是无穷大？

(1) $y = \dfrac{x+3}{x^2-9}$ $(x \to 3)$；　　　　　　(2) $y = \log_a x$ $(a > 1, x \to 0^+)$；

(3) $y = \dfrac{x^2}{1+x}$ $(x \to 0)$；　　　　　　(4) $y = 2^x$ $(x \to -\infty)$.

2. 下列函数在自变量怎样变化时是无穷小？无穷大？

(1) $y = \dfrac{1}{x^3+1}$；　　　　　　(2) $y = \dfrac{x}{x+5}$；

(3) $y = \sin x$；　　　　　　(4) $y = \ln x$.

3. 利用无穷小求极限.

(1) $\lim\limits_{x \to 0} \dfrac{\sin 5x}{e^{3x}-1}$；　　　　　　(2) $\lim\limits_{x \to 0} \dfrac{1-\cos x}{\ln(1+2x^2)}$；

(3) $\lim\limits_{x \to 0} \dfrac{\sqrt[5]{1+x^3}-1}{\tan x - \sin x}$；　　　　(4) $\lim\limits_{x \to 0} \dfrac{\sqrt[3]{1+2x^2}-\cos x}{2^{x^2}-1}$.

4. （2008 年数一）求极限 $\lim\limits_{x \to 0} \dfrac{[\sin x - \sin(\sin x)]\sin x}{x^4}$.

5. （2013 年数一）已知极限 $\lim\limits_{x \to 0} \dfrac{x - \arctan x}{x^k} = C$，其中 k, C 为常数，且 $C \neq 0$，则（　　　）.

A. $k = 2, C = -\dfrac{1}{2}$　　　　　　B. $k = 2, C = \dfrac{1}{2}$

C. $k = 3, C = -\dfrac{1}{3}$　　　　　　D. $k = 3, C = \dfrac{1}{3}$

6. （2007 年数一）当 $x \to 0^+$ 时，与 $\sqrt{x}$ 等价的无穷小量是（　　　）.

A. $1 - e^{\sqrt{x}}$　　　　　　B. $\ln\dfrac{1+x}{1-\sqrt{x}}$

C. $\sqrt{1+\sqrt{x}} - 1$　　　　　　D. $1 - \cos\sqrt{x}$

1.9 函数的连续性与间断点

函数的连续性是与极限密切相关的一个基本概念,它反映了现实生活中的渐变与突变. 连续函数有非常好的性质,它是高等数学的主要研究对象.

为了研究函数的连续性,我们先引进函数增量的概念.

1.9.1 函数的增量

看下面的例子:

设 $f(x) = x^2$,当自变量 x 由 $x_0 = 1$ 变到 $x_1 = 1.02$ 时,对应的函数值由 $f(x_0) = f(1) = 1$ 变到 $f(x_1) = f(1.02) = 1.02^2 = 1.0404$,则自变量 x 和函数 $f(x)$ 的改变量分别是

$$x_1 - x_0 = 1.02 - 1 = 0.02,$$
$$f(x_1) - f(x_0) = 1.0404 - 1 = 0.0404.$$

定义 1 如果函数 $y = f(x)$ 在点 x_0 的某一邻域内有定义,当自变量 x 由 x_0 变到 x_1 时,函数对应的值由 $f(x_0)$ 变到 $f(x_1)$,则差 $x_1 - x_0$ 称作**自变量 x 的增量**(或**改变量**),记作 Δx,即

$$\Delta x = x_1 - x_0. \qquad ①$$

而差 $f(x_1) - f(x_0)$ 称作**函数 $y = f(x)$ 在 x_0 处的增量**,记作 Δy,即

$$\Delta y = f(x_1) - f(x_0). \qquad ②$$

由式①可得

$$x_1 = x_0 + \Delta x. \qquad ③$$

将式③代入式②,得函数增量的另一种表达形式:

$$\Delta y = f(x_0 + \Delta x) - f(x_0).$$

上述关系式的几何解释如图 1-29 所示.

注:(1) Δy 是一个整体记号,不能看成 Δ 与 y 的乘积.

(2) Δy 可正可负,不一定是"增加的"量.

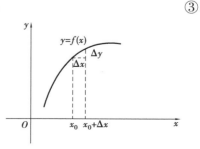

图 1-29

例1 设 $y = f(x) = 3x^2 - 1$，求适合下列条件的自变量的增量 Δx 和函数的增量 Δy：

（1）x 由 1 变化到 0.5.

（2）x 由 1 变化到 $1 + \Delta x$.

（3）x 由 x_0 变化到 $x_0 + \Delta x$.

解 （1）$\Delta x = 0.5 - 1 = -0.5$.

$\Delta y = f(0.5) - f(1) = (3 \times 0.5^2 - 1) - (3 \times 1^2 - 1) = -2.25$.

（2）$\Delta x = (1 + \Delta x) - 1 = \Delta x$.

$$\begin{aligned}
\Delta y &= f(1 + \Delta x) - f(1) = [3(1 + \Delta x)^2 - 1] - (3 \times 1^2 - 1) \\
&= 3 + 6\Delta x + 3(\Delta x)^2 - 3 = 6\Delta x + 3(\Delta x)^2.
\end{aligned}$$

（3）$\Delta x = (x_0 + \Delta x) - x_0 = \Delta x$.

$$\begin{aligned}
\Delta y &= f(x_0 + \Delta x) - f(x_0) = [3(x_0 + \Delta x)^2 - 1] - (3x_0^2 - 1) \\
&= 6x_0 \Delta x + 3(\Delta x)^2.
\end{aligned}$$

1.9.2 函数连续的定义

观察图 1-30 可知，函数 $y = f(x)$ 所表示的曲线在点 $M(x_0, f(x_0))$ 处连续，当 $\Delta x \to 0$ 时，$\Delta y = f(x_0 + \Delta x) - f(x_0) \to 0$.

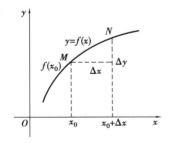

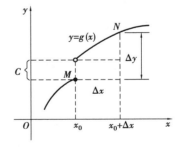

图 1-30   图 1-31

观察图 1-31 可知，函数 $y = f(x)$ 所表示的曲线在点 $M(x_0, f(x_0))$ 处不连续，当 $\Delta x \to 0^+$ 时，$\Delta y = g(x_0 + \Delta x) - g(x_0) \to C \neq 0$.

定义2 设函数 $y = f(x)$ 在点 x_0 的某个邻域内有定义，如果当自变量 x 在点 x_0 处的增量 Δx 趋于 0 时，函数 $y = f(x)$ 相应的增量 $\Delta y = f(x_0 + \Delta x) - f(x_0)$ 也趋于 0，即

$$\lim_{\Delta x \to 0} \Delta y = \lim_{\Delta x \to 0} [f(x_0 + \Delta x) - f(x_0)] = 0,$$

则称函数 $y = f(x)$ **在点 x_0 处连续**.

例2 证明函数 $y = f(x) = x^2 - 2x + 2$ 在点 $x = x_0$ 处连续.

证明 设自变量在点 $x = x_0$ 处有增量 Δx,则函数相应的增量是

$$\Delta y = f(x_0 + \Delta x) - f(x_0)$$
$$= \left[(x_0 + \Delta x)^2 - 2(x_0 + \Delta x) + 2 \right] - (x_0^2 - 2x_0 + 2)$$
$$= (\Delta x)^2 + 2x_0\Delta x - 2\Delta x.$$

因为

$$\lim_{\Delta x \to 0} \Delta y = \lim_{\Delta x \to 0} \left[(\Delta x)^2 + 2x_0\Delta x - 2\Delta x \right] = 0,$$

所以,函数 $y = f(x) = x^2 - 2x + 2$ 在点 $x = x_0$ 处连续.

在定义 2 中,如果 $x = x_0 + \Delta x$,则 $\Delta y = f(x) - f(x_0)$. 于是

$$x = x_0 + \Delta x, f(x) = f(x_0) + \Delta y.$$

因为

$$\Delta x \to 0 \Leftrightarrow x \to x_0,$$
$$\Delta y \to 0 \Leftrightarrow f(x) \to f(x_0),$$

所以,上述函数连续的定义又可叙述如下:

定义 3 设函数 $y = f(x)$ 在点 x_0 的某个邻域内有定义,如果函数 $y = f(x)$ 当 $x \to x_0$ 时的极限存在,且等于它在点 x_0 处的函数值,即

$$\lim_{x \to x_0} f(x) = f(x_0),$$

则称函数 $y = f(x)$ 在点 x_0 处连续.

由定义 3 可知,$y = f(x)$ 在点 x_0 连续必须满足以下 3 个条件:

(1)函数 $y = f(x)$ 在点 x_0 处有定义,即 $f(x_0)$ 是一个确定的数.

(2)函数 $y = f(x)$ 在点 x_0 处有极限,即 $\lim\limits_{x \to x_0} f(x)$ 存在.

(3)极限值等于函数值,即 $\lim\limits_{x \to x_0} f(x) = f(x_0)$.

类似地,可以给出函数在一点左连续及右连续的概念.

定义 4 如果函数 $y = f(x)$ 在点 x_0 处的左极限 $\lim\limits_{x \to x_0^-} f(x)$ 存在且等于 $f(x_0)$,即

$$\lim_{x \to x_0^-} f(x) = f(x_0).$$

则称函数 $f(x)$ 在点 x_0 处**左连续**;如果函数 $y = f(x)$ 在点 x_0 处的右极限 $\lim\limits_{x \to x_0^+} f(x)$ 存在且等于 $f(x_0)$,即

$$\lim_{x \to x_0^+} f(x) = f(x_0).$$

则称函数 $y = f(x)$ 在点 x_0 处**右连续**.

根据极限存在的充要条件，我们有下面的结论：

如果函数 $f(x)$ 在点 x_0 处连续，则它在点 x_0 处左连续且右连续；反之，如果函数 $f(x)$ 在点 x_0 处既是左连续也是右连续，则它在 x_0 点连续.

如果函数 $f(x)$ 在定义域内每一点都连续，则称**函数 $f(x)$ 连续**，或称函数 $f(x)$ 为**连续函数**. 如果函数 $f(x)$ 在开区间 (a,b) 内连续，且在端点 a 处右连续，在端点 b 处左连续，则称 $f(x)$ **在闭区间 $[a,b]$ 上连续**. 闭区间 $[a,b]$ 上连续的所有函数之集记作 $C[a,b]$.

例3 证明 $y = x^3$ 是连续函数.

证明 设 x_0 是区间 $(-\infty, +\infty)$ 内的任意一点，当自变量 x 在点 x_0 处有增量 Δx 时，对应函数的增量为

$$\Delta y = (x_0 + \Delta x)^3 - x_0^3 = 3x_0^2 \Delta x + 3x_0(\Delta x)^2 + (\Delta x)^3.$$

因为

$$\lim_{\Delta x \to 0} \Delta y = \lim_{\Delta x \to 0} [3x_0^2 \Delta x + 3x_0(\Delta x)^2 + (\Delta x)^3] = 0.$$

所以，$y = x^3$ 在点 x_0 处连续. 又因为 x_0 是区间 $(-\infty, +\infty)$ 内的任意一点，所以 $y = x^3$ 是连续函数.

例4 证明 $y = \dfrac{1}{x}$ 是连续函数.

证明 $y = \dfrac{1}{x}$ 的定义域为 $(-\infty, 0) \cup (0, +\infty)$，设 $x_0 \in (-\infty, 0) \cup (0, +\infty)$，则 $x_0 \neq 0$. 当自变量 x 在点 x_0 处有增量 Δx 时，对应函数的增量为

$$\Delta y = \frac{1}{x_0 + \Delta x} - \frac{1}{x_0} = \frac{-\Delta x}{x_0(x_0 + \Delta x)}.$$

因为

$$\lim_{\Delta x \to 0} \Delta y = \lim_{\Delta x \to 0} \frac{-\Delta x}{x_0(x_0 + \Delta x)} = 0.$$

所以 $y = \dfrac{1}{x}$ 在点 x_0 处连续. 又因为 x_0 是区间 $(-\infty, 0) \cup (0, +\infty)$ 内的任意一点，所以 $y = \dfrac{1}{x}$ 是连续函数.

例5 证明 $y = \sin x$ 是连续函数.

证明 设 $x_0 \in (-\infty, +\infty)$，$\forall \varepsilon > 0$，$\exists \delta = \varepsilon$，当 $|x - x_0| < \delta$ 时，

$$\left| \sin x - \sin x_0 \right| = \left| 2\cos\frac{x + x_0}{2} \cdot \sin\frac{x - x_0}{2} \right|$$

$$\leq 2 \left| \sin \frac{x - x_0}{2} \right|$$

$$\leq 2 \left| \frac{x - x_0}{2} \right|$$

$$= \left| x - x_0 \right|$$

$$< \varepsilon,$$

所以 $y = \sin x$ 在点 x_0 处连续. 又因为 x_0 是 $(-\infty, +\infty)$ 内的任意一点, 所以 $y = \sin x$ 是连续函数.

1.9.3 函数的间断点

定义 5 如果函数 $y = f(x)$ 在点 x_0 处不连续, 则称 x_0 为函数 $f(x)$ 的**间断点**.

由函数连续的定义 3 可知, 如果函数 $y = f(x)$ 在点 x_0 处有下列三种情况之一, 则 x_0 是 $f(x)$ 的一个间断点:

(1) 函数 $y = f(x)$ 在点 x_0 没有定义.

(2) 极限 $\lim\limits_{x \to x_0} f(x)$ 不存在.

(3) 极限值不等于函数值, 即 $\lim\limits_{x \to x_0} f(x) \neq f(x_0)$.

例如, 函数 $y = \dfrac{1}{x}$ 在 $x = 0$ 无定义, 所以函数 $y = \dfrac{1}{x}$ 在 $x = 0$ 不连续, 即 $x = 0$ 是函数的间断点. 又因为 $\lim\limits_{x \to 0} \dfrac{1}{x} = \infty$, 所以这类间断点又称为**无穷间断点**.

例如, 函数 $y = \sin \dfrac{1}{x}$ 在点 $x = 0$ 没有定义, 当 $x \to 0$ 时, 函数值在 -1 与 1 之间变动无限多次, 所以点 $x = 0$ 称为函数 $y = \sin \dfrac{1}{x}$ 的**振荡间断点**.

例如, 符号函数在点 $x = 0$ 的左右极限都存在但不相等, 所以当 $x \to 0$ 时函数 $f(x)$ 的极限不存在, 因此 $x = 0$ 是函数的间断点. 由前面图 1-2 所示, 曲线在间断点处发生了跳跃, 所以这类间断点又称为**跳跃间断点**.

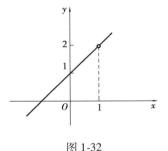

图 1-32

例如，函数 $f(x)=\begin{cases}x+1, & x\neq 1 \\ 0, & x=1\end{cases}$，在 $x\to 1$ 的极限 $\lim\limits_{x\to 1}f(x)=\lim\limits_{x\to 1}(x+1)=2$，但 $x=1$ 时，$f(1)=0$，即 $\lim\limits_{x\to 1}f(x)\neq f(1)$．所以函数 $f(x)$ 在 $x=1$ 处不连续，即 $x=1$ 是函数的间断点，如图 1-32 所示．由图可以看出，如果改变定义或补充定义，则可使函数在该点处连续，所以这类间断点又称为**可去间断点**．

函数的间断点可按左右极限是否存在进行分类．

定义 6 设 x_0 是函数 $f(x)$ 的间断点，如果左极限 $f(x_0^-)$ 及右极限 $f(x_0^+)$ 都存在，则 x_0 称为**第一类间断点**；如果左极限 $f(x_0^-)$ 和右极限 $f(x_0^+)$ 中至少有一个不存在，则 x_0 称为**第二类间断点**．

很明显，无穷间断点、振荡间断点是第二类间断点，跳跃间断点和可去间断点是第一类间断点．

例 6 求函数 $f(x)=\dfrac{\sin x}{x}$ 的间断点，并指出间断点的类型．

解 因为函数 $f(x)=\dfrac{\sin x}{x}$ 在 $x=0$ 点无定义，所以 $x=0$ 是函数的间断点．

又由于 $\lim\limits_{x\to 0}\dfrac{\sin x}{x}=1$，所以 $x=0$ 是函数的第一类中的可去间断点．

习题 1.9

基础题

1. 讨论函数 $f(x)=\begin{cases}x+1, & x\geqslant 1 \\ 3-x, & x<1\end{cases}$，在点 $x=1$ 处的连续性，并画出它的图像．

2. 求函数 $f(x)=\dfrac{x+3}{x^2+x-6}$ 的连续区间，并求极限 $\lim\limits_{x\to 2}f(x)$，$\lim\limits_{x\to -3}f(x)$，$\lim\limits_{x\to 0}f(x)$．

3. 设函数

$$f(x)=\begin{cases}\mathrm{e}^x, & x<0 \\ a+x, & x\geqslant 0\end{cases}.$$

当 a 为何值时，才能使 $f(x)$ 在点 $x=0$ 处连续？

4. 求下列函数的间断点，并指出间断点的类型：

$(1) f(x)=\dfrac{1}{x^3-1}$；　　　　　　　$(2) f(x)=\dfrac{x+3}{x^2-9}$；

$(3)f(x) = \begin{cases} x^2 + 1, & x \leq 0 \\ x - 1, & x > 0 \end{cases};$ $(4)f(x) = \begin{cases} 3x - 1, & x \neq 0 \\ 2, & x = 0 \end{cases}.$

提高题

1. 设函数 $y = f(x) = x^3 - x + 2$，求适合下列条件的自变量的增量和对应函数的增量：

（1）当 x 由 2 变到 3;   （2）当 x 由 2 变到 1.

2. 证明函数 $f(x) = 3x^2 + 5$ 在点 $x = 0$ 处连续.

3. 求下列函数的间断点，并指出间断点的类型：

$(1)f(x) = \dfrac{x}{\tan x};$ $(2)f(x) = \cos \dfrac{1}{x}.$

4. (2016 年)已知函数 $f(x) = \begin{cases} x, & x \leq 0 \\ \dfrac{1}{n}, & \dfrac{1}{n+1} < x \leq \dfrac{1}{n} \end{cases} (n = 1, 2, \cdots)$，则(   ).

A. $x = 0$ 是 $f(x)$ 的第一类间断点   B. $x = 0$ 是 $f(x)$ 的第二类间断点

C. $f(x)$ 在 $x = 0$ 处连续但不可导   D. $f(x)$ 在 $x = 0$ 处可导

5. (2008 年数二)设函数 $f(x) = \dfrac{\ln|x|}{|x - 1|}\sin x$，则 $f(x)$ 有(   ).

A. 1 个可去间断点，1 个跳跃间断点

B. 1 个可去间断点，1 个无穷间断点

C. 2 个跳跃间断点

D. 2 个无穷间断点

1.10 连续函数的运算与性质

1.10.1 连续函数的运算法则及初等函数的连续性

根据连续函数的定义和极限的运算法则，可得以下结论：

定理 1 如果 $f(x)$ 和 $g(x)$ 都在点 x_0 处连续，则它们的和 $f(x) + g(x)$、差 $f(x) - g(x)$、积 $f(x)g(x)$、商 $\dfrac{f(x)}{g(x)}(g(x) \neq 0)$ 在点 x_0 处连续.

证明 只证 $f(x)+g(x)$ 在点 x_0 连续的情形，其他情形可类似地证明.

因为 $f(x)$ 和 $g(x)$ 都在点 x_0 连续，所以

$$\lim_{x\to x_0}f(x)=f(x_0),\lim_{x\to x_0}g(x)=g(x_0).$$

根据极限的运算法则，得

$$\lim_{x\to x_0}[f(x)+g(x)]=\lim_{x\to x_0}f(x)+\lim_{x\to x_0}g(x)=f(x_0)+g(x_0).$$

由函数在点 x_0 连续的定义可知，$f(x)+g(x)$ 在点 x_0 连续.

定理2 如果函数 $u=\varphi(x)$ 在点 x_0 连续，且 $u_0=\varphi(x_0)$，而函数 $y=f(u)$ 在点 u_0 连续，则复合函数 $y=[\varphi(x)]$ 在点 x_0 连续.

证明 因为 $\varphi(x)$ 在点 x_0 连续，即当 $x\to x_0$ 时，有 $u\to u_0$，所以

$$\lim_{x\to x_0}f[\varphi(x)]=\lim_{u\to u_0}f(u)=f(u_0)=f[\varphi(x_0)].$$

由函数在点 x_0 连续的定义可知，$f[\varphi(x)]$ 在点 x_0 连续.

例1 讨论函数 $y=\sin\dfrac{1}{x}$ 的连续性.

解 函数 $y=\sin\dfrac{1}{x}$ 可看成由 $y=\sin u$ 及 $u=\dfrac{1}{x}$ 复合而成的. $y=\sin u$ 在 $(-\infty,+\infty)$ 内是连续的，$u=\dfrac{1}{x}$ 在 $(-\infty,0)$ 及 $(0,+\infty)$ 内是连续的，根据定理2，函数在 $(-\infty,0)$ 及 $(0,+\infty)$ 内是连续的.

定理3 设连续函数 $y=f(x)$ 在区间 (a,b) 上严格单调，则其反函数存在且连续.

前面我们证明了 $y=x^3$ 在区间 $(-\infty,+\infty)$ 内是连续的，根据定理3，它的反函数 $y=\sqrt[3]{x}$ 在区间 $(-\infty,+\infty)$ 内也是连续的.

1.10.2 初等函数连续性

为了讨论指数函数的连续性，我们需要给出指数是无理数的定义. 设 λ 为无理数，$a>0$ 且 $a\neq1$，定义 $a^\lambda=\sup_{q<\lambda}a^q$，$q$ 为有理数. 由该定义可以证明指数函数 $y=a^x$ 是连续函数. 进而再由定理3得，对数函数 $y=\log_a x$ 也是连续函数.

对于幂函数 $y=x^\alpha$，可以化成 $y=x^\alpha=e^{\alpha\ln x}$，由复合函数的连续性可得幂函数 $y=x^\alpha$ 连续.

另外，由复合函数的连续性还可得 $y=\cos x=\sin\left(\dfrac{\pi}{2}-x\right)$ 连续. 再根据连续函数的四则运算得，三角函数 $y=\tan x,y=\cot x,y=\sec x,y=\csc x$ 都连续. 进而

再由定理 3 得反三角函数都连续.

综上所述,基本初等函数:常值函数、幂函数、指数函数、对数函数、三角函数和反三角函数,在其定义域内是连续的. 最后由定理 1、2 可知,**所有初等函数在它们的定义区间内都是连续的.**

注:我们定义初等函数时,它们的定义域不一定是区间. 比如:$y = \sqrt{\cos x - 1}$ 是初等函数,它是由函数 $y = \sqrt{x}$ 和函数 $y = \cos x - 1 (x = 2k\pi, k \in \mathbf{Z})$ 复合而成的,而函数 $y = \cos x - 1 (x = 2k\pi, k \in \mathbf{Z})$ 的定义域不是区间.

例 2 求函数 $f(x) = \dfrac{2-x}{(x+4)(x-2)}$ 的连续区间.

解 因为函数 $f(x)$ 是初等函数,所以根据定理 3,函数的连续区间就是它的定义区间. 故所求函数的连续区间为 $(-\infty, -4) \cup (-4, 2) \cup (2, +\infty)$.

如果 $f(x)$ 是初等函数,x_0 是其定义区间内的点,则 $f(x)$ 在 x_0 点连续. 于是,根据连续性的定义,有

$$\lim_{x \to x_0} f(x) = f(x_0).$$

这就是说,初等函数对定义区间内的点求极限,就是求它的函数值,注意到 $\lim_{x \to x_0} x = x_0$,因此有

$$\lim_{x \to x_0} f(x) = f(x_0) = f(\lim_{x \to x_0} x)$$

上式表明,对于连续函数,极限符号与函数符号可以交换次序. 利用这一点,可方便地求出函数的极限.

例 3 求 $\lim\limits_{x \to \frac{\pi}{2}} \ln \sin x$.

解 因为 $f(x) = \ln \sin x$ 是初等函数,它的一个定义区间为 $(0, \pi)$,$x = \dfrac{\pi}{2}$ 在该区间内,所以

$$\lim_{x \to \frac{\pi}{2}} \ln \sin x = \ln \sin \frac{\pi}{2} = 0.$$

例 4 求 $\lim\limits_{x \to 0} \cos(1+x)^{\frac{1}{x}}$.

解 $\lim\limits_{x \to 0} \cos(1+x)^{\frac{1}{x}} = \cos\left[\lim\limits_{x \to 0}(1+x)^{\frac{1}{x}}\right] = \cos \mathrm{e}.$

1.10.3 闭区间上连续函数的性质

定理 4(最大值与最小值定理) 如果 $f(x)$ 在闭区间 $[a, b]$ 上连续,则 $f(x)$

在$[a,b]$上必有最大值和最小值,如图 1-33 所示.

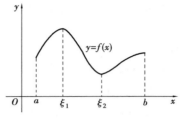

图 1-33

例如,函数$y = \sin x$在闭区间$[0,\pi]$上连续,它在该区间上有最大值 1$\left(当 x = \dfrac{\pi}{2}\right)$和最小值 0(当$x = 0$或$x = \pi$).

注:如果函数$f(x)$在闭区间$[a,b]$上不连续,或只在开区间(a,b)内连续,则函数$f(x)$在该区间上不一定有最大值或最小值. 分别如图 1-34、图 1-35 所示.

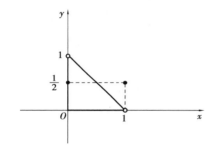

图 1-34

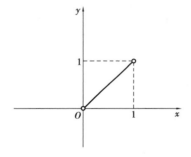

图 1-35

定理 5(介值定理） 如果函数$f(x)$在闭区间$[a,b]$上连续,且在这区间的端点取不同的函数值

$$f(a) = A \text{ 及 } f(b) = B.$$

则对于A与B之间的任意一个数C,在开区间(a,b)内至少有一点ξ,使得

$$f(\xi) = C.$$

如图 1-36 所示,$f(x)$在闭区间$[a,b]$上连续,且$f(a) \leqslant C \leqslant f(b)$,在$(a,b)$内的$\xi_1,\xi_2,\xi_3$点的函数值都等于$C$,即$f(\xi_1) = f(\xi_2) = f(\xi_3) = C$.

推论 如果函数$f(x)$在闭区间$[a,b]$上连续,且$f(a)$与$f(b)$异号,则在(a,b)内至少存在一点ξ,使得$f(\xi) = 0$,如图 1-37 所示.

上述推论又称为**零点定理**. 下面看它的一个应用.

例 5 证明方程$x^5 + 3x - 1 = 0$在区间$(0,1)$内至少有一个根.

证明 设$f(x) = x^5 + 3x - 1$. 因为$f(x)$是初等函数,且在$[0,1]$上有定义,所以在闭区间$[0,1]$上连续. 又因为$f(0) = -1 < 0$,$f(1) = 3 > 0$. 所以,根据零点定理,在区间$(0,1)$内至少有一点ξ,使

$$f(\xi) = 0.$$

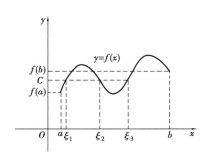

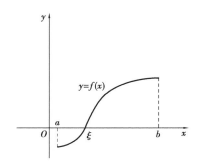

图 1-36 图 1-37

即方程 $x^5 + 3x - 1 = 0$ 在区间 $(0,1)$ 内至少有一个根.

基础题

1. 求下列极限：

（1）$\lim\limits_{x \to 0}(2x^2 + 5x - 1)$；

（2）$\lim\limits_{x \to 0}\ln\cos x$；

（3）$\lim\limits_{x \to 1}\dfrac{x^3 + x^2 - 1}{2x + 3}$；

（4）$\lim\limits_{x \to 8}\dfrac{\sqrt[3]{x} - 2}{x - 8}$；

（5）$\lim\limits_{x \to 0}\dfrac{\ln(2 + x) - \ln 2}{x}$；

（6）$\lim\limits_{x \to 0}\dfrac{e^x - 1}{x}$.

2. 指出函数 $y = \cos x$ 在 $\left[0, \dfrac{3\pi}{2}\right]$ 上的最大值和最小值.

3. 指出函数 $y = e^x$ 在 $[2,4]$ 上的最大值和最小值.

提高题

1. 证明方程 $x^5 + 3x - 1 = 0$ 在区间 $(1,2)$ 内至少有一个实根.

2. 证明方程 $e^x - 2 = 0$ 在区间 $(0,1)$ 内必定有根.

3. 证明方程 $x = a\sin x + b(a > 0, b > 0)$ 至少有一个正根，并且它不超过 $a + b$.

总习题 1

基础题

1. 求函数 $y = \sqrt{3-x} + \arcsin \dfrac{3-2x}{5}$ 的定义域.

2. 证明 $f(x) = \dfrac{\sqrt{1+x^2}+x-1}{\sqrt{1+x^2}+x+1}$ 是奇函数.

3. 设 $f\left(\dfrac{1}{x}\right) = x + \sqrt{1+x^2}\ (x\neq 0)$，求 $f(x)$.

4. 设 $\varphi(x+1) = \begin{cases} x^2, & 0 \leqslant x \leqslant 1 \\ 2x, & 1 < x \leqslant 2 \end{cases}$，求 $\varphi(x)$.

5. $f(x)$ 在点 $x = x_0$ 处有定义是 $\lim\limits_{x \to x_0} f(x)$ 存在的（　　　）.

A. 充分条件　　　　　　　　　　　B. 必要条件

C. 既非充分条件，也非必要条件　　　D. 充要条件

6. 函数 $y = \dfrac{x(x-1)\sqrt{x+1}}{x^3-1}$ 在下列变化过程中不是无穷小量的是（　　　）.

A. $x \to 0$　　　　　B. $x \to 1$　　　　　C. $x \to -1^+$　　　　　D. $x \to +\infty$

7. 下列极限不成立的是（　　　）.

A. $\lim\limits_{x \to 0} e^{\frac{1}{x}} = \infty$　　　　　　　　　　B. $\lim\limits_{x \to \infty} e^{\frac{1}{x}} = 1$

C. $\lim\limits_{x \to 0^-} e^{\frac{1}{x}} = 0$　　　　　　　　　　D. $\lim\limits_{x \to 0^+} e^{\frac{1}{x}} = +\infty$

提高题

1. 当 $x \to \infty$ 时，若 $\dfrac{1}{ax^2+bx+c} \sim \dfrac{1}{x+1}$，则 a, b, c 的值分别为（　　　）.

A. $a=0, b=1, c=1$　　　　　　　　B. $a=0, b=1, c$ 为任意常数

C. $a=0, b, c$ 为任意常数　　　　　　D. a, b, c 均为任意常数

2. 函数 $f(x) = \dfrac{|x|\sin(x-2)}{x(x-1)(x-2)^2}$ 有界的区间是（　　　）.

A. $(-1,1)$　　　　B. $(0,1)$　　　　C. $(1,2)$　　　　D. $(2,3)$

3. 设 $f(x) = \dfrac{e^{\frac{1}{x}} - 1}{e^{\frac{1}{x}} + 1}$，则 $x = 0$ 是 $f(x)$ 的（　　　）.

A. 可去间断点　　　　　　　　　　　B. 跳跃间断点

C. 第二类间断点　　　　　　　　　　D. 连续点

4. 求下列极限：

$(1)\ \lim\limits_{x \to 1} \dfrac{x^2 - x + 1}{(x-1)^2}$；　　　　　　$(2)\ \lim\limits_{x \to +\infty} x\left(\sqrt{x^2 + 1} - x\right)$；

$(3)\ \lim\limits_{x \to \infty} \left(\dfrac{2x+3}{2x+1}\right)^{x+1}$；　　　　$(4)\ \lim\limits_{x \to 0} \dfrac{\tan x - \sin x}{x^3}$；

$(5)\ \lim\limits_{x \to 0} \left(\dfrac{a^x + b^x + c^x}{3}\right)^{\frac{1}{x}}\ (a>0, b>0, c>0)$；　$(6)\ \lim\limits_{x \to \frac{\pi}{2}} (\sin x)^{\tan x}$.

5. 设 $f(x) = \begin{cases} e^{\frac{1}{x-1}}, & x > 0 \\ \ln(1+x), & -1 < x \leqslant 0 \end{cases}$，求 $f(x)$ 的间断点，并说明间断点的类型.

6. 证明 $\lim\limits_{n \to \infty} \left(\dfrac{1}{\sqrt{n^2 + 1}} + \dfrac{1}{\sqrt{n^2 + 2}} + \cdots + \dfrac{1}{\sqrt{n^2 + n}}\right) = 1$.

7. 若 $\lim\limits_{x \to 1} \dfrac{x^2 + ax + b}{\sin(x^2 - 1)} = 3$，求 a, b 的值.

8. 证明方程 $\sin x + x + 1 = 0$ 在开区间 $\left(-\dfrac{\pi}{2}, \dfrac{\pi}{2}\right)$ 内至少有一个根.

9. 设 $f(x)$ 在 $[a,b]$ 上连续，且 $a < c < d < b, m > 0, n > 0$，证明：在 $[a,b]$ 上必存在点 ξ，使得 $mf(c) + nf(d) = (m+n)f(\xi)$.

10. （2000 年）求极限 $\lim\limits_{x \to 0} \left(\dfrac{2 + e^{\frac{1}{x}}}{1 + e^{\frac{4}{x}}} + \dfrac{\sin x}{|x|}\right)$.

11. （2004 年数二）求极限 $\lim\limits_{x \to 0} \dfrac{1}{x^3} \left[\left(\dfrac{2 + \cos x}{3}\right)^x - 1\right]$.

12. （2009 年数二）求极限 $\lim\limits_{x \to 0} \dfrac{(1 - \cos x)[x - \ln(1 + \tan x)]}{\sin^4 x}$.

13. （2008 年）设 $0 < a < b$，求极限 $\lim\limits_{n \to \infty} (a^{-n} + b^{-n})^{\frac{1}{n}}$.

第2章　导数与微分

在解决实际问题的过程中,对于函数 $y = f(x)$ 常常要讨论当自变量 x 发生变化时,函数 y 变化的"快慢"问题. 同时还要解决自变量 x 在某点处有微小改变量 Δx 时,引起函数的微小改变量 Δy 的近似值问题. 在微分学中前者是导数问题,后者是微分问题.

本章中,我们主要讨论导数和微分的定义及它们的计算方法. 至于导数的应用,将在第 3 章中讨论.

2.1　导数的概念

2.1.1　引例

1)曲线上一点处切线的斜率

设平面上一条处处有切线的曲线方程为 $y = f(x)$,求曲线上一点 $M(x_0, y_0)$ 处切线的斜率.

如图 2-1 所示,点 $M(x_0, y_0)$ 为曲线 $y = f(x)$ 上一定点,$N(x, y)$ 是曲线上邻近点 M 的一动点,过 M, N 两点作一条直线,得到曲线在点 M 处的一条割线 MN,让动点 N 沿着曲线趋向于定点 M,则割线 MN 的极限位置 MT 就称为曲线在点 M 处的切线.

令 $\Delta x = x - x_0$,则 $\Delta y = f(x_0 + \Delta x) - f(x_0)$,那么

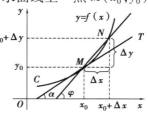

图 2-1

割线 MN 的斜率为

$$k_{MN} = \tan \varphi = \frac{\Delta y}{\Delta x} = \frac{f(x_0 + \Delta x) - f(x_0)}{\Delta x},$$

其中, φ 为割线 MN 的倾斜角.

当动点 N 沿着曲线趋向于点 M 时, $\Delta x \to 0$, 此时割线 MN 的倾斜角 φ 趋向于切线 MT 的倾斜角 α, 那么割线 MN 的斜率 k_{MN} 的极限值就是曲线在点 M 处切线的斜率 k, 即

$$k = \lim_{\varphi \to \alpha} \tan \varphi = \lim_{\Delta x \to 0} \frac{\Delta y}{\Delta x} = \lim_{\Delta x \to 0} \frac{f(x_0 + \Delta x) - f(x_0)}{\Delta x},$$

其中, α 为切线 MT 的倾斜角.

2）变速直线运动的瞬时速度

短跑运动员合理掌握和提高自己的瞬时速度, 对夺冠至关重要;飞机、汽车的瞬时速度会影响其行驶安全. 这些和我们密切相关的活动都涉及所谓的"瞬时速度", 它的本质是什么? 如何准确地描述它们的内在规律?

设质点沿一直线运动, 若以 s 表示质点从某一时刻开始到时刻 t 所走过的路程, 其路程函数为 $s = s(t)$, 求质点在运动过程中任一时刻 $t = t_0$ 时的瞬时速度.

假设时间 t 在点 t_0 取得增量 Δt, 则从 t_0 到 $t_0 + \Delta t$ 这段时间内, 质点所走的路程为 $\Delta s = s(t_0 + \Delta t) - s(t_0)$.

若质点做匀速直线运动, 瞬时速度不随时间的变化而改变, 比值 $\frac{\Delta s}{\Delta t} = \frac{s(t_0 + \Delta t) - s(t_0)}{\Delta t}$ 等于一常数, 该常数即为质点在时刻 t_0 的瞬时速度.

若质点做变速直线运动, 瞬时速度随时间的变化而改变, 比值 $\frac{\Delta s}{\Delta t} = \frac{s(t_0 + \Delta t) - s(t_0)}{\Delta t}$ 是做变速直线运动的质点从时刻 t_0 到 $t_0 + \Delta t$ 这一时间段内的平均速度, 记为 $\bar{v}$, 那么质点在时刻 t_0 的瞬时速度 $v(t_0)$ 是多少?

显然, 当 $|\Delta t|$ 很小时, 速度的变化也很小, 质点在该时间段内的运动可近似看成做匀速直线运动, $\bar{v}$ 可作为 $v(t_0)$ 的近似值, 即

$$v(t_0) \approx \bar{v} = \frac{s(t_0 + \Delta t) - s(t_0)}{\Delta t}.$$

不难看出，$|\Delta t|$ 越小，上面的近似值越精确，从而质点在 t_0 时刻的瞬时速度可定义为如下极限（假设极限存在）：

$$v(t_0) = \lim_{\Delta t \to 0} \frac{s(t_0 + \Delta t) - s(t_0)}{\Delta t}.$$

此式既科学地定义了瞬时速度的大小，又给出了瞬时速度的计算方法.

读者可以进一步思考质点在 t_0 时刻的加速度如何表示？

虽然以上两个问题所涉及的领域各不相同，但其本质类似. 相似的问题还有很多，例如电流强度的大小，质点角速度的大小，等等. 这些问题最终都归结为函数增量与自变量增量之比的极限问题. 这种极限是什么？撇开其具体的物理含义，抓住它们在数学上的共同本质，便得到了导数的概念.

2.1.2 导数的概念

1）函数在一点处的导数与导函数

定义 1 设函数 $y = f(x)$ 在点 x_0 的某个邻域内有定义，当自变量 x 在点 x_0 处取得增量 $\Delta x(x_0 + \Delta x$ 仍在该邻域内）时，函数的增量为 $\Delta y = f(x_0 + \Delta x) - f(x_0)$，若极限

$$\lim_{\Delta x \to 0} \frac{\Delta y}{\Delta x} = \lim_{\Delta x \to 0} \frac{f(x_0 + \Delta x) - f(x_0)}{\Delta x}$$

存在，则称**函数 $f(x)$ 在点 x_0 处可导**，并将此极限值称为**函数 $f(x)$ 在点 x_0 处的导数**，记作 $f'(x_0)$，即

$$f'(x_0) = \lim_{\Delta x \to 0} \frac{\Delta y}{\Delta x} = \lim_{\Delta x \to 0} \frac{f(x_0 + \Delta x) - f(x_0)}{\Delta x}. \tag{2-1}$$

也可记作 $y'\Big|_{x=x_0}$ 或 $\dfrac{\mathrm{d}y}{\mathrm{d}x}\Big|_{x=x_0}$ 或 $\dfrac{\mathrm{d}f(x)}{\mathrm{d}x}\Big|_{x=x_0}$.

由导数的定义知，引例中讨论的两个实际问题，曲线 $f(x)$ 在点 $M(x_0, y_0)$ 处切线的斜率就是函数 $f(x)$ 在点 x_0 处的导数 $f'(x_0)$；做变速直线运动的质点在 t_0 时刻的瞬时速度就是路程函数 $s(t)$ 在点 t_0 处的导数 $s'(t_0)$.

函数 $f(x)$ 在点 x_0 处可导有时也说成**函数 $f(x)$ 在点 x_0 处具有导数或导数存在**.

如果式（2-1）的极限不存在，便可说**函数 $f(x)$ 在点 x_0 处不可导**. 如果不可导的原因是当 $\Delta x \to 0$ 时，$\dfrac{\Delta y}{\Delta x} \to \infty$，为了方便起见，往往说**函数 $f(x)$ 在点 x_0 处的导数为无穷大**，也可写成 $f'(x_0) = \infty$.

导数的定义式(2-1)也可取不同的形式,若令 $x_0 + \Delta x = x$,则 $\Delta x = x - x_0$. 当 $\Delta x \to 0$ 时, $x \to x_0$,式(2-1)可改写为

$$f'(x_0) = \lim_{x \to x_0} \frac{f(x) - f(x_0)}{x - x_0}. \tag{2-2}$$

导数的定义刻画的是函数 $f(x)$ 在一点处可导的情形,如果函数 $f(x)$ 在开区间 (a,b) 内的每一点都可导,便称函数 $f(x)$ **在开区间 (a,b) 内可导**. 这时,对任意 $x \in (a,b)$,都对应着 $f(x)$ 的一个确定的导数值,这样就构成了一个新的函数,这个函数称为**函数 $f(x)$ 的导函数**,记作 y', $f'(x)$, $\dfrac{\mathrm{d}y}{\mathrm{d}x}$ 或 $\dfrac{\mathrm{d}f(x)}{\mathrm{d}x}$.

一般在具体的情况下,导数和导函数容易分辨,不致混淆,通常将导函数简称为导数.

2)求导举例

下面根据导数的定义求一些简单函数的导数.

例1　设 $y = x^2$,求 y', $y'|_{x=2}$.

解　求增量 $\Delta y = (x + \Delta x)^2 - x^2 = 2x\Delta x + (\Delta x)^2$;

作比值 $\dfrac{\Delta y}{\Delta x} = \dfrac{2x\Delta x + (\Delta x)^2}{\Delta x} = 2x + \Delta x$;

取极限 $y' = \lim\limits_{\Delta x \to 0} \dfrac{\Delta y}{\Delta x} = \lim\limits_{\Delta x \to 0}(2x + \Delta x) = 2x$, $y'|_{x=2} = 2x|_{x=2} = 4$.

例2　求函数 $f(x) = C$(C 为常数)的导数.

解　$f'(x) = \lim\limits_{\Delta x \to 0} \dfrac{f(x + \Delta x) - f(x)}{\Delta x} = \lim\limits_{\Delta x \to 0} \dfrac{C - C}{\Delta x} = 0$,

即**常数函数的导函数为零**:$(C)' = 0$.

例3　求幂函数 $f(x) = x^n$($n \in \mathbf{N}^+$)的导数.

解　$f'(x_0) = \lim\limits_{x \to x_0} \dfrac{f(x) - f(x_0)}{x - x_0} = \lim\limits_{x \to x_0} \dfrac{x^n - x_0^n}{x - x_0}$

$\qquad\quad = \lim\limits_{x \to x_0}(x^{n-1} + x^{n-2}x_0 + \cdots + x_0^{n-1}) = nx_0^{n-1}$.

即　　　　　　　$(x^n)' = nx^{n-1}$ ($-\infty < x < +\infty$, $n \in \mathbf{N}^+$).

以后将证明,对于幂函数 $y = x^\mu$($\mu \in \mathbf{R}$),有

$$(x^\mu)' = \mu x^{\mu-1}.$$

利用该导数公式,可求得

$$(x)' = 1,\ \left(\frac{1}{x}\right)' = (x^{-1})' = -\frac{1}{x^2},\ (\sqrt{x})' = (x^{\frac{1}{2}})' = \frac{1}{2\sqrt{x}}.$$

例 4 求指数函数 $f(x) = a^x (a > 0, a \neq 1)$ 的导数.

解 $f'(x) = \lim\limits_{\Delta x \to 0} \dfrac{f(x + \Delta x) - f(x)}{\Delta x} = \lim\limits_{\Delta x \to 0} \dfrac{a^{x + \Delta x} - a^x}{\Delta x} = \lim\limits_{\Delta x \to 0} \dfrac{a^x (a^{\Delta x} - 1)}{\Delta x}$,

利用 $\Delta x \to 0$ 时, $a^{\Delta x} - 1 \sim \Delta x \ln a$ 得到

$$(a^x)' = a^x \ln a, \text{特别地}, (\mathrm{e}^x)' = \mathrm{e}^x.$$

例 5 求对数函数 $f(x) = \log_a x (a > 0, a \neq 1)$ 的导数.

解 $f'(x) = \lim\limits_{\Delta x \to 0} \dfrac{f(x + \Delta x) - f(x)}{\Delta x} = \lim\limits_{\Delta x \to 0} \dfrac{\log_a (x + \Delta x) - \log_a x}{\Delta x}$

$$= \lim\limits_{\Delta x \to 0} \dfrac{\log_a \left(1 + \dfrac{\Delta x}{x} \right)}{\Delta x}$$

由换底公式及当 $\Delta x \to 0$ 时, $\ln \left(1 + \dfrac{\Delta x}{x} \right) \sim \dfrac{\Delta x}{x}$, 上式可继续化为

$$f'(x) = \lim\limits_{\Delta x \to 0} \dfrac{\ln \left(1 + \dfrac{\Delta x}{x} \right)}{\ln a} \cdot \dfrac{1}{\Delta x} = \lim\limits_{\Delta x \to 0} \dfrac{\Delta x}{x} \cdot \dfrac{1}{\ln a} \cdot \dfrac{1}{\Delta x} = \dfrac{1}{x \ln a}.$$

即 $(\log_a x)' = \dfrac{1}{x \ln a}$, 特别地, $(\ln x)' = \dfrac{1}{x}$.

例 6 求正弦函数 $f(x) = \sin x$ 的导数.

解 $(\sin x)' = \lim\limits_{\Delta x \to 0} \dfrac{\sin(x + \Delta x) - \sin x}{\Delta x} = \lim\limits_{\Delta x \to 0} \dfrac{2 \sin \dfrac{\Delta x}{2} \cos \left(x + \dfrac{\Delta x}{2} \right)}{\Delta x}$

$$= \lim\limits_{\Delta x \to 0} \dfrac{\sin \dfrac{\Delta x}{2}}{\dfrac{\Delta x}{2}} \cos \left(x + \dfrac{\Delta x}{2} \right) = \cos x.$$

即有 $(\sin x)' = \cos x$.

类似地, 可以求得公式

$$(\cos x)' = -\sin x.$$

由例 2 至例 6 所得的函数导数公式, 在今后求导时都可以直接引用. 下面介绍一个利用导数求极限的例子.

例 7 设函数 $f(x)$ 在点 x_0 处可导, 且 $f'(x_0) = -\dfrac{1}{2}$, 求极限

$$\lim\limits_{x \to 0} \dfrac{f(x_0 + x) - f(x_0 - 3x)}{x}.$$

解　由题设知 $f'(x_0)$ 存在,且极限

$$f'(x_0) = \lim_{x \to 0} \frac{f(x_0 + x) - f(x_0)}{x} = -\frac{1}{2}.$$

题目中所求极限与导数 $f'(x_0)$ 的极限式相仿,将其转化,从而求得结果.

$$\begin{aligned}
原式 &= \lim_{x \to 0} \frac{[f(x_0 + x) - f(x_0)] - [f(x_0 - 3x) - f(x_0)]}{x} \\
&= \lim_{x \to 0} \frac{f(x_0 + x) - f(x_0)}{x} - \lim_{x \to 0} \frac{f(x_0 - 3x) - f(x_0)}{x} \\
&= \lim_{x \to 0} \frac{f(x_0 + x) - f(x_0)}{x} + 3 \lim_{x \to 0} \frac{f(x_0 - 3x) - f(x_0)}{-3x} \\
&= f'(x_0) + 3f'(x_0) = 4f'(x_0) = -2.
\end{aligned}$$

3) 左、右导数

由导数的定义可知,函数 $y = f(x)$ 在点 x_0 处的导数

$$f'(x_0) = \lim_{\Delta x \to 0} \frac{\Delta y}{\Delta x} = \lim_{\Delta x \to 0} \frac{f(x_0 + \Delta x) - f(x_0)}{\Delta x}$$

就是一个极限. 而极限存在的充要条件是左、右极限都存在且相等. 因此,$f'(x_0)$ 存在,即 $f(x)$ 在点 x_0 处可导的充要条件是左、右极限

$$\lim_{\Delta x \to 0^-} \frac{f(x_0 + \Delta x) - f(x_0)}{\Delta x} \quad 及 \quad \lim_{\Delta x \to 0^+} \frac{f(x_0 + \Delta x) - f(x_0)}{\Delta x}$$

都存在且相等. 这两个极限分别称为函数 $f(x)$ 在点 x_0 处的**左导数和右导数**,记作 $f'_-(x_0)$ 及 $f'_+(x_0)$,即

$$f'_-(x_0) = \lim_{\Delta x \to 0^-} \frac{f(x_0 + \Delta x) - f(x_0)}{\Delta x} 或 \lim_{x \to x_0^-} \frac{f(x) - f(x_0)}{x - x_0}.$$

$$f'_+(x_0) = \lim_{\Delta x \to 0^+} \frac{f(x_0 + \Delta x) - f(x_0)}{\Delta x} 或 \lim_{x \to x_0^+} \frac{f(x) - f(x_0)}{x - x_0}.$$

现在可以说,函数 $f(x)$ 在点 x_0 处可导的充要条件是左、右导数存在且相等. 左导数和右导数统称为**单侧导数**.

如果函数 $f(x)$ 在开区间 (a,b) 内可导,且 $f'_+(a)$ 及 $f'_-(b)$ 都存在,就说**函数 $f(x)$ 在闭区间 $[a,b]$ 上可导**.

例8　设函数 $f(x) = \begin{cases} x, & 0 < x \leq 1 \\ x^2, & 1 < x < 2 \end{cases}$,讨论函数 $f(x)$ 在 $x = 1$ 处是否可导.

解　显然 $f(1) = 1$,由于 $f(x)$ 在 $x = 1$ 左、右两侧的表达式不同,故需要分别求左、右导数:

$$f'_-(1) = \lim_{x \to 1^-} \frac{f(x) - f(1)}{x - 1} = \lim_{x \to 1^-} \frac{x - 1}{x - 1} = 1,$$

$$f'_+(1) = \lim_{x \to 1^+} \frac{f(x) - f(1)}{x - 1} = \lim_{x \to 1^+} \frac{x^2 - 1}{x - 1} = 2.$$

可见，$f'_-(1) \neq f'_+(1)$，故函数 $f(x)$ 在点 $x = 1$ 处不可导.

2.1.3 导数的几何意义

在本节引例部分的讨论中，我们知道，函数 $f(x)$ 在点 x_0 处的导数 $f'(x_0)$ 就是曲线 $y = f(x)$ 在点 $(x_0, f(x_0))$ 处切线的斜率，这就是导数的几何意义.

于是，由直线的点斜式方程，即可写出曲线在点 $(x_0, f(x_0))$ 处的切线方程和法线方程. 过点 $(x_0, f(x_0))$ 的切线方程为

$$y - f(x_0) = f'(x_0)(x - x_0).$$

过切点且与切线垂直的直线称为曲线 $y = f(x)$ 的**法线**. 如果 $f'(x_0) \neq 0$，则法线的斜率为 $-\dfrac{1}{f'(x_0)}$，从而过点 $(x_0, f(x_0))$ 的法线方程为

$$y - f(x_0) = -\frac{1}{f'(x_0)}(x - x_0).$$

例9 求曲线 $y = \sqrt{x}$ 在点 $P_0(1,1)$ 处的切线方程和法线方程.

解 由于 $(\sqrt{x})' = \dfrac{1}{2\sqrt{x}}$，曲线在点 $P_0(1,1)$ 处的切线和法线的斜率分别为

$$k_{切} = \frac{1}{2\sqrt{x}}\bigg|_{x=1} = \frac{1}{2}, \quad k_{法} = -\frac{1}{k_{切}} = -2,$$

所求切线方程为 $y - 1 = \dfrac{1}{2}(x - 1)$，即 $y = \dfrac{1}{2}x + \dfrac{1}{2}$；

所求法线方程为 $y - 1 = -2(x - 1)$，即 $y = -2x + 3$.

例10 试问曲线 $y = x^2$ 上哪一点处的切线与直线 $y = 4x - 3$ 平行？并求出此切线的方程.

解 已知直线 $y = 4x - 3$ 的斜率为 $k_1 = 4$. 设所求切线的斜率为 k_2，根据平面解析几何的知识，两直线平行的充要条件是它们的斜率相等，故 $k_2 = k_1 = 4$.

设所求的切线与曲线相切于点 (x, x^2)，根据导数的几何意义，有

$$k_2 = (x^2)' = 2x = 4,$$

解得 $x = 2$，$y|_{x=2} = x^2|_{x=2} = 4$，即所求的切点为 $(2,4)$. 那么该切点的切线方程为 $y - 4 = 4(x - 2)$，即 $y = 4x - 4$.

2.1.4 可导与连续的关系

定理 若函数 $f(x)$ 在点 x 处可导,则函数 $f(x)$ 在该点处必连续.

证明 由函数 $f(x)$ 在点 x 处可导,即极限

$$\lim_{\Delta x \to 0} \frac{\Delta y}{\Delta x} = f'(x)$$

存在. 根据函数极限与无穷小的关系,应有

$$\frac{\Delta y}{\Delta x} = f'(x) + \alpha,$$

其中,α 是当 $\Delta x \to 0$ 时的无穷小量. 可把上式写为

$$\Delta y = f'(x) \Delta x + \alpha \cdot \Delta x = f'(x) \Delta x + o(\Delta x).$$

当 $\Delta x \to 0$ 时,有 $\Delta y \to 0$,即 $\lim_{\Delta x \to 0} \Delta y = 0$,则函数 $f(x)$ 在点 x 处是连续的.

定理指出了可导是连续的充分条件. 应该注意到,如果函数 $f(x)$ 在点 x 处连续,$f(x)$ 未必在点 x 处可导. 也就是说,函数在某点处连续,只是它在该点可导的必要条件,而不是充分条件.

推论 若函数 $f(x)$ 在点 x 处不连续,则 $f(x)$ 在该点处必不可导.

例 11 讨论绝对值函数 $y = |x|$ 在点 $x = 0$ 处的连续性和可导性.

解 显然函数 $y = |x|$ 在点 $x = 0$ 处连续,但在 $x = 0$ 处不可导. 这是因为

$$y = |x| = \begin{cases} -x, & x < 0 \\ x, & x \geq 0 \end{cases}$$

在 $x = 0$ 的左右两侧的表达式不同,故考虑函数 $y = |x|$ 在 $x = 0$ 处的左右导数:

$$f'_-(0) = \lim_{x \to 0^-} \frac{f(x) - f(0)}{x - 0} = \lim_{x \to 0^-} \frac{-x - 0}{x - 0} = -1,$$

$$f'_+(0) = \lim_{x \to 0^+} \frac{f(x) - f(0)}{x - 0} = \lim_{x \to 0^+} \frac{x - 0}{x - 0} = 1.$$

由于左右导数存在但不相等,因此 $y = |x|$ 在 $x = 0$ 处不可导.

例 12 讨论函数 $f(x) = \begin{cases} \cos x, & x \leq 0 \\ \sqrt{x}, & x > 0 \end{cases}$ 在点 $x = 0$ 处的连续性和可导性.

解 因为 $\lim_{x \to 0^+} f(x) = \lim_{x \to 0^+} \sqrt{x} = 0$,而 $f(0) = \cos 0 = 1$. 于是 $\lim_{x \to 0^+} f(x) \neq f(0)$. 故 $f(x)$ 在 $x = 0$ 处不连续. 由定理 1 的推论可知,$f(x)$ 在 $x = 0$ 处不可导.

例 13 确定函数 $f(x) = \begin{cases} e^{2x} + b, & x \geq 0 \\ \sin ax, & x < 0 \end{cases}$ 中常数 a 和 b 的值,使得函数 $f(x)$ 在点 $x = 0$ 处可导.

解 要确定两个常数,一般需要两个条件.

①连续是可导的必要条件.因此函数 $f(x)$ 在点 $x=0$ 处必连续,即

$$\lim_{x \to 0^+} f(x) = \lim_{x \to 0^-} f(x) = f(0).$$

而

$$\lim_{x \to 0^+} f(x) = \lim_{x \to 0^+} (e^{2x} + b) = 1 + b = f(0),$$

$$\lim_{x \to 0^-} f(x) = \lim_{x \to 0^-} \sin ax = 0,$$

所以,由方程 $1 + b = 0$,解得 $b = -1$.

②可导的充要条件是 $f'_-(0) = f'_+(0)$.因为

$$f'_+(0) = \lim_{x \to 0^+} \frac{f(x) - f(0)}{x} = \lim_{x \to 0^+} \frac{(e^{2x} - 1) - 0}{x} = 2,$$

$$f'_-(0) = \lim_{x \to 0^-} \frac{f(x) - f(0)}{x} = \lim_{x \to 0^-} \frac{\sin ax - 0}{x} = a,$$

所以 $a = 2$.

故当 $a = 2, b = -1$ 时,函数 $f(x)$ 在 $x = 0$ 处可导.

2.1.5 导数的应用——经济学中的边际分析

在经济学中,习惯上用边际这个概念来描述一个经济变量 y 对于另一个经济变量 x 的变化.它表示当 x 的改变量 Δx 的绝对值 $|\Delta x|$ 很小时,比值 $\frac{\Delta y}{\Delta x}$ 的变化.

当函数的自变量 x 在 x_0 处改变一个单位（即 $\Delta x = 1$）时,函数的增量为 $\Delta y = f(x_0 + 1) - f(x_0)$;当 x 改变的这个单位很小时,或 x 的"一个单位"与 x_0 值相比很小时,则有近似式

$$\Delta y = f(x_0 + 1) - f(x_0) \approx f'(x_0).$$

它表明:当自变量在 x_0 处产生一个单位的改变时,函数 $f(x)$ 的改变量可近似地用 $f'(x_0)$ 表示.在经济学中,解释边际函数值的具体意义时,通常略去"近似"二字.即在经济学中,将 $f'(x_0)$ 称为函数 $f(x)$ 在点 $x = x_0$ 处的**边际函数值**.

例如,设函数 $f(x) = x^2$,则 $f'(x) = 2x$.$f(x) = x^2$ 在点 $x = 10$ 处的边际函数值为 $f'(10) = 20$,它表示当 $x = 10$ 时,x 改变一个单位,y（近似）改变 20 个单位.

例 14 设某工厂生产 x 件产品时的成本函数为 $c(x) = 100x - 0.01x^2$（元）,求生产 20 件产品的总成本、平均成本和边际成本.

解 总成本为 $c(20) = 100 \times 20 - 0.01 \times 20^2 = 1\,996$（元）;

平均成本为 $\frac{c(20)}{20} = \frac{1\,996}{20} = 99.8$（元）;

边际成本为 $c'(20) = (100 - 0.02x)\big|_{x=20} = 99.6(元)$.

其经济意义是:生产 20 件产品时,平均每件产品的成本为 99.8 元,生产 20 件产品后再增加的那件产品所花费的成本为 99.6 元.

由例 14 可知,生产 21 件产品的总成本 $c(21)$ 与生产 20 件产品的总成本 $c(20)$ 的差 $c(21) - c(20) = 99.59$ 元与生产 20 件产品的边际成本 $c'(20) = 99.6$ 元近似相等.

习题 2.1

基础题

1. 设函数 $f(x) = x^3$,按定义求导数 $f'(1)$.

2. 假定 $f'(x_0)$ 存在,按照导数定义求下列极限:

(1) $\lim\limits_{\Delta x \to 0} \dfrac{f(x_0 - \Delta x) - f(x_0)}{\Delta x}$;   (2) $\lim\limits_{x \to x_0} \dfrac{f(x) - f(x_0)}{x - x_0}$;

(3) $\lim\limits_{h \to 0} \dfrac{f(x_0 + h) - f(x_0 - h)}{h}$;   (4) $\lim\limits_{x \to 0} \dfrac{f(x)}{x}$,其中 $f(0) = 0$,且 $f'(0)$ 存在.

3. 给定抛物线 $y = x^2 - x + 2$,求过点 $(1, 2)$ 的切线方程和法线方程.

4. 设 $f(x) = |x - a| \varphi(x)$,其中 $\varphi(x)$ 为连续函数,且 $\varphi(a) \neq 0$,求 $f'_-(a)$,$f'_+(a)$.

5. 设 $f(x) = \begin{cases} x^2 \cos \dfrac{\pi}{x}, & x \neq 0 \\ 0, & x = 0 \end{cases}$,讨论 $f(x)$ 在 $x = 0$ 处的连续性和可导性.

6. 讨论函数 $f(x) = \begin{cases} x \sin \dfrac{1}{x}, & x \neq 0 \\ 0, & x = 0 \end{cases}$ 在 $x = 0$ 处的连续性和可导性.

7. 当 a, b, c 为何值时,函数 $f(x) = \begin{cases} x^2 + a, & x > 0 \\ 0, & x = 0 \\ bx + c, & x < 0 \end{cases}$.

(1) 在 $(-\infty, +\infty)$ 上连续;

(2) 在 $(-\infty, +\infty)$ 上可导,且求 $f'(x)$.

提高题

1. 设 $f(x) = \begin{cases} \dfrac{2}{3}x^3, & x \leq 1 \\ x^2, & x > 1 \end{cases}$，则 $f(x)$ 在 $x = 1$ 处（　　）.

A. 左、右导数都存在　　　　　　　B. 左导数存在，但右导数不存在

C. 左导数不存在，但右导数存在　　D. 左、右导数都不存在

2. 设函数 $f(x)$ 在 $x = 0$ 处连续，且 $\lim\limits_{x \to 0} \dfrac{f(2x)}{3x} = 1$，求曲线 $y = f(x)$ 在点 $(0, f(0))$ 处的切线方程.

3. 设 $\lim\limits_{\Delta x \to 0} \dfrac{\Delta x}{f(x_0 + k\Delta x) - f(x_0)} = \dfrac{3}{f'(x_0)}$，求 k.

4. 设 $f'(x_0)$ 存在，求极限 $\lim\limits_{x \to x_0} \dfrac{xf(x_0) - x_0 f(x)}{x - x_0}$.

5. $f(x) = 5|\ln x| + 2\ln x$，则 $f'_+(1) = \underline{\qquad}$，$f'_-(1) = \underline{\qquad}$.

6. 设周期函数 $f(x)$ 在 $(-\infty, +\infty)$ 内可导，周期为 4，又 $\lim\limits_{x \to 0} \dfrac{f(1) - f(1-x)}{2x} = -1$，则曲线 $y = f(x)$ 在点 $(5, f(5))$ 处的法线的斜率为（　　）.

A. $\dfrac{1}{2}$　　　　B. 0　　　　C. 1　　　　D. -2

应用题

1. 将一物体垂直上抛，设经过时间 $t(s)$ 后，物体上升高度为 $h(t) = 10t - \dfrac{1}{2}gt^2(m)$，求：

（1）物体在时间段 $[1, 3]$ 内的平均速度 $\bar{v}(t)$；

（2）物体在时刻 $t_0(s)$ 时的速度；

（3）物体在 $t = 1$ 时的瞬时速度 $v(1)$.

2. 设某工厂生产 x 件产品的成本为 $C(x) = 2\,000 + 100x - 0.1x^2(元)$，$C(x)$ 称为成本函数，成本函数 $C(x)$ 的导数 $C'(x)$ 在经济学中称为边际成本，试求：

（1）当生产 100 件产品时的边际成本；

（2）生产第 101 件产品的成本，并与（1）中求得的边际成本作比较，说明边际成本的实际意义.

2.2　函数的求导法则

在导数定义中,我们不仅阐明了导数概念的实质,同时也给出了根据定义求函数导数的方法,但是,如果对每一个函数都按照导数的定义去求它的导数,那将会相当复杂且计算量很大,因此希望建立一些基本公式与运算法则,并借助它们来简化导数的计算.

2.2.1　函数和、差、积、商的求导法则

定理1　若函数 $u=u(x)$ 及 $v=v(x)$ 在点 x 处可导,则它们的和、差、积、商(分母不为零)在点 x 处也可导,并且

(1) $[u(x) \pm v(x)]' = u'(x) \pm v'(x)$;

(2) $[u(x)v(x)]' = u'(x)v(x) + u(x)v'(x)$;

(3) $\left[\dfrac{u(x)}{v(x)}\right]' = \dfrac{u'(x)v(x) - u(x)v'(x)}{v^2(x)}$.

证明　(1) 设 $f(x) = u(x) \pm v(x)$,则

$$\begin{aligned}
f'(x) &= \lim_{\Delta x \to 0} \frac{f(x + \Delta x) - f(x)}{\Delta x} \\
&= \lim_{\Delta x \to 0} \frac{[u(x + \Delta x) \pm v(x + \Delta x)] - [u(x) \pm v(x)]}{\Delta x} \\
&= \lim_{\Delta x \to 0} \left[\frac{u(x + \Delta x) - u(x)}{\Delta x} \pm \frac{v(x + \Delta x) - v(x)}{\Delta x}\right] \\
&= u'(x) \pm v'(x).
\end{aligned}$$

故法则(1)得证. 法则(1)可简单地写成

$$(u \pm v)' = u' \pm v'.$$

(2) 设 $f(x) = u(x)v(x)$,则

$$\begin{aligned}
f'(x) &= \lim_{\Delta x \to 0} \frac{f(x + \Delta x) - f(x)}{\Delta x} \\
&= \lim_{\Delta x \to 0} \frac{u(x + \Delta x)v(x + \Delta x) - u(x)v(x)}{\Delta x} \\
&= \lim_{\Delta x \to 0} \left[\frac{u(x + \Delta x) - u(x)}{\Delta x} v(x + \Delta x) + u(x) \frac{v(x + \Delta x) - v(x)}{\Delta x}\right]
\end{aligned}$$

$$= \lim_{\Delta x \to 0} \frac{u(x + \Delta x) - u(x)}{\Delta x} \lim_{\Delta x \to 0} v(x + \Delta x) + u(x) \lim_{\Delta x \to 0} \frac{v(x + \Delta x) - v(x)}{\Delta x}$$

$$= u'(x)v(x) + u(x)v'(x).$$

其中, $\lim\limits_{\Delta x \to 0} v(x + \Delta x) = v(x)$ 是因为 $v'(x)$ 存在, 所以 $v(x)$ 在点 x 处连续. 故法则 (2) 得证. 法则 (2) 可简单地写成

$$(uv)' = u'v + uv'.$$

(3) 设 $f(x) = \dfrac{u(x)}{v(x)}$, 则

$$f'(x) = \lim_{\Delta x \to 0} \frac{f(x + \Delta x) - f(x)}{\Delta x}$$

$$= \lim_{\Delta x \to 0} \frac{\dfrac{u(x + \Delta x)}{v(x + \Delta x)} - \dfrac{u(x)}{v(x)}}{\Delta x}$$

$$= \lim_{\Delta x \to 0} \frac{u(x + \Delta x)v(x) - u(x)v(x + \Delta x)}{v(x + \Delta x)v(x)\Delta x}$$

$$= \lim_{\Delta x \to 0} \frac{[u(x + \Delta x) - u(x)]v(x) - u(x)[v(x + \Delta x) - v(x)]}{v(x + \Delta x)v(x)\Delta x}$$

$$= \lim_{\Delta x \to 0} \frac{\dfrac{[u(x + \Delta x) - u(x)]v(x)}{\Delta x} - \dfrac{u(x)[v(x + \Delta x) - v(x)]}{\Delta x}}{v(x + \Delta x)v(x)}$$

$$= \frac{u'(x)v(x) - u(x)v'(x)}{v^2(x)}.$$

故法则 (3) 得证. 法则 (3) 可简单地写成

$$\left(\frac{u}{v}\right)' = \frac{u'v - uv'}{v^2}.$$

定理 1 中的法则 (1)、(2) 可推广到有限个可导函数的情形. 例如, 设 $u = u(x), v = v(x), \omega = \omega(x)$ 均可导, 则有

$$(u + v - \omega)' = u' + v' - \omega',$$

$$(uv\omega)' = u'v\omega + uv'\omega + uv\omega'.$$

在法则 (2) 中, 若 $v(x) = C$ (C 为常数), 注意到 $(C)' = 0$, 则有

$$(Cu)' = Cu'.$$

在法则 (3) 中, 若 $u(x) = 1$, 则有

$$\left(\frac{1}{v}\right)' = -\frac{v'}{v^2}.$$

例 1 求下列函数的导数:

$(1) y = \sqrt[3]{x} + x^2 \ln x - \sin \frac{\pi}{6}; (2) y = e^x (\cos x - \sin x); (3) y = \frac{x \sin x}{1 + \cos x}.$

解 $(1) y' = (x^{\frac{1}{3}})' + (x^2 \ln x)' - \left(\sin \frac{\pi}{6}\right)'$

$$= \frac{1}{3} x^{-\frac{2}{3}} + \left(2x \ln x + x^2 \cdot \frac{1}{x}\right) - 0 = \frac{1}{3} x^{-\frac{2}{3}} + 2x \ln x + x.$$

$(2) y' = (e^x)'(\cos x - \sin x) + e^x (\cos x - \sin x)'$

$$= e^x (\cos x - \sin x) + e^x (-\sin x - \cos x) = -2e^x \sin x.$$

$(3) y' = \frac{(x \sin x)'(1 + \cos x) - x \sin x (1 + \cos x)'}{(1 + \cos x)^2}$

$$= \frac{(\sin x + x \cos x)(1 + \cos x) + x \sin^2 x}{(1 + \cos x)^2} = \frac{\sin x + x}{1 + \cos x}.$$

例2 $y = \tan x$，求 y'.

解 $y' = (\tan x)' = \left(\frac{\sin x}{\cos x}\right)' = \frac{(\sin x)' \cos x - \sin x (\cos x)'}{\cos^2 x}$

$$= \frac{\cos^2 x + \sin^2 x}{\cos^2 x} = \frac{1}{\cos^2 x} = \sec^2 x.$$

例3 $y = \sec x$，求 y'.

解 $y' = (\sec x)' = \left(\frac{1}{\cos x}\right)' = -\frac{(\cos x)'}{\cos^2 x} = -\frac{(-\sin x)}{\cos^2 x} = \sec x \cdot \tan x.$

用类似方法，可以得到余切函数和余割函数的导数公式：

$$(\cot x)' = -\csc^2 x,$$

$$(\csc x)' = -\csc x \cot x.$$

例4 设 $f(x) = x^2 \tan x + \frac{x+1}{x^2+1}$，求 $f'(0)$.

解 由 $f'(x) = (x^2)' \tan x + x^2 (\tan x)' + \frac{(x+1)'(x^2+1) - (x+1)(x^2+1)'}{(x^2+1)^2}$

$$= 2x \tan x + x^2 \sec^2 x + \frac{1 - 2x - x^2}{(x^2+1)^2},$$

可得 $f'(0) = f'(x) \big|_{x=0} = 1.$

2.2.2 反函数的求导法则

定理2 设函数 $x = \varphi(y)$ 在区间 I_y 内单调、可导，且 $\varphi'(y) \neq 0$，那么它的反函数 $y = f(x)$ 在区间 $I_x = \{x \mid x = \varphi(y), y \in I_y\}$ 内可导，且有

$$f'(x) = \frac{1}{\varphi'(y)},$$

即

$$\frac{\mathrm{d}y}{\mathrm{d}x} = \frac{1}{\frac{\mathrm{d}x}{\mathrm{d}y}}.$$

证明 由于 $x = \varphi(y)$ 在 I_y 内单调、可导（从而连续），则它的反函数 $y = f(x)$ 在 I_x 内也单调、连续.

对于 $\forall x \in I_x$，给 x 增量 $\Delta x (\Delta x \neq 0, x + \Delta x \in I_x)$，由 $y = f(x)$ 的单调性可知

$$\Delta y = f(x + \Delta x) - f(x) \neq 0,$$

于是有 $\dfrac{\Delta y}{\Delta x} = \dfrac{1}{\dfrac{\Delta x}{\Delta y}}$. 因 $y = f(x)$ 连续，故 $\lim\limits_{\Delta x \to 0} \Delta y = 0$. 从而

$$f'(x) = \lim_{\Delta x \to 0} \frac{\Delta y}{\Delta x} = \lim_{\Delta y \to 0} \frac{1}{\frac{\Delta x}{\Delta y}} = \frac{1}{\varphi'(y)}. \tag{2-3}$$

这表明反函数 $y = f(x)$ 在区间 I_x 内可导，并且 $f'(x) = \dfrac{1}{\varphi'(y)}$，即 $\dfrac{\mathrm{d}y}{\mathrm{d}x} = \dfrac{1}{\dfrac{\mathrm{d}x}{\mathrm{d}y}}$.

上述结论可简单地表述成：**反函数的导数等于直接函数导数的倒数**.

例 5 $y = \arcsin x$，求 y'.

解 设 $x = \sin y$ 为直接函数，$y = \arcsin x$ 为它的反函数，函数 $x = \sin y$ 在区间 $\left(-\dfrac{\pi}{2}, \dfrac{\pi}{2}\right)$ 内单调增、可导，且 $(\sin y)' = \cos y > 0$. 由反函数的求导法则知，在对应区间 $(-1, 1)$ 内有

$$(\arcsin x)' = \frac{1}{(\sin y)'} = \frac{1}{\cos y},$$

而 $\cos y = \sqrt{1 - \sin^2 y} = \sqrt{1 - x^2}$（因为当 $-\dfrac{\pi}{2} < y < \dfrac{\pi}{2}$ 时，$\cos y > 0$，所以根号前取正号），故

$$(\arcsin x)' = \frac{1}{\sqrt{1 - x^2}}. \tag{2-4}$$

用类似方法可证

$$(\arccos x)' = -\frac{1}{\sqrt{1 - x^2}}. \tag{2-5}$$

例6　$y = \arctan x$，求 y'.

解　设 $x = \tan y$ 为直接函数，则 $y = \arctan x$ 为它的反函数. 函数 $x = \tan y$ 在区间 $\left(-\dfrac{\pi}{2}, \dfrac{\pi}{2} \right)$ 内单调增、可导，且 $(\tan y)' = \sec^2 y \neq 0$. 故由反函数的求导法则知，在对应区间 $(-\infty, +\infty)$ 内，有

$$(\arctan x)' = \frac{1}{(\tan y)'} = \frac{1}{\sec^2 y}.$$

而 $\sec^2 y = 1 + \tan^2 y = 1 + x^2$，故

$$(\arctan x)' = \frac{1}{1 + x^2}. \tag{2-6}$$

用类似方法可证

$$(\text{arccot } x)' = -\frac{1}{1 + x^2}. \tag{2-7}$$

如果利用三角函数中的公式

$$\arccos x = \frac{\pi}{2} - \arcsin x \text{ 和 arccot } x = \frac{\pi}{2} - \arctan x,$$

那么从本节的式(2-4)和式(2-6)也立刻可得式(2-5)和式(2-7).

例7　试应用反函数的求导法则，由公式 $(a^x)' = a^x \ln a$ 导出公式

$$(\log_a x)' = \frac{1}{x \ln a}.$$

解　设 $x = a^y (a > 0, a \neq 1)$ 为直接函数，则 $y = \log_a x$ 为它的反函数. 函数 $x = a^y$ 在区间 $(-\infty, +\infty)$ 内单调、可导，且 $(a^y)' = a^y \ln a$. 由反函数的求导法则，在对应区间 $(0, +\infty)$ 内，有

$$(\log_a x)' = \frac{1}{(a^y)'} = \frac{1}{a^y \ln a},$$

而 $a^y = x$，故

$$(\log_a x)' = \frac{1}{x \ln a}.$$

例8　已知 $y = f(x) = e^x + \sqrt[3]{x}$，求其反函数 $x = f^{-1}(y)$ 在 $y_0 = 1 + e$ 处的导数.

解　由 $y_0 = 1 + e$，令 $e^x + \sqrt[3]{x} = 1 + e$，得 $x_0 = 1$. 又 $f'(x) = e^x + \dfrac{1}{3} x^{-\frac{2}{3}}$，于是

$f'(x_0) = f'(1) = e + \dfrac{1}{3}$，所以

$$\frac{\mathrm{d}x}{\mathrm{d}y}\bigg|_{y_0=1+e}=\frac{1}{f'(x_0)}=\frac{1}{e+\dfrac{1}{3}}=\frac{3}{3e+1}.$$

2.2.3 复合函数的求导法则

到目前为止，对于

$$\ln\sin x,\ \mathrm{e}^{\arcsin\sqrt{x}},\ \sin\frac{2x}{1+x^2}$$

这样的函数，我们还不知道它们是否可导，以及可导的话如何求它们的导数. 这些问题借助于下面的法则可以得到解决.

定理3 设函数 $u=\varphi(x)$ 在点 x 处有导数 $\dfrac{\mathrm{d}u}{\mathrm{d}x}=\varphi'(x)$，函数 $y=f(u)$ 在对应点 $u(u=\varphi(x))$ 处有导数 $\dfrac{\mathrm{d}y}{\mathrm{d}u}=f'(u)$，则复合函数 $y=f[\varphi(x)]$ 在点 x 处可导，且有

$$\frac{\mathrm{d}y}{\mathrm{d}x}=f'(u)\varphi'(x)\ \text{或}\ \frac{\mathrm{d}y}{\mathrm{d}x}=\frac{\mathrm{d}y}{\mathrm{d}u}\cdot\frac{\mathrm{d}u}{\mathrm{d}x}. \tag{2-8}$$

证明 给自变量 x 以增量 $\Delta x\neq0$，相应地得到函数 $u=\varphi(x)$ 的增量 Δu（这里的 Δu 可能等于零）. 又设由 Δu 引起的函数 $y=f(u)$ 的增量为 Δy.

因为 $y=f(u)$ 在对应点 u 处可导，故当 $\Delta u\to0$ 时，有 $\lim\limits_{\Delta u\to0}\dfrac{\Delta y}{\Delta u}=f'(u)$. 根据函数极限与无穷小的关系，有

$$\frac{\Delta y}{\Delta u}=f'(u)+\alpha, \tag{2-9}$$

其中 $\lim\limits_{\Delta u\to0}\alpha=0$. 式(2-9)中 $\Delta u\neq0$，用 Δu 乘式(2-9)的两边，得

$$\Delta y=f'(u)\cdot\Delta u+\alpha\cdot\Delta u. \tag{2-10}$$

当 $\Delta u=0$ 时，事实上 $\Delta y=f(u+\Delta u)-f(u)=0$，因此无论 Δu 是否等于 0，式(2-10)总成立. 用 $\Delta x\neq0$ 除式(2-10)的两边，得

$$\frac{\Delta y}{\Delta x}=f'(u)\cdot\frac{\Delta u}{\Delta x}+\alpha\cdot\frac{\Delta u}{\Delta x},$$

于是 $\lim\limits_{\Delta x\to0}\dfrac{\Delta y}{\Delta x}=\lim\limits_{\Delta x\to0}\Big[f'(u)\cdot\dfrac{\Delta u}{\Delta x}+\alpha\cdot\dfrac{\Delta u}{\Delta x}\Big]$. 根据函数在某点处可导，必在该点处连续的性质可知，当 $\Delta x\to0$ 时，$\Delta u\to0$，从而 $\lim\limits_{\Delta x\to0}\alpha=\lim\limits_{\Delta u\to0}\alpha=0$. 进而，$\lim\limits_{\Delta x\to0}\alpha\cdot\dfrac{\Delta u}{\Delta x}=$

0. 又因为 $u = \varphi(x)$ 在点 x 处可导，有 $\lim\limits_{\Delta x \to 0} \dfrac{\Delta u}{\Delta x} = \varphi'(x)$，所以

$$\lim_{\Delta x \to 0} \frac{\Delta y}{\Delta x} = f'(u) \cdot \lim_{\Delta x \to 0} \frac{\Delta u}{\Delta x} = f'(u) \cdot \varphi'(x).$$

由定理 3 给出的复合函数求导法则，可简述为：**复合函数的导数等于函数对中间变量的导数乘以中间变量对自变量的导数.** 该求导法则常称为链式法则，它可以推广到任意有限次复合的情形，例如，设

$$y = f(u), u = \varphi(v), v = \psi(x),$$

则复合函数 $y = f[\varphi(\psi(x))]$ 对 x 的导数为 $\dfrac{\mathrm{d}y}{\mathrm{d}x} = \dfrac{\mathrm{d}y}{\mathrm{d}u} \cdot \dfrac{\mathrm{d}u}{\mathrm{d}v} \cdot \dfrac{\mathrm{d}v}{\mathrm{d}x}$.

例 9 $y = \ln \sin x$，求 $\dfrac{\mathrm{d}y}{\mathrm{d}x}$.

解 $y = \ln \sin x$ 可看作由 $y = \ln u, u = \sin x$ 复合而成，因此

$$\frac{\mathrm{d}y}{\mathrm{d}x} = \frac{\mathrm{d}y}{\mathrm{d}u} \cdot \frac{\mathrm{d}u}{\mathrm{d}x} = \frac{1}{u} \cdot \cos x = \frac{1}{\sin x} \cdot \cos x = \cot x.$$

例 10 $y = \sin \dfrac{2x}{1+x^2}$，求 $\dfrac{\mathrm{d}y}{\mathrm{d}x}$.

解 $y = \sin \dfrac{2x}{1+x^2}$ 可看作由 $y = \sin u, u = \dfrac{2x}{1+x^2}$ 复合而成，因此

$$\frac{\mathrm{d}y}{\mathrm{d}u} = \cos u,$$

$$\frac{\mathrm{d}u}{\mathrm{d}x} = \frac{2(1+x^2) - (2x)^2}{(1+x^2)^2} = \frac{2(1-x^2)}{(1+x^2)^2},$$

所以，$\dfrac{\mathrm{d}y}{\mathrm{d}x} = \cos u \cdot \dfrac{2(1-x^2)}{(1+x^2)^2} = \dfrac{2(1-x^2)}{(1+x^2)^2} \cos \dfrac{2x}{1+x^2}$.

由以上例子可以看出，求复合函数的导数，先将其分解成若干个简单函数的复合. 所谓简单函数是指基本初等函数或由基本初等函数经过有限次四则运算所构成的函数. 以上复合函数求导时，都引进了中间变量，当求导比较熟练之后，就不必引进中间变量，可直接采用下列例题的方式来计算.

例 11 $y = (2 - 3x)^{20}$，求 $\dfrac{\mathrm{d}y}{\mathrm{d}x}$.

解 $\dfrac{\mathrm{d}y}{\mathrm{d}x} = [(2-3x)^{20}]' = 20(2-3x)^{19}(2-3x)' = (-60)(2-3x)^{19}$.

例 12 $y = \mathrm{e}^{\arcsin \sqrt{x}}$，求 $\dfrac{\mathrm{d}y}{\mathrm{d}x}$.

解 $\dfrac{\mathrm{d}y}{\mathrm{d}x} = (\mathrm{e}^{\arcsin\sqrt{x}})' = \mathrm{e}^{\arcsin\sqrt{x}}(\arcsin\sqrt{x})' = \mathrm{e}^{\arcsin\sqrt{x}} \dfrac{1}{\sqrt{1-(\sqrt{x})^2}}(\sqrt{x})'$

$$= \frac{\mathrm{e}^{\arcsin\sqrt{x}}}{\sqrt{1-x}} \cdot \frac{1}{2\sqrt{x}} = \frac{\mathrm{e}^{\arcsin\sqrt{x}}}{2\sqrt{x}\sqrt{1-x}}.$$

例 13 $y = \ln\dfrac{\sqrt{x^2+1}}{\sqrt[3]{x-2}}(x > 2)$，求 $\dfrac{\mathrm{d}y}{\mathrm{d}x}$.

分析 本题如果不经化简就用复合函数求导法则计算，当然也可以得到结果，但计算比较繁杂，应利用对数函数的性质将其简化，然后求导.

解 由于 $y = \dfrac{1}{2}\ln(x^2+1) - \dfrac{1}{3}\ln(x-2)$，所以

$$y' = \frac{x}{x^2+1} - \frac{1}{3(x-2)}.$$

例 14 设 $y = \ln|f(x)|$，其中函数 $f(x)$ 可导，$f(x) \neq 0$，求 y'.

解 若 $f(x) > 0$，则 $y = \ln f(x)$，$y' = \dfrac{f'(x)}{f(x)}$；

若 $f(x) < 0$，则 $y = \ln(-f(x))$，故 $y' = \dfrac{-f'(x)}{-f(x)} = \dfrac{f'(x)}{f(x)}$.

所以当 $f(x) \neq 0$ 时，总有 $(\ln|f(x)|)' = \dfrac{f'(x)}{f(x)}$.

特别地，$(\ln|x|)' = \dfrac{1}{x}$，$x \in (-\infty, 0) \cup (0, +\infty)$.

2.2.4 初等函数的求导问题

初等函数是由基本初等函数经过有限次四则运算与有限次复合步骤构成，且由一个解析式子表示的函数. 所以，只要在基本初等函数的导数公式的基础上，运用本节推出的函数求导法则，便可以求出常见的初等函数的导数. 为了便于使用求导法则和公式，现将它们汇总如下：

1）基本初等函数的导数公式

（1）$(C)' = 0$；

（2）$(x^\mu)' = \mu x^{\mu-1}$；

（3）$(\sin x)' = \cos x$；

（4）$(\cos x)' = -\sin x$；

（5）$(\tan x)' = \sec^2 x$；

（6）$(\cot x)' = -\csc^2 x$；

（7）$(\sec x)' = \sec x \tan x$；

（8）$(\csc x)' = -\csc x \cot x$；

（9）$(a^x)' = a^x \ln a \, (a > 0, a \neq 1)$；

（10）$(\mathrm{e}^x)' = \mathrm{e}^x$；

（11）$(\log_a x)' = \dfrac{1}{x \ln a}(a > 0, a \neq 1)$;　（12）$(\ln |x|)' = \dfrac{1}{x}$;

（13）$(\arcsin x)' = \dfrac{1}{\sqrt{1 - x^2}}$;　　　　　（14）$(\arccos x)' = -\dfrac{1}{\sqrt{1 - x^2}}$;

（15）$(\arctan x)' = \dfrac{1}{1 + x^2}$;　　　　　（16）$(\operatorname{arccot} x)' = -\dfrac{1}{1 + x^2}$.

2）函数和、差、积、商的求导法则

设 $u = u(x)$, $v = v(x)$ 可导，则

（1）$(u \pm v)' = u' \pm v'$;　　　　　（2）$(Cu)' = Cu'(C$ 为常数$)$;

（3）$(uv)' = u'v + uv'$;　　　　　（4）$\left(\dfrac{u}{v}\right)' = \dfrac{u'v - uv'}{v^2}(v \neq 0)$.

3）反函数的求导法则

设函数 $x = \varphi(y)$ 在区间 I_y 内单调、可导且 $\varphi'(y) \neq 0$，那么它的反函数 $y = f(x)$ 在区间 $I_x = \{x \mid x = \varphi(y), y \in I_y\}$ 内可导，且有

$$f'(x) = \frac{1}{\varphi'(y)} \text{ 或} \frac{\mathrm{d}y}{\mathrm{d}x} = \frac{1}{\dfrac{\mathrm{d}x}{\mathrm{d}y}}.$$

4）复合函数的求导法则

设 $y = f(u)$, $u = \varphi(x)$ 可导，则复合函数 $y = f[\varphi(x)]$ 的导数为

$$\frac{\mathrm{d}y}{\mathrm{d}x} = \frac{\mathrm{d}y}{\mathrm{d}u} \cdot \frac{\mathrm{d}u}{\mathrm{d}x}.$$

双曲函数与反双曲函数是一类重要的初等函数，现将它们的导数公式推导出来.

例 15　求双曲函数 sh$x$, ch$x$, th$x$ 的导数.

解　$(\operatorname{sh} x)' = \left(\dfrac{e^x - e^{-x}}{2}\right)' = \dfrac{1}{2}(e^x - e^{-x})' = \dfrac{1}{2}(e^x + e^{-x}) = \operatorname{ch} x$;

$(\operatorname{ch} x)' = \left(\dfrac{e^x + e^{-x}}{2}\right)' = \dfrac{1}{2}(e^x + e^{-x})' = \dfrac{1}{2}(e^x - e^{-x}) = \operatorname{sh} x$;

$(\operatorname{th} x)' = \left(\dfrac{\operatorname{sh} x}{\operatorname{ch} x}\right)' = \dfrac{(\operatorname{sh} x)' \operatorname{ch} x - \operatorname{sh} x (\operatorname{ch} x)'}{(\operatorname{ch} x)^2} = \dfrac{\operatorname{ch}^2 x - \operatorname{sh}^2 x}{\operatorname{ch}^2 x} = \dfrac{1}{\operatorname{ch}^2 x}$.

例 16　求反双曲函数 arsh x, arch x, arth x 的导数.

解　$(\operatorname{arsh} x)' = [\ln(x + \sqrt{x^2 + 1})]' = \dfrac{1}{x + \sqrt{x^2 + 1}}(x + \sqrt{x^2 + 1})'$

$$= \frac{1}{x + \sqrt{x^2 + 1}} \left(1 + \frac{x}{\sqrt{x^2 + 1}}\right) = \frac{1}{\sqrt{x^2 + 1}};$$

$$(\operatorname{arch} x)' = \left[\ln(x + \sqrt{x^2 - 1})\right]' = \frac{1}{x + \sqrt{x^2 - 1}}(x + \sqrt{x^2 - 1})'$$

$$= \frac{1}{x + \sqrt{x^2 - 1}} \left(1 + \frac{x}{\sqrt{x^2 - 1}}\right) = \frac{1}{\sqrt{x^2 - 1}};$$

$$(\operatorname{arth} x)' = \left(\frac{1}{2}\ln\frac{1+x}{1-x}\right)' = \frac{1}{2}\left[\ln(1+x) - \ln(1-x)\right]'$$

$$= \frac{1}{2}\left(\frac{1}{1+x} + \frac{1}{1-x}\right) = \frac{1}{1 - x^2}.$$

应该指出的是，有的初等函数在某些点处的导数不能由基本导数公式与法则求得，而只能按导数的定义直接去计算.

例17 求初等函数 $f(x) = \cos \sqrt[3]{x^2}$ 的导数.

解 $f'(x) = (\cos \sqrt[3]{x^2})' = -\sin \sqrt[3]{x^2}(\sqrt[3]{x^2})' = -\frac{2\sin \sqrt[3]{x^2}}{3\sqrt[3]{x}}.$

显然，上式只在 $x \neq 0$ 的点处成立.

在点 $x = 0$ 处，$f(x)$ 是否可导，必须按照导数定义直接计算.

又 $\quad f'(0) = \lim\limits_{x \to 0} \frac{f(x) - f(0)}{x} = \lim\limits_{x \to 0} \frac{\cos \sqrt[3]{x^2} - 1}{x} = \lim\limits_{x \to 0} \frac{-\frac{1}{2}(\sqrt[3]{x^2})^2}{x} = 0,$

因此 $\qquad f'(x) = \begin{cases} -\dfrac{2\sin \sqrt[3]{x^2}}{3\sqrt[3]{x}}, & x \neq 0; \\ 0, & x = 0. \end{cases}$

 习题 2.2

基础题

1. 推导余切函数及余割函数的导数公式：

$$(\cot x)' = -\csc^2 x, \quad (\csc x)' = -\csc x \cot x.$$

2. 求下列函数的导数.

$(1) y = x^3 + \dfrac{7}{x^4} - \dfrac{2}{x} + 12$；

$(2) y = \dfrac{x^5 + \sqrt{x} + 1}{x^3}$；

$(3) y = 2^x + \sqrt{x}\ln x$；

$(4) y = 3e^x \sin x$；

$(5) y = \dfrac{\ln x}{x}$；

$(6) y = \dfrac{e^x}{x^n} + \ln 2 \ (n \in \mathbf{N}^+)$；

$(7) y = x^2 \ln x \cos x$；

$(8) x = \dfrac{1}{1 + \sqrt{t}} - \dfrac{1}{1 - \sqrt{t}}$.

3. 求下列函数在给定点处的导数.

$(1) y = \dfrac{\cos x}{2x - 1}$，求 $y' \big|_{x = \frac{\pi}{2}}$；

$(2) f(t) = \dfrac{1 - \sqrt{t}}{1 + \sqrt{t}}$，求 $f'(4)$.

4. 求下列函数的反函数 $x = f^{-1}(y)$ 的导数.

$(1) y = x + e^x$；

$(2) y = x + \ln x$.

5. 求下列函数的导数.

$(1) y = \dfrac{1}{\sqrt{1 - x^2}}$；

$(2) y = e^{\arctan \sqrt{x}}$；

$(3) y = 2^{\sin x}$；

$(4) y = \ln(\sec x + \tan x)$；

$(5) y = \arccos \dfrac{1}{x}$；

$(6) y = \arctan \sin(x^2 + 1)$.

6. 求下列函数的导数.

$(1) y = e^{-2x} \sin(2x - 3)$；

$(2) y = \dfrac{1}{2}\arctan x + \dfrac{1}{4}\ln \dfrac{(x+1)^2}{x^2 + 1}$；

$(3) y = \dfrac{e^t - e^{-t}}{e^t + e^{-t}}$；

$(4) y = e^x \sin x - \dfrac{\ln x}{2x}$.

提高题

1. 设 $f(x)$ 与 $g(x)$ 可导，求下列函数的导数 $\dfrac{dy}{dx}$.

$(1) y = f(e^x)$；

$(2) y = g(x^2) + f(\cos^2 x)$；

$(3) y = f(e^x) e^{g(x)}$；

$(4) y = f\left[\ln(1 + e^{2x})\right]$.

2. 设 $f(x) = \begin{cases} \ln(1 - x), & x < 0; \\ 0, & x = 0; \\ -\sin x, & x > 0 \end{cases}$ 求 $f'(x)$.

3. 设 $f(x) = x(x-1)(x-2)\cdots(x-n)$，求 $f'(0)$.

4. 设函数 $f(x)$ 在 $(-a,a)$ 上可导，证明：

（1）若 $f(x)$ 是奇函数，则 $f'(x)$ 是偶函数；

（2）若 $f(x)$ 是偶函数，则 $f'(x)$ 是奇函数；

（3）若 $f(x)$ 是周期函数，则 $f'(x)$ 是周期函数且周期相同.

2.3 高阶导数

2.3.1 高阶导数的概念

我们知道，变速直线运动的速度 $v(t)$ 是路程函数 $s(t)$ 对时间 t 的导数，即

$$v(t) = \frac{\mathrm{d}s}{\mathrm{d}t}.$$

但有时不仅要知道运动质点的速度，还需要研究其运动速度 $v(t)$ 变化的快慢，也就是速度 $v(t)$ 对时间 t 的变化率. 物理学上称之为加速度 $a(t)$，即

$$a(t) = \lim_{\Delta t \to 0} \frac{v(t+\Delta t) - v(t)}{\Delta t} = \frac{\mathrm{d}v}{\mathrm{d}t}.$$

由于 $v(t) = \frac{\mathrm{d}s}{\mathrm{d}t}$，加速度就是

$$a(t) = \frac{\mathrm{d}v}{\mathrm{d}t} = \frac{\mathrm{d}}{\mathrm{d}t}\left(\frac{\mathrm{d}s}{\mathrm{d}t}\right) \text{或} a = (s'(t))'.$$

这时将 $s(t)$ 的导数再对 t 求导 $\frac{\mathrm{d}}{\mathrm{d}t}\left(\frac{\mathrm{d}s}{\mathrm{d}t}\right)$ 或 $(s')'$，就称作 $s(t)$ 对 t 的二阶导数，记作

$$\frac{\mathrm{d}^2 s}{\mathrm{d}t^2} \text{或} s''(t).$$

所以，质点做变速直线运动的加速度 $a(t)$ 就是路程函数 $s(t)$ 对时间 t 的二阶导数.

对于一般函数来说，有如下定义：

定义 如果函数 $y = f(x)$ 的导函数 $f'(x)$ 在点 x 处可导，则称 $f'(x)$ 在点 x 处的导数为函数 $y = f(x)$ 在点 x 处的二阶导数，记作 $f''(x)$ 或 y''，$\frac{\mathrm{d}^2 y}{\mathrm{d}x^2}$，$\frac{\mathrm{d}^2 f(x)}{\mathrm{d}x^2}$，即

$$f''(x) = (f'(x))' = \lim_{\Delta x \to 0} \frac{f'(x + \Delta x) - f'(x)}{\Delta x}.$$

类似地,二阶导数的导数称作**三阶导数**,三阶导数的导数称作**四阶导数**,更为一般地,$n-1$ 阶导数的导数称作 n 阶导数,记作

$$y''', y^{(4)}, \cdots, y^{(n)}$$

$$或 \frac{\mathrm{d}^3 y}{\mathrm{d}x^3}, \frac{\mathrm{d}^4 y}{\mathrm{d}x^4}, \cdots, \frac{\mathrm{d}^n y}{\mathrm{d}x^n}.$$

函数 $y = f(x)$ 具有 n 阶导数,也常说函数 $f(x)$ 为 n 阶可导. 如果函数 $f(x)$ 在点 x 处具有 n 阶导数,那么 $f(x)$ 在点 x 的某一邻域内必定具有一切低于 n 阶的导数. 二阶及二阶以上的导数统称为**高阶导数**.

由定义可知,求函数的高阶导数,并不需要新的求导法则和导数公式,只是在求出函数的一阶导数后,再接着逐阶去求导就可以了.

2.3.2　高阶导数的计算举例

例1　求函数 $y = (1 + x^2) \arctan \dfrac{1}{x}$ 的二阶导数 $\dfrac{\mathrm{d}^2 y}{\mathrm{d}x^2}$.

解　先求出一阶导数:

$$\frac{\mathrm{d}y}{\mathrm{d}x} = 2x \arctan \frac{1}{x} + (1 + x^2) \frac{1}{1 + \left(\frac{1}{x}\right)^2} \cdot \left(-\frac{1}{x^2}\right) = 2x \arctan \frac{1}{x} - 1.$$

再求二阶导数:

$$\frac{\mathrm{d}^2 y}{\mathrm{d}x^2} = \frac{\mathrm{d}}{\mathrm{d}x}\left(2x \arctan \frac{1}{x} - 1\right)$$

$$= 2 \arctan \frac{1}{x} + 2x \cdot \frac{1}{1 + \left(\frac{1}{x}\right)^2} \cdot \left(-\frac{1}{x^2}\right) = 2 \arctan \frac{1}{x} - \frac{2x}{x^2 + 1}.$$

例2　求指数函数 $y = a^x$ 的 n 阶导数.

解　$y' = a^x \ln a, y'' = a^x (\ln a)^2, y''' = a^x (\ln a)^3, \cdots$
一般地,$y^{(n)} = (a^x)^{(n)} = a^x (\ln a)^n$,
即

$$(a^x)^{(n)} = a^x (\ln a)^n.$$

特别地,$(\mathrm{e}^x)^{(n)} = \mathrm{e}^x$.

例3　求幂函数 x^α 的 n 阶导数公式.

解

$$y' = \alpha x^{\alpha - 1},$$

$$y'' = \alpha(\alpha - 1)x^{\alpha - 2},$$
$$y''' = \alpha(\alpha - 1)(\alpha - 2)x^{\alpha - 3},$$
$$\vdots$$

一般地，可得 $y^{(n)} = \alpha(\alpha - 1)(\alpha - 2)\cdots(\alpha - n + 1)x^{\alpha - n}$.

即幂函数的 n 阶导数公式为 $(x^{\alpha})^{(n)} = \alpha(\alpha - 1)(\alpha - 2)\cdots(\alpha - n + 1)x^{\alpha - n}$.

当 $\alpha = n$ 时，$(x^n)^{(n)} = n!$，$(x^n)^{(n+1)} = 0$.

例 4 设 $y = \sin x$，求 $y^{(n)}$.

解 $y' = \cos x = \sin\left(x + \dfrac{\pi}{2}\right)$，

$$y'' = \cos\left(x + \frac{\pi}{2}\right) = \sin\left[\left(x + \frac{\pi}{2}\right) + \frac{\pi}{2}\right] = \sin\left(x + \frac{2\pi}{2}\right),$$

$$y''' = \cos\left(x + \frac{2\pi}{2}\right) = \sin\left(x + \frac{3\pi}{2}\right),$$

$$\vdots$$

一般地，$y^{(n)} = (\sin x)^{(n)} = \sin\left(x + \dfrac{n\pi}{2}\right)$.

用类似方法，可得 $(\cos x)^{(n)} = \cos\left(x + \dfrac{n\pi}{2}\right)$.

例 5 设 $y = \dfrac{1}{ax + b}$，求 $y^{(n)}$.

解 $y' = \left[(ax + b)^{-1}\right]' = (-1) \cdot a \cdot (ax + b)^{-2}$，

$$y'' = (-1)(-2) \cdot a^2 \cdot (ax + b)^{-3},$$

$$y''' = (-1)(-2)(-3) \cdot a^3 \cdot (ax + b)^{-4},$$

$$\vdots$$

一般地，$y^{(n)} = (-1)(-2)(-3)\cdots(-n) \cdot a^n \cdot (ax + b)^{-n-1}$.

即 $\left(\dfrac{1}{ax + b}\right)^{(n)} = (-1)^n \cdot \dfrac{n! a^n}{(ax + b)^{n+1}}$.

特别地，$\left(\dfrac{1}{x + 1}\right)^{(n)} = (-1)^n \cdot \dfrac{n!}{(x + 1)^{n+1}}$，$\left(\dfrac{1}{x}\right)^{(n)} = (-1)^n \cdot \dfrac{n!}{x^{n+1}}$.

例 6 设 $y = \ln(1 + x)$，求 $y^{(n)}$.

解 $y' = \dfrac{1}{1 + x}$，则 $y^{(n)} = (y')^{(n-1)} = \left(\dfrac{1}{1 + x}\right)^{(n-1)}$. 由例 5，有

$$\left[\ln(1 + x)\right]^{(n)} = (-1)^{n-1} \cdot \frac{(n - 1)!}{(1 + x)^n}.$$

2.3.3　高阶导数运算法则

在求高阶导数时,有以下运算法则:

1) 线性法则

设 λ,μ 为常数,函数 $u(x),v(x)$ 均 n 阶可导,则有

$$(\lambda u \pm \mu v)^{(n)} = \lambda u^{(n)} \pm \mu v^{(n)}.$$

2) 乘积法则——莱布尼茨公式

设函数 $u(x),v(x)$ 均 n 阶可导,则有

$$(uv)^{(n)} = u^{(n)}v + nu^{(n-1)}v' + C_n^2 u^{(n-2)}v'' + \cdots +$$
$$C_n^k u^{(n-k)}v^{(k)} + \cdots + uv^{(n)}.$$

这是两个函数乘积的 n 阶导数公式,称为**莱布尼茨公式**. 若把此公式右边的函数 u,v 看作对 x 的零阶导数 $u^{(0)},v^{(0)}$,那么莱布尼茨公式可简记为

$$(uv)^{(n)} = \sum_{k=0}^{n} C_n^k u^{(n-k)}v^{(k)}.$$

我们应该知道,二项式的展开式为

$$(u+v)^n = \sum_{k=0}^{n} C_n^k u^{n-k}v^k.$$

把上式右边各项中 u,v 的乘幂换成相应的各阶导数,刚好是莱布尼茨公式的结果. 明确了这一点,将有助于对莱布尼茨公式的记忆.

例7　设 $y = \dfrac{1}{x^2-1}$,求 $y^{(n)}$.

解　$y = \dfrac{1}{x^2-1} = \dfrac{1}{(x-1)(x+1)} = \dfrac{1}{2}\left(\dfrac{1}{x-1} - \dfrac{1}{x+1}\right),$

根据高阶导数的线性法则,可得

$$y^{(n)} = \frac{1}{2}\left[\left(\frac{1}{x-1}\right)^{(n)} - \left(\frac{1}{x+1}\right)^{(n)}\right] = \frac{1}{2}\left[\frac{(-1)^n n!}{(x-1)^{n+1}} - \frac{(-1)^n n!}{(x+1)^{n+1}}\right]$$

$$= \frac{(-1)^n n!}{2}\left[\frac{1}{(x-1)^{n+1}} - \frac{1}{(x+1)^{n+1}}\right].$$

例8　设 $y = x^2 \cos x$,求 $y^{(50)}$.

解　设 $u = \cos x, v = x^2$,则

$$u^{(k)} = \cos\left(x + \frac{k\pi}{2}\right)(k = 1,2,3,\cdots,50),$$
$$v' = 2x, v'' = 2, v^{(k)} = 0(k = 3,4,\cdots,50).$$

代入莱布尼茨公式,除前三项外,其余各项都为零,所以

$$y^{(50)} = (x^2 \cos x)^{(50)}$$

$$= x^2 \cos\left(x + \frac{50\pi}{2}\right) + 50 \cdot 2x \cdot \cos\left(x + \frac{49\pi}{2}\right) + \frac{50 \times 49}{2} \cdot 2 \cdot \cos\left(x + \frac{48\pi}{2}\right)$$

$$= (2\,450 - x^2)\cos x - 100\,x \sin x.$$

习题 2.3

基础题

1. 求下列函数的二阶导数.

(1) $y = 2x^2 + \ln x$;
(2) $y = x \cos x$;

(3) $y = \sqrt{a^2 - x^2}$;
(4) $y = \dfrac{e^x}{x}$;

(5) $y = \ln(x + \sqrt{x^2 + 1})$;
(6) $y = 3^{\frac{1}{x}}$.

2. 若函数 $f(x)$ 二阶可导,求下列函数的二阶导数 $\dfrac{d^2 y}{dx^2}$.

(1) $y = f(x^2)$;
(2) $y = \ln[f(x)]$;

(3) $y = \sqrt{f(x)}$;
(4) $y = xf\left(\dfrac{1}{x}\right)$.

3. 验证函数 $y = \sqrt{2x - x^2}$ 满足关系式 $y^3 y'' + 1 = 0$.

提高题

1. 求下列函数的 n 阶导数的一般表达式.

(1) $y = \dfrac{1}{1 + 2x}$;
(2) $y = \dfrac{1 - x}{1 + x}$;
(3) $y = \dfrac{1}{x^2 - 3x + 2}$.

2. 求下列函数所指定阶的导数.

(1) $y = e^x \cos x$,求 $y^{(4)}$.
(2) $y = x^2 \sin 2x$,求 $y^{(50)}$.

3. 已知 $\dfrac{dx}{dy} = \dfrac{1}{y'}$,试证明下列各式:

(1) $\dfrac{d^2 x}{dy^2} = -\dfrac{y''}{(y')^3}$;
(2) $\dfrac{d^3 x}{dy^3} = \dfrac{3(y'')^2 - y'y'''}{(y')^5}$.

应用题

密度大的陨星进入大气层时,当它离地心为 s 千米时的速度与 $\sqrt{s}$ 成反比,试证:陨星的加速度与 s^2 成反比.

2.4　隐函数和参数方程的求导法则

表示两个变量之间的函数关系可以有不同的形式. 如果因变量 y 直接用只含自变量 x 的解析式来表示,这样的函数称为显函数 $y = f(x)$. 前面所讨论的只是对显函数的求导,本节讨论以另外两种形式表达的函数的求导方法.

2.4.1　隐函数的求导法则

定义　如果变量 x 与 y 的函数关系是通过一个二元方程 $F(x,y)=0$ 所确定的,也就是说,如果存在一个定义在某区间上的函数 $y=y(x)$,使 $F(x,y(x))\equiv 0$,那么称 $y=y(x)$ **是由方程 $F(x,y)=0$ 所确定的隐函数**.

必须指出,并不是任何一个二元方程都能确定出隐函数. 例如,方程 $x^2+y^4+1=0$ 就不能确定隐函数. 另一方面,即使二元方程 $F(x,y)=0$ 能确定一个隐函数,也不一定就能将它化成显函数(称为**隐函数的显化**). 例如,方程 $y+x-e^y=0$,可以证明,当 $x>1$ 时,至少有一个实根 y,亦即方程能够确定隐函数 $y=y(x)$,但却无法将它显化.

下面,如果由方程 $F(x,y)=0$ 确定的隐函数 $y=y(x)$ 存在,并且可导,在此前提下,介绍一种不必把隐函数显化,直接由所给方程求得隐函数导数的方法.

设 $y=y(x)$ 是由方程 $F(x,y)=0$ 所确定的隐函数. 将 $y=y(x)$ 代入方程得恒等式 $F(x,y(x))\equiv 0$,将该式两端同时对 x 求导. 由于左端是将 $y=y(x)$ 代入 $F(x,y)$ 所得到的复合函数,应按复合函数求导法则对 x 求导,在求导过程中,必须认定 y 是 x 的函数 $y=y(x)$. 在两端同时对 x 求导后,再从求导所得等式解出 y' 来. 下面通过例子说明隐函数求导的这种方法.

例 1　求由方程 $y^5+2y-x-3x^7=0$ 所确定的隐函数的导数 $\dfrac{\mathrm{d}y}{\mathrm{d}x}$.

解　将方程两边分别对 x 求导,注意 $y=y(x)$,方程左边对 x 求导得:

$$\frac{\mathrm{d}}{\mathrm{d}x}(y^5 + 2y - x - 3x^7) = 5y^4 \frac{\mathrm{d}y}{\mathrm{d}x} + 2\frac{\mathrm{d}y}{\mathrm{d}x} - 1 - 21x^6,$$

方程右边对 x 求导得 $(0)' = 0$.

因为等式两边对 x 的导数相等，所以 $5y^4 \frac{\mathrm{d}y}{\mathrm{d}x} + 2\frac{\mathrm{d}y}{\mathrm{d}x} - 1 - 21x^6 = 0$. 从而

$$\frac{\mathrm{d}y}{\mathrm{d}x} = \frac{1 + 21x^6}{5y^4 + 2}.$$

例 2 求由方程 $xy - \mathrm{e}^x + \mathrm{e}^y = 0$ 所确定的隐函数在 $x = 0$ 处的导数 $\left.\dfrac{\mathrm{d}y}{\mathrm{d}x}\right|_{x=0}$.

解 将方程两边分别对 x 求导，注意 $y = y(x)$，方程左边对 x 求导，得

$$\frac{\mathrm{d}}{\mathrm{d}x}(xy - \mathrm{e}^x + \mathrm{e}^y) = y + x\frac{\mathrm{d}y}{\mathrm{d}x} - \mathrm{e}^x + \mathrm{e}^y \frac{\mathrm{d}y}{\mathrm{d}x},$$

方程右边对 x 求导，得 $(0)' = 0$.

因为等式两边对 x 的导数应相等，所以 $y + x\dfrac{\mathrm{d}y}{\mathrm{d}x} - \mathrm{e}^x + \mathrm{e}^y \dfrac{\mathrm{d}y}{\mathrm{d}x} = 0$，从而

$$\frac{\mathrm{d}y}{\mathrm{d}x} = \frac{\mathrm{e}^x - y}{\mathrm{e}^y + x}.$$

当 $x = 0$ 时，由原方程得 $y = 0$，于是 $\left.\dfrac{\mathrm{d}y}{\mathrm{d}x}\right|_{x=0} = \dfrac{\mathrm{e}^0 - 0}{\mathrm{e}^0 + 0} = 1$.

例 3 设曲线 C 的方程为 $x^3 + y^3 = 3xy$，求过 C 上点 $\left(\dfrac{3}{2}, \dfrac{3}{2}\right)$ 的切线方程，并证明曲线 C 在该点的法线通过原点.

解 方程两边对 x 求导 $3x^2 + 3y^2 \cdot \dfrac{\mathrm{d}y}{\mathrm{d}x} = 3y + 3x \cdot \dfrac{\mathrm{d}y}{\mathrm{d}x}$，于是过该点的切线斜率

$$k = \left.\frac{\mathrm{d}y}{\mathrm{d}x}\right|_{\left(\frac{3}{2}, \frac{3}{2}\right)} = \left.\frac{y - x^2}{y^2 - x}\right|_{\left(\frac{3}{2}, \frac{3}{2}\right)} = -1,$$

所以过点 $\left(\dfrac{3}{2}, \dfrac{3}{2}\right)$ 的切线方程为 $y - \dfrac{3}{2} = -\left(x - \dfrac{3}{2}\right)$，即 $x + y - 3 = 0$.

过点 $\left(\dfrac{3}{2}, \dfrac{3}{2}\right)$ 的法线方程为 $y - \dfrac{3}{2} = x - \dfrac{3}{2}$，即 $y = x$. 它显然通过坐标原点.

例 4 求由方程 $x - y + \dfrac{1}{2}\sin y = 0$ 所确定的隐函数的二阶导数 $\dfrac{\mathrm{d}^2 y}{\mathrm{d}x^2}$.

解 应用隐函数的求导方法，得

$$1 - \frac{\mathrm{d}y}{\mathrm{d}x} + \frac{1}{2}\cos y \cdot \frac{\mathrm{d}y}{\mathrm{d}x} = 0,$$

于是, $\dfrac{\mathrm{d}y}{\mathrm{d}x} = \dfrac{2}{2-\cos y}$. 将该式两边再对 x 求导,得

$$\dfrac{\mathrm{d}^2 y}{\mathrm{d}x^2} = \dfrac{-2\sin y \dfrac{\mathrm{d}y}{\mathrm{d}x}}{(2-\cos y)^2} = \dfrac{-4\sin y}{(2-\cos y)^3} .$$

2.4.2 对数求导法

作为隐函数求导法的一个应用,下面介绍对数求导法,它适合于求多个函数的积、商构成的函数和幂指函数的导数. 这种方法是先在 $y=f(x)$ 的两边取对数,然后再求出 y 的导数. 我们通过下面的例子来说明这种方法.

例5 设 $y = x^{\cos x} (x>0)$,求 y' .

解 该函数是幂指函数,为了求其导数,可以先在两边取对数,得

$$\ln y = \cos x \cdot \ln x,$$

上式两边对 x 求导,注意到 $y=y(x)$,得

$$\frac{1}{y} \cdot y' = (-\sin x)\ln x + \cos x \cdot \frac{1}{x},$$

于是 $y' = y\left(-\sin x \cdot \ln x + \dfrac{\cos x}{x} \right) = x^{\cos x}\left(-\sin x \cdot \ln x + \dfrac{\cos x}{x} \right)$.

对一般的幂指函数 $y = u(x)^{v(x)} (u(x)>0)$,如果 $u(x), v(x)$ 都可导,则可采用对数求导法. 但也常将它写成指数函数的复合形式,进而求导更为灵活.

由 $y = x^{\cos x} = \mathrm{e}^{\cos x \ln x}$,所以

$$y' = (x^{\cos x})' = (\mathrm{e}^{\cos x \ln x})' = \mathrm{e}^{\cos x \ln x}\left(-\sin x \ln x + \frac{\cos x}{x} \right)$$

$$= x^{\cos x}\left(\frac{\cos x}{x} - \sin x \ln x \right).$$

例6 设 $y = \dfrac{(x+1)\sqrt[3]{x-1}}{(x+4)^2 \mathrm{e}^x}$,求 y' .

解 对等式两边先取绝对值再取对数,有

$$\ln|y| = \ln|x+1| + \frac{1}{3}\ln|x-1| - 2\ln|x+4| - x,$$

注意到 y 是 x 的函数,上式两边对 x 求导得

$$\frac{y'}{y} = \frac{1}{x+1} + \frac{1}{3(x-1)} - \frac{2}{x+4} - 1,$$

所以, $y' = \dfrac{(x+1)\sqrt[3]{x-1}}{(x+4)^2 \mathrm{e}^x}\left[\dfrac{1}{x+1} + \dfrac{1}{3(x-1)} - \dfrac{2}{x+4} - 1 \right].$

2.4.3 由参数方程所确定的函数的求导法则

我们知道,曲线可以用参数方程来表示,例如圆的参数方程为

$$\begin{cases} x = a\cos t \\ y = a\sin t \end{cases}.$$

式中,t 为参数. 对于上半圆而言,$0 \le t \le \pi$,由第二式知 y 是 t 的函数,由第一式又可推知 t 是 x 的函数:$t = \arccos\dfrac{x}{a}$. 所以 y 通过 t 而成为 x 的函数.

一般地,设有参数方程

$$\begin{cases} x = \varphi(t) \\ y = \psi(t) \end{cases}, \alpha \le t \le \beta. \tag{2-11}$$

式中,t 为参数. 若 $x = \varphi(t)$ 的反函数存在,则可确定变量 y 与 x 之间的函数关系,这种函数称为**由参数方程所确定的函数**.

在实际问题中,需要计算由式(2-11)所确定的函数的导数,很自然的一种想法是消去参数 t,确立 x 与 y 的直接关系后去求导,但是要消去参数 t 往往不容易,有时甚至做不到. 因此,我们希望有一种方法不经消去参数 t 而直接由式(2-11)求出导数.

定理 若 $x = \varphi(t)$,$y = \psi(t)$ 均可导,且 $x = \varphi(t)$ 存在反函数,而 $\varphi'(t) \ne 0$,则由参数方程

$$\begin{cases} x = \varphi(t) \\ y = \psi(t) \end{cases}, \alpha \le t \le \beta$$

确定的函数 $y = y(x)$ 可导,且有

$$\frac{\mathrm{d}y}{\mathrm{d}x} = \frac{\psi'(t)}{\varphi'(t)}.$$

证明 $x = \varphi(t)$ 存在反函数 $t = \varphi^{-1}(x)$,将参数方程

$$\begin{cases} x = \varphi(t) \\ y = \psi(t) \end{cases}, \alpha \le t \le \beta$$

确定的函数 $y = y(x)$ 看成由 $y = \psi(t)$,$t = \varphi^{-1}(x)$ 复合而成的以 t 为中间变量,x 为自变量的复合函数,由复合函数求导法则及反函数求导法则,得

$$\frac{\mathrm{d}y}{\mathrm{d}x} = \frac{\mathrm{d}y}{\mathrm{d}t} \cdot \frac{\mathrm{d}t}{\mathrm{d}x} = \psi'(t) \cdot \frac{1}{\varphi'(t)} = \frac{\psi'(t)}{\varphi'(t)} (\varphi'(t) \ne 0). \tag{2-12}$$

式(2-12)就是由参数方程所确定的函数式(2-11)的求导公式.

如果 $x = \varphi(t)$,$y = \psi(t)$ 还是二阶可导的,那么由式(2-12)又可以推导出参

数方程（2-11）的二阶导数公式.

$$\frac{\mathrm{d}^2 y}{\mathrm{d}x^2} = \frac{\mathrm{d}}{\mathrm{d}x}\left(\frac{\mathrm{d}y}{\mathrm{d}x}\right) = \frac{\mathrm{d}\left(\frac{\psi'(t)}{\varphi'(t)}\right)}{\mathrm{d}x} = \frac{\mathrm{d}\left(\frac{\psi'(t)}{\varphi'(t)}\right)}{\mathrm{d}t} \cdot \frac{\mathrm{d}t}{\mathrm{d}x}$$

$$= \frac{\psi''(t)\varphi'(t) - \psi'(t)\varphi''(t)}{\varphi'^2(t)} \cdot \frac{1}{\varphi'(t)}$$

即

$$\frac{\mathrm{d}^2 y}{\mathrm{d}x^2} = \frac{\psi''(t)\varphi'(t) - \psi'(t)\varphi''(t)}{\varphi'^3(t)}. \tag{2-13}$$

例7 设 $\begin{cases} x = \ln(1+t) \\ y = \sqrt{t} - \arctan\sqrt{t} \end{cases}(t>0)$，求 $\dfrac{\mathrm{d}y}{\mathrm{d}x}, \dfrac{\mathrm{d}^2 y}{\mathrm{d}x^2}\bigg|_{t=1}$.

解 $\dfrac{\mathrm{d}y}{\mathrm{d}x} = \dfrac{\dfrac{\mathrm{d}y}{\mathrm{d}t}}{\dfrac{\mathrm{d}x}{\mathrm{d}t}} = \dfrac{(\sqrt{t} - \arctan\sqrt{t})'}{[\ln(1+t)]'} = \dfrac{\dfrac{1}{2\sqrt{t}} - \dfrac{1}{1+t} \cdot \dfrac{1}{2\sqrt{t}}}{\dfrac{1}{1+t}} = \dfrac{\sqrt{t}}{2}$,

$\dfrac{\mathrm{d}^2 y}{\mathrm{d}x^2} = \dfrac{\mathrm{d}}{\mathrm{d}x}\left(\dfrac{\mathrm{d}y}{\mathrm{d}x}\right) = \dfrac{\mathrm{d}}{\mathrm{d}x}\left(\dfrac{\sqrt{t}}{2}\right) = \dfrac{\mathrm{d}}{\mathrm{d}t}\left(\dfrac{\sqrt{t}}{2}\right) \cdot \dfrac{\mathrm{d}t}{\mathrm{d}x} = \dfrac{\mathrm{d}}{\mathrm{d}t}\left(\dfrac{\sqrt{t}}{2}\right) \cdot \dfrac{1}{\dfrac{\mathrm{d}x}{\mathrm{d}t}} = \dfrac{1}{4\sqrt{t}} \cdot \dfrac{1}{\dfrac{1}{1+t}} = \dfrac{1+t}{4\sqrt{t}}$,

$\dfrac{\mathrm{d}^2 y}{\mathrm{d}x^2}\bigg|_{t=1} = \dfrac{1+t}{4\sqrt{t}}\bigg|_{t=1} = \dfrac{1}{2}$.

例8 在不计空气阻力的情况下，炮弹运动的轨迹可用如下的参数方程表示

$$\begin{cases} x = v_1 t \\ y = v_2 t - \dfrac{1}{2}gt^2 \end{cases}.$$

式中，v_1, v_2 分别是初速度在水平与铅直方向的分量，g 是重力加速度，t 是时间. 求炮弹在时刻 t 运动速度的大小与方向.

解 先求速度的大小.

由于速度的水平分量为

$$\frac{\mathrm{d}x}{\mathrm{d}t} = v_1,$$

铅直分量为

$$\frac{\mathrm{d}y}{\mathrm{d}t} = v_2 - gt,$$

所以炮弹运动速度的大小为

$$v = \sqrt{\left(\frac{\mathrm{d}x}{\mathrm{d}t}\right)^2 + \left(\frac{\mathrm{d}y}{\mathrm{d}t}\right)^2} = \sqrt{v_1^2 + (v_2 - gt)^2} \ .$$

再求速度的方向,也就是轨迹的切线方向,设 α 是切线的倾斜角,根据导数的几何意义,得

$$\tan \alpha = \frac{\mathrm{d}y}{\mathrm{d}x} = \frac{\dfrac{\mathrm{d}y}{\mathrm{d}t}}{\dfrac{\mathrm{d}x}{\mathrm{d}t}} = \frac{v_2 - gt}{v_1} \ .$$

所以,在炮弹刚射出(即 $t = 0$)时

$$\tan \alpha \ \Big|_{t=0} = \frac{\mathrm{d}y}{\mathrm{d}x} \ \Big|_{t=0} = \frac{v_2}{v_1};$$

当 $t = \dfrac{v_2}{g}$ 时,$\tan \alpha \ \Big|_{t=\frac{v_2}{g}} = \dfrac{\mathrm{d}y}{\mathrm{d}x} \ \Big|_{t=\frac{v_2}{g}} = 0$,这时,运动方向是水平的,即炮弹达到最高点.

例 9 已知椭圆的参数方程为 $\begin{cases} x = a \cos t \\ y = b \sin t \end{cases}$,求椭圆在 $t = \dfrac{\pi}{4}$ 相应点处的切线方程和法线方程.

解 当 $t = \dfrac{\pi}{4}$ 时,$x = a \cos \dfrac{\pi}{4} = \dfrac{\sqrt{2}}{2}a$,$y = b \sin \dfrac{\pi}{4} = \dfrac{\sqrt{2}}{2}b$,即椭圆上相应的点是 $M\left(\dfrac{\sqrt{2}}{2}a, \dfrac{\sqrt{2}}{2}b\right)$.

椭圆上点 M 处切线的斜率 $k = \dfrac{\mathrm{d}y}{\mathrm{d}x} \ \Big|_M$,于是

$$k = \frac{\mathrm{d}y}{\mathrm{d}x} \ \Big|_{t=\frac{\pi}{4}} = \frac{(b \sin t)'}{(a \cos t)'} \ \Big|_{t=\frac{\pi}{4}} = \frac{b \cos t}{-a \sin t} \ \Big|_{t=\frac{\pi}{4}} = -\frac{b}{a} \ .$$

所求切线方程为

$$y - \frac{\sqrt{2}}{2}b = -\frac{b}{a}\left(x - \frac{\sqrt{2}}{2}a\right).$$

法线方程为

$$y - \frac{\sqrt{2}}{2}b = \frac{a}{b}\left(x - \frac{\sqrt{2}}{2}a\right).$$

2.4.4 相关变化率

在实际应用中会遇到这样一类问题:变化过程中出现的两个变量 x 与 y 都

同时随另一个变量 t 而变化, 即 $x = x(t), y = y(t)$. 变量 x 与 y 之间存在着某种关系, 从而变化率 $\dfrac{dx}{dt}, \dfrac{dy}{dt}$ 也存在一定关系. 将这两个相互依赖的变化率 $\dfrac{dx}{dt}$ 与 $\dfrac{dy}{dt}$ 称为**相关变化率**. 根据问题的实际意义, 可以从其中已知的一个变化率求得另一个变化率, 这类问题称为相关变化率问题.

例 10 将水注入正圆锥形容器中, 容器上顶圆的直径恰与容器高相等, 都为 8 m, 水注入容器的速率是 4 m³/min. 求当水深为 5 m 时, 水面上升的速率.

解 如图 2-2 所示, 当水深为 h 时, 水面直径为 h. 此时, 水的体积为

$$V = \frac{1}{3}\pi\left(\frac{h}{2}\right)^2 \cdot h = \frac{\pi}{12}h^3.$$

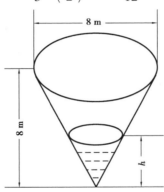

图 2-2

水的体积 V 和水面上升的高度 h 都同时随时间 t 而变化, 上式两边对 t 求导, 得

$$\frac{dV}{dt} = \frac{\pi}{12} \cdot 3h^2 \cdot \frac{dh}{dt} = \frac{\pi}{4}h^2\frac{dh}{dt}.$$

由题设知 $\dfrac{dV}{dt} = 4$ m³/min, 于是, 当 $h = 5$ m 时,

$$\frac{dh}{dt} = \frac{4}{25\pi} \cdot 4 = \frac{16}{25\pi}(\text{m/min}).$$

即当水深为 5 m 时, 水面上升速率为 $\dfrac{16}{25\pi}$ (m/min).

基础题

1. 求由下列方程所确定的隐函数 y 的导数 $\dfrac{\mathrm{d}y}{\mathrm{d}x}$.

（1）$y^2 - 2xy + 9 = 0$；   （2）$y = \cos(x + y)$；

（3）$xy = \mathrm{e}^{x+y}$；   （4）$y\cos x = \sin(x - y)$.

2. 求曲线 $\ln\sqrt{x^2 + y^2} = \arctan\dfrac{x}{y}$ 在点 $(0,1)$ 处的切线方程.

3. 求由下列方程所确定的隐函数的二阶导数 $\dfrac{\mathrm{d}^2 y}{\mathrm{d}x^2}$.

（1）$x - y + \dfrac{1}{2}\sin y = 0$；   （2）$y = \tan(x + y)$.

4. 用对数求导法求下列函数的导数.

（1）$y = \left(\dfrac{x}{1+x}\right)^x$；   （2）$y = \sqrt[5]{\dfrac{x-5}{\sqrt[5]{x^2+2}}}$；

（3）$y = \sqrt{x\sin x\sqrt{1-\mathrm{e}^x}}$；   （4）$y = \dfrac{\sqrt{x+2}(3-x)^4}{(x+1)^5}$.

5. 求下列参数方程所确定的函数的导数.

（1）$\begin{cases} x = \dfrac{1}{1+t} \\ y = \left(\dfrac{t}{1+t}\right)^2 \end{cases}$；   （2）$\begin{cases} x = \theta(1 - \sin\theta) \\ y = \theta\cos\theta \end{cases}$.

6. 写出下列曲线在所给参数值相应的点的切线方程和法线方程.

（1）$\begin{cases} x = 2\mathrm{e}^t \\ y = \mathrm{e}^{-t} \end{cases}$ 在 $t = 0$ 处；   （2）$\begin{cases} x = a(1 - \sin t) \\ y = a(1 - \cos t) \end{cases}$ 在 $t = \dfrac{\pi}{2}$ 处.

提高题

1. 试证抛物线 $\sqrt{x} + \sqrt{y} = \sqrt{a}$ 上任一点处的切线在两坐标轴上截距之和等于 a.

2. 设 $\begin{cases} x = f(1-t) - f(1) \\ y = f(e^{3t}) + \ln(1+\pi) \end{cases}$，其中 $f(u)$ 可导，且 $f'(1) \neq 0$，求 $\dfrac{dy}{dx}\bigg|_{t=0}$.

应用题

1. 气球在距离观察者 500 m 处的地面上铅直上升，其上升速率为 140 m/min，当气球高度在 500 m 时，问观察者视线的仰角增加率是多少？

2. 已知质点的运动方程是 $\begin{cases} x = 2t^2 + 4 \\ y = 3t^2 - 3 \end{cases}$，

(1)质点在什么曲线上运动？

(2)求质点在时刻 t 的速度和加速度的大小(距离单位为 cm，时间单位为 s).

2.5　函数的微分

我们知道，对非线性函数来说，函数增量 Δy 的计算一般比较复杂. 如函数 $y = \sin x$，当自变量 x 取得增量 Δx 时，相应的函数增量 $\Delta y = \sin(x + \Delta x) - \sin x$ 就不易计算. 但实际问题中往往只要 Δy 的近似值就够了. 因此需要寻找求函数增量 Δy 的一个既简单又有一定精度的近似表达式. 本节就来解决这个问题.

2.5.1　微分的概念

例 1　设有正方形金属薄片受温度变化的影响，其边长由 x_0 变到 $x_0 + \Delta x$，问薄片的面积改变了多少？

解　设此薄片的边长为 x，面积为 S，则 $S = x^2$. 薄片受温度变化影响时面积的改变量，可以看成当自变量 x 由 x_0 变到 $x_0 + \Delta x$ 时，$S = x^2$ 取得的增量 ΔS，如图 2-3 所示.

$$\Delta S = (x_0 + \Delta x)^2 - x_0^2 = 2x_0\Delta x + (\Delta x)^2.$$

从上式可以看出，ΔS 的表达式分成两部分：第一部分 $2x_0\Delta x$ 是 Δx 的线性函数(图 2-3 中的阴影部分)，第二部分 $(\Delta x)^2$ (图 2-3 中的右上角部分)，当 $\Delta x \to 0$ 时，它是关于 Δx 的高阶无穷小量，即 $(\Delta x)^2 = o(\Delta x)$.

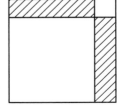

图 2-3

由此可见，当边长改变很微小，即 $|\Delta x|$ 很小时，面积的改变量 ΔS 可近似

地用第一部分来代替,即 $\Delta S \approx 2x_0 \Delta x$.

　　撇开实例中问题的具体意义,抽象出数学的本质,就是在运动或变化过程中,当自变量有一微小增量时,函数相应的增量可分为两部分:一部分是自变量增量的线性函数,另一部分是自变量增量的高阶无穷小. 此时,则可用自变量增量的线性函数这一主要部分近似代替函数的增量. 这种近似在实际应用中具有重大意义,为此数学上特引入下面的定义:

　　定义　设函数 $y = f(x)$ 在某区间内有定义,x_0 及 $x_0 + \Delta x$ 在这个区间内,如果增量 $\Delta y = f(x_0 + \Delta x) - f(x_0)$ 可表示为

$$\Delta y = A \Delta x + o(\Delta x),$$

其中 A 是不依赖于 Δx 的常数,那么称函数 $y = f(x)$ 在点 x_0 处是可微的. 而 $A \Delta x$ 称作函数 $y = f(x)$ 在点 x_0 相应于自变量增量 Δx 的**微分**,记作 $\mathrm{d}y$,即

$$\mathrm{d}y = A \Delta x.$$

2.5.2　函数可微的条件

　　并不是任意一个函数都是可微的. 下面定理给出函数可微的条件,且同时给出求函数微分的方法.

　　定理　函数 $y = f(x)$ 在点 x_0 处可微的充分必要条件是函数 $f(x)$ 在点 x_0 处可导,且当 $y = f(x)$ 在点 x_0 处可微时,其微分是

$$\mathrm{d}y = f'(x_0) \Delta x.$$

　　证明　必要性. 设函数 $y = f(x)$ 在点 x_0 处可微,由微分定义,有

$$\Delta y = f(x_0 + \Delta x) - f(x_0) = A \cdot \Delta x + o(\Delta x),$$

其中 A 是与 Δx 无关的常数,上式两边同除以 Δx,并令 $\Delta x \to 0$ 取极限,得

$$\lim_{\Delta x \to 0} \frac{\Delta y}{\Delta x} = \lim_{\Delta x \to 0} \frac{f(x_0 + \Delta x) - f(x_0)}{\Delta x} = \lim_{\Delta x \to 0} \left(A + \frac{o(\Delta x)}{\Delta x} \right) = A.$$

这就证明了函数 $y = f(x)$ 在点 x_0 处可导,且 $f'(x_0) = A$,即

$$\mathrm{d}y \big|_{x = x_0} = A \Delta x = f'(x_0) \Delta x.$$

　　充分性. 设函数 $y = f(x)$ 在点 x_0 处有导数 $f'(x_0)$,即

$$\lim_{\Delta x \to 0} \frac{\Delta y}{\Delta x} = f'(x_0).$$

由函数极限与无穷小量的关系可知

$$\frac{\Delta y}{\Delta x} = f'(x_0) + \alpha,$$

其中,$\lim_{\Delta x \to 0} \alpha = 0$. 用 Δx 乘上式两边,得

$$\Delta y = f'(x_0) \Delta x + \alpha \cdot \Delta x.$$

其中 $f'(x_0)$ 与 Δx 无关,因此 $f'(x_0) \Delta x$ 是 Δx 的线性部分,而

$$\lim_{\Delta x \to 0} \frac{\alpha \cdot \Delta x}{\Delta x} = \lim_{\Delta x \to 0} \alpha = 0,$$

故 $\alpha \cdot \Delta x$ 是关于 Δx 的高阶无穷小部分. 由微分定义可知 $y = f(x)$ 在点 x_0 处可微,且其微分为

$$dy \mid_{x = x_0} = f'(x_0) \Delta x.$$

以上定理说明,函数 $y = f(x)$ 在一点处**可微与可导是等价的**.

当 $f'(x_0) \neq 0$ 时,有

$$\lim_{\Delta x \to 0} \frac{\Delta y}{dy} = \lim_{\Delta x \to 0} \frac{\Delta y}{f'(x_0) \Delta x} = \frac{1}{f'(x_0)} \lim_{\Delta x \to 0} \frac{\Delta y}{\Delta x} = \frac{1}{f'(x_0)} \cdot f'(x_0) = 1,$$

这表示,在 $f'(x_0) \neq 0$ 的条件下,当 $\Delta x \to 0$ 时,Δy 与 dy 是等价无穷小,这时有

$$\Delta y = dy + o(dy),$$

即 dy 是 Δy 的**线性主部**. 当 $|\Delta x|$ 很小时,有近似等式

$$\Delta y \approx dy = f'(x_0) \Delta x.$$

例2 设函数 $y = x^2$,

(1)求函数的微分;

(2)求函数在 $x = 3$ 处的微分;

(3)求函数在 $x = 3$ 处,当 $\Delta x = 0.01$ 时的微分,并讨论微分与函数增量的误差.

解 (1) $dy = y'dx = 2xdx$;

(2) $dy \mid_{x=3} = 2x \mid_{x=3} dx = 6dx$;

(3) $dy \mid_{\substack{x=3 \\ \Delta x = 0.01}} = 2x \cdot \Delta x \mid_{\substack{x=3 \\ \Delta x = 0.01}} = 6 \times 0.01 = 0.06,$

而 $\Delta y = (3 + 0.01)^2 - 3^2 = 0.0601$,所以 $\Delta y - dy = 0.0001$,可见用 dy 近似 Δy,其误差为 10^{-4}.

通常规定自变量的增量 Δx 称为**自变量的微分** dx,即 $\Delta x = dx$. 于是函数 $y = f(x)$ 在点 x 处的微分为 $dy = df(x) = f'(x)dx$,等式两边除以 dx,得

$$\frac{dy}{dx} = f'(x),$$

即导数等于函数的微分与自变量微分之商,因此导数也称为**微商**.

例3 求函数 $y = f(x) = \arctan x$ 的微分.

解 $\mathrm{d}y = f'(x)\mathrm{d}x = (\arctan x)'\mathrm{d}x = \dfrac{1}{1+x^2}\mathrm{d}x$，即

$$\mathrm{d}\arctan x = \frac{1}{1+x^2}\mathrm{d}x.$$

2.5.3 微分的几何意义

为了对微分有比较直观的了解，我们来说明微分的几何意义.

在直角坐标下，可微函数 $y = f(x)$ 的图形是一条连续曲线. $P_0(x_0, y_0)$ 为曲线上一点，其中 $y_0 = f(x_0)$. 当自变量在点 x_0 处有增量 Δx 时，$x = x_0 + \Delta x$ 就是曲线上另一点 $P(x_0 + \Delta x, y_0 + \Delta y)$ 的横坐标，其中 $\Delta y = f(x_0 + \Delta x) - f(x_0)$. 由图 2-4可知

$$P_0 N = \Delta x, NP = \Delta y.$$

过点 P_0 作曲线的切线 $P_0 T$，记切线的倾斜角为 α，则当自变量在点 x_0 处有增量 Δx 时，切线 $P_0 T$ 的纵坐标相应的增量为

$$NT = \tan \alpha \cdot \Delta x = f'(x_0)\Delta x = \mathrm{d}y.$$

由此可见，函数 $y = f(x)$ 在点 x_0 处的微分 $\mathrm{d}y$，就是曲线 $y = f(x)$ 在点 $P_0(x_0, y_0)$ 处切线的纵坐标的相应增量，而函数的增量

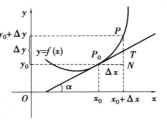

图 2-4

$$\Delta y = NP = NT + TP = \mathrm{d}y + TP,$$

差值 $\Delta y - \mathrm{d}y = TP$ 就是关于 Δx 的高阶无穷小量（当 $\Delta x \to 0$ 时），因此在点 P_0 的邻近可用切线段来代替曲线段.

2.5.4 微分的基本公式和运算法则

由函数 $y = f(x)$ 的导数与微分的关系 $\mathrm{d}y = f'(x)\mathrm{d}x$，可以推得基本初等函数的微分公式和函数四则运算的微分公式.

1）基本初等函数的微分公式

由基本初等函数的导数公式，可以直接写出基本初等函数的微分公式. 为了便于对照，现列出表 2-1.

表 2-1　基本微分公式表

导数公式	微分公式
$(x^{\mu})' = \mu x^{\mu-1}$	$d(x^{\mu}) = \mu x^{\mu-1} dx$
$(\sin x)' = \cos x$	$d(\sin x) = \cos x\, dx$
$(\cos x)' = -\sin x$	$d(\cos x) = -\sin x\, dx$
$(\tan x)' = \sec^2 x$	$d(\tan x) = \sec^2 x\, dx$
$(\cot x)' = -\csc^2 x$	$d(\cot x) = -\csc^2 x\, dx$
$(\sec x)' = \sec x \tan x$	$d(\sec x) = \sec x \tan x\, dx$
$(\csc x)' = -\csc x \cot x$	$d(\csc x) = -\csc x \cot x\, dx$
$(a^x)' = a^x \ln a\, (a>0 \text{ 且 } a \neq 1)$	$d(a^x) = a^x \ln a\, dx\, (a>0 \text{ 且 } a \neq 1)$
$(e^x)' = e^x$	$d(e^x) = e^x dx$
$(\log_a x)' = \dfrac{1}{x \ln a}\, (a>0 \text{ 且 } a \neq 1)$	$d(\log_a x) = \dfrac{dx}{x \ln a}\, (a>0 \text{ 且 } a \neq 1)$
$(\ln x)' = \dfrac{1}{x}$	$d(\ln x) = \dfrac{1}{x} dx$
$(\arcsin x)' = \dfrac{1}{\sqrt{1-x^2}}$	$d(\arcsin x) = \dfrac{1}{\sqrt{1-x^2}} dx$
$(\arccos x)' = -\dfrac{1}{\sqrt{1-x^2}}$	$d(\arccos x) = -\dfrac{1}{\sqrt{1-x^2}} dx$
$(\arctan x)' = \dfrac{1}{1+x^2}$	$d(\arctan x) = \dfrac{1}{1+x^2} dx$
$(\text{arccot } x)' = -\dfrac{1}{1+x^2}$	$d(\text{arccot } x) = -\dfrac{1}{1+x^2} dx$

2）函数和、差、积、商的微分法则

设 $u = u(x)$，$v = v(x)$ 在点 x 处均可微，则 $u \pm v$，$u \cdot v$ 及 $\dfrac{u}{v}$（当 $v \neq 0$ 时）在点 x 处均可微，且有

（1）$d(u \pm v) = du \pm dv$；　　　　　　（2）$d(u \cdot v) = u\, dv + v\, du$；

（3）$d\left(\dfrac{u}{v}\right) = \dfrac{v\, du - u\, dv}{v^2}\,(v \neq 0)$.

证明　下面仅就两个函数之商的微分公式给以证明.

$$d\left(\frac{u}{v}\right)' = \left(\frac{u}{v}\right)' dx = \frac{vu' - uv'}{v^2} dx = \frac{vu'dx - uv'dx}{v^2} = \frac{v \, du - u \, dv}{v^2}.$$

例 4　求函数 $y = x^3 \cos x$ 的微分.

解　$dy = x^3 d(\cos x) + \cos x \, d(x^3) = -x^3 \sin x \, dx + 3x^2 \cos x \, dx$

$\qquad = (3x^2 \cos x - x^3 \sin x) dx.$

3）复合函数的微分法则

设 $y = f(u)$，$u = \varphi(x)$ 均可微，则复合函数 $y = f[\varphi(x)]$ 的微分为

$$dy = \frac{dy}{dx} dx = f'(u)\varphi'(x)dx.$$

而 $\varphi'(x)dx = d\varphi(x) = du$，所以复合函数 $y = f[\varphi(x)]$ 的微分公式也可写成

$$dy = f'(u)du.$$

由此可见，若函数 $y = f(u)$ 可微，则不论 u 是自变量还是中间变量，总有 $dy = f'(u)du$，这一性质称为**一阶微分的形式不变性**.

例 5　求函数 $y = \ln(x + \sqrt{x^2 + 1})$ 的微分.

解　$dy = d[\ln(x + \sqrt{1 + x^2})] = \dfrac{1}{x + \sqrt{x^2 + 1}} d(x + \sqrt{x^2 + 1})$

$\qquad = \dfrac{1}{x + \sqrt{x^2 + 1}}\left(dx + \dfrac{x}{\sqrt{x^2 + 1}} dx\right)$

$\qquad = \dfrac{1}{x + \sqrt{x^2 + 1}}\left(1 + \dfrac{x}{\sqrt{x^2 + 1}}\right)dx = \dfrac{dx}{\sqrt{x^2 + 1}}.$

例 6　设函数 $y(x)$ 由方程 $xy = e^{x+y}$ 所确定，利用微分运算求导数 $\dfrac{dy}{dx}$.

解　将方程两边分别微分

$$d(xy) = de^{x+y},$$
$$y \, dx + x \, dy = e^{x+y}d(x+y),$$
$$y \, dx + x \, dy = e^{x+y}(dx + dy),$$

移项整理得

$$(x - e^{x+y})dy = (e^{x+y} - y)dx,$$
$$\frac{dy}{dx} = \frac{e^{x+y} - y}{x - e^{x+y}}.$$

可利用题设等式化简，得

$$\frac{dy}{dx} = \frac{y(x - 1)}{x(1 - y)}.$$

例 7　在下列等式左端的横线上填入适当的函数，使等式成立.

（1）d _____ = x dx;　　　　　　（2）d _____ = e^{-2x}dx.

解 （1）因为

$$d(x^2) = 2x \ dx,$$

可见

$$x \ dx = \frac{1}{2}d(x^2) = d\left(\frac{x^2}{2}\right),$$

即

$$d\left(\frac{x^2}{2}\right) = x \ dx.$$

一般的，有

$$d\left(\frac{x^2}{2} + C\right) = x \ dx(C \ 为任意常数).$$

（2）因为

$$d(e^{-2x}) = -2e^{-2x}dx,$$

可见

$$e^{-2x}dx = -\frac{1}{2}d(e^{-2x}) = d\left(-\frac{1}{2}e^{-2x}\right),$$

即

$$d\left(-\frac{1}{2}e^{-2x}\right) = e^{-2x}dx.$$

一般的，有

$$d\left(-\frac{1}{2}e^{-2x} + C\right) = e^{-2x}dx(C \ 为任意常数).$$

2.5.5 微分在近似计算中的应用

前面讲过，若函数 $y = f(x)$ 在点 x_0 处的导数 $f'(x_0) \neq 0$，且 $|\Delta x|$ 很小时，我们有

$$\Delta y \approx dy = f'(x_0)\Delta x.$$

这个式子也可写为

$$\Delta y = f(x_0 + \Delta x) - f(x_0) \approx f'(x_0)\Delta x, \tag{2-14}$$

或

$$f(x_0 + \Delta x) \approx f(x_0) + f'(x_0)\Delta x,$$

在上式中令 $x = x_0 + \Delta x$，即 $\Delta x = x - x_0$，那么上式可改写为

$$f(x) \approx f(x_0) + f'(x_0)(x - x_0). \tag{2-15}$$

如果 $f(x_0)$ 与 $f'(x_0)$ 都容易计算，那么可利用式(2-14)来近似计算 Δy，利用

式(2-15)来近似计算 $f(x)$.

例8 利用微分计算 $\sin 30°30'$ 的近似值.

解 把 $30°30'$ 化为弧度,得

$$30°30' = \frac{\pi}{6} + \frac{\pi}{360},$$

由于所求的是正弦函数的值,故设 $f(x) = \sin x$. 此时 $f'(x) = \cos x$. 若取 $x_0 = \frac{\pi}{6}$,

则 $f\left(\frac{\pi}{6}\right) = \sin\frac{\pi}{6} = \frac{1}{2}$ 与 $f'\left(\frac{\pi}{6}\right) = \cos\frac{\pi}{6} = \frac{\sqrt{3}}{2}$ 都容易计算,并且 $\Delta x = \frac{\pi}{360}$ 比较小,

应用式(2-15)便得:

$$\sin 30°30' = \sin\left(\frac{\pi}{6} + \frac{\pi}{360}\right) \approx \sin\frac{\pi}{6} + \cos\frac{\pi}{6} \cdot \frac{\pi}{360}$$

$$= \frac{1}{2} + \frac{\sqrt{3}}{2} \cdot \frac{\pi}{360} \approx 0.500\ 0 + 0.007\ 6$$

$$= 0.507\ 6.$$

特别地,当 $x_0 = 0$,$|x|$ 很小时,由式(2-15)便得到

$$f(x) \approx f(0) + f'(0) \cdot x. \tag{2-16}$$

例9 设 $|x|$ 很小,试证明下列函数的近似公式.

(1) $\sin x \approx x$;   (2) $\arcsin x \approx x$;   (3) $\tan x \approx x$;

(4) $\arctan x \approx x$;   (5) $e^x \approx 1 + x$;   (6) $\ln(1 + x) \approx x$;

(7) $(1 + x)^\alpha \approx 1 + \alpha x$.

证明 只证(1)、(2)两个近似公式,其他近似公式由读者自己去证明.

(1) 设 $f(x) = \sin x$,$f'(x) = \cos x$,则 $f(0) = 0$,$f'(0) = \cos 0 = 1$. 于是有

$$f(x) = \sin x \approx f(0) + f'(0) \cdot x = x,$$

即

$$\sin x \approx x.$$

(2) 设 $f(x) = \arcsin x$,$f'(x) = \dfrac{1}{\sqrt{1 - x^2}}$,则 $f(0) = 0$,$f'(0) = \dfrac{1}{\sqrt{1 - x^2}}\Big|_{x=0} = 1$.

于是有

$$f(x) = \arcsin x \approx f(0) + f'(0) \cdot x = x,$$

即

$$\arcsin x \approx x.$$

例10 计算 $\sin 5°$ 的近似值.

解 应把角度转化为弧度,因

$$5° = 5 \times \frac{\pi}{180} (\text{rad}).$$

取 $x = \frac{5\pi}{180}$,由于 $|x| = \left|\frac{5\pi}{180}\right|$ 较小,可利用线性近似公式

$$\sin x \approx x,$$

于是

$$\sin 5° = \sin \frac{5\pi}{180} \approx \frac{5\pi}{180} \approx 0.087\ 26.$$

习题2.5

基础题

1. 设函数 $y = 2x^2 - x$,试计算在 $x = 1$ 处,当 $\Delta x = 0.01$ 时的 Δy、$\mathrm{d}y$ 及 $\Delta y - \mathrm{d}y$.

2. 已知曲线 $y = f(x)$ 在点 $(1, f(1))$ 处的切线方程为 $2x - y + 1 = 0$,求 $\mathrm{d}y \big|_{x=1}$.

3. 求下列函数的微分 $\mathrm{d}y$.

$(1) y = 2\sqrt{x} - \dfrac{1}{x}$; $\qquad\qquad$ $(2) y = x^3 \mathrm{e}^{-2x}$;

$(3) y = \dfrac{x}{\sqrt{1 + x^2}}$; $\qquad\qquad$ $(4) y = \tan^2(1 + 2x^2)$;

$(5) y = \arcsin \sqrt{\sin x}$; $\qquad\qquad$ $(6) y = \ln(\sec x + \tan x)$.

4. 利用微分形式不变性求函数 $y = y(x)$ 的微分 $\mathrm{d}y$.

$(1) (x + y)^2(2x + y)^3 = 1$; $\qquad$ $(2) \ln \sqrt{x^2 + y^2} = \arctan \dfrac{y}{x}$.

5. 将适当的函数填入下面横线上,使等式成立.

$(1) \mathrm{d}\underline{\hspace{1.5cm}} = 2\mathrm{d}x$; $\qquad\qquad$ $(2) \mathrm{d}\underline{\hspace{1.5cm}} = \dfrac{1}{\sqrt{x}}\mathrm{d}x$;

$(3) \mathrm{d}\underline{\hspace{1.5cm}} = \dfrac{1}{1 + x}\mathrm{d}x$; $\qquad$ $(4) \mathrm{d}\underline{\hspace{1.5cm}} = \sec^2 3x\ \mathrm{d}x$;

$(5) \mathrm{d}\underline{\hspace{1.5cm}} = \sin \omega x\ \mathrm{d}x$; $\qquad$ $(6) \mathrm{d}\underline{\hspace{1.5cm}} = \mathrm{e}^{-2x}\mathrm{d}x$.

6. 求近似值（计算到小数点后 4 位）.

（1）$\sin 29°30'$；　　　　　　　　　　　　　（2）$\ln 1.002$.

提高题

1. 已知 φ 与 f 可微, 求函数的微分 $\mathrm{d}y$.

（1）$y = \dfrac{\varphi(x)}{1-x}$；　　　　　　　　　　（2）$y = f(1-2x) + \cos f(x)$；

（3）$y = f(\ln x)\mathrm{e}^{f(x)}$.

2. 将适当的函数填入下面横线, 使等式成立.

（1）d _____ $= \dfrac{1 + \ln x}{x}\mathrm{d}x$；　　　　（2）$\mathrm{d}$ _____ $= (x^3 + \sin 2x)\mathrm{d}x$.

应用题

设扇形的圆心角 $\alpha = 60°$, 半径 $R = 100$ m. 如果 R 不变, α 减少 $30'$, 问扇形面积大约改变了多少？ 又如果 α 不变, R 增加 1 cm, 问扇形面积大约改变了多少？

总习题 2

基础题

1. 选择题：

（1）若 $y = f(x)$ 有 $f'(x_0) = \dfrac{1}{2}$, 则当 $\Delta x \to 0$ 时, $\mathrm{d}y\big|_{x=x_0}$ 是（　　　）.

A. 与 Δx 等价的无穷小量

B. 与 Δx 同阶的无穷小量, 但不是等价无穷小量

C. 比 Δx 低阶的无穷小量

D. 比 Δx 高阶的无穷小量

（2）设函数 $f(x)$ 的一、二阶导数 $f'(x)$ 和 $f''(x)$ 均存在且 $f'(x) \neq 0$, 其反函数为 $x = \varphi(y)$, 则 $\varphi''(y) = ($　　　$)$.

A. $\dfrac{1}{f''(x)}$　　　　B. $-\dfrac{f''(x)}{[f'(x)]^2}$　　　　C. $-\dfrac{f''(x)}{[f'(x)]^3}$　　　　D. $\dfrac{f''(x)}{[f'(x)]^3}$

2. 求下列函数的导数.

（1）$y = \arctan \dfrac{x+1}{x-1}$;

（2）$y = \dfrac{\sqrt{1+x} - \sqrt{1-x}}{\sqrt{1+x} + \sqrt{1-x}}$;

（3）$y = x^{\frac{1}{x}} (x > 0)$;

（4）$y = \ln(a^x + \sqrt{1 + a^{2x}}) (a > 0, a \neq 1)$.

3. 求下列分段函数的导数.

（1）$f(x) = \begin{cases} \sin x, & x < 0 \\ \ln(1+x), & x \geqslant 0 \end{cases}$;

（2）$f(x) = \begin{cases} \dfrac{1}{x}\ln(1+x^2), & x \neq 0 \\ 0, & x = 0 \end{cases}$.

4. 求下列函数的 n 阶导数.

（1）$y = x^2 \ln x$;

（2）$y = \dfrac{1-x}{1+x}$.

5. 设 $f(x)$ 为可导函数, 求 $\dfrac{\mathrm{d}y}{\mathrm{d}x}$:

（1）$y = f(e^x + x^e)$;

（2）$y = f(e^x) e^{f(x)}$.

6. 设 $f(x)$ 对任何 x 满足 $f(x+1) = 2f(x)$, 且 $f(0) = 1, f'(0) = C(C$ 常数$)$, 求 $f'(1)$.

7. 设函数 $f(x)$ 对任意实数 x_1, x_2, 有 $f(x_1 + x_2) = f(x_1) + f(x_2)$ 且 $f'(0) = 1$, 证明: 函数 $f(x)$ 可导, 且 $f'(x) = 1$.

提高题

1. （2004 年, 第 8 题）设函数 $f(x)$ 连续, 且 $f'(0) > 0$, 则存在 $\delta > 0$, 使得（   ）.

A. $f(x)$ 在 $(0, \delta)$ 内单调增加

B. $f(x)$ 在 $(-\delta, 0)$ 内单调减少

C. 对任意的 $x \in (0, \delta)$ 有 $f(x) > f(0)$

D. 对任意的 $x \in (-\delta, 0)$ 有 $f(x) > f(0)$

2. （2007 年, 第 4 题）设函数 $f(x)$ 在 $x = 0$ 处连续, 下列命题错误的是（   ）.

A. 若 $\lim\limits_{x \to 0} \dfrac{f(x)}{x}$ 存在, 则 $f(0) = 0$

B. 若 $\lim\limits_{x \to 0} \dfrac{f(x) + f(-x)}{x}$ 存在, 则 $f(0) = 0$

C. 若 $\lim\limits_{x \to 0} \dfrac{f(x)}{x}$ 存在, 则 $f'(0)$ 存在

D. 若 $\lim\limits_{x \to 0} \dfrac{f(x) - f(-x)}{x}$ 存在, 则 $f'(0)$ 存在

3. (2016 年, 第 4 题) 已知函数 $f(x) = \begin{cases} x, & x \le 0 \\ \dfrac{1}{n}, & \dfrac{1}{n+1} < x \le \dfrac{1}{n}, n = 1, 2, \cdots \end{cases}$, 则

( ).

A. $x = 0$ 是 $f(x)$ 的第一类间断点

B. $x = 0$ 是 $f(x)$ 的第二类间断点

C. $f(x)$ 在 $x = 0$ 处连续但不可导

D. $f(x)$ 在 $x = 0$ 处可导

4. (2012 年, 第 2 题) 设函数 $f(x) = (e^x - 1)(e^{2x} - 2) \cdots (e^{nx} - n)$, 其中 n 为正整数, 则 $f'(0) = ($).

A. $(-1)^{n-1}(n-1)!$ B. $(-1)^n(n-1)!$

C. $(-1)^{n-1}n!$ D. $(-1)^n n!$

5. (2013 年, 第 11 题) 设 $\begin{cases} x = \sin t \\ y = t \sin t + \cos t \end{cases}$ (t 为参数), 则 $\dfrac{\mathrm{d}^2 y}{\mathrm{d}x^2}\Big|_{t=\frac{\pi}{4}} = $ _____.

6. (2005 年, 第 7 题) 设函数 $f(x) = \lim\limits_{n \to \infty} \sqrt[n]{1 + |x|^{3n}}$, 则 $f(x)$ 在 $(-\infty, +\infty)$ 内 (   ).

A. 处处可导   B. 恰有一个不可导点

C. 恰有两个不可导点   D. 至少有三个不可导点

第3章　微分中值定理及其应用

在第 2 章中,从分析实际问题中因变量相对于自变量的变化快慢出发,引出了导数的概念,并讨论了导数的计算方法. 在本章中,我们将以微分学中的几个中值定理为基础,利用导数来判断函数的单调性和极值、曲线的凹凸性及拐点等函数的形态特征,并利用这些知识解决自然科学及社会科学等领域的一些实际问题.

3.1　微分中值定理

中值定理揭示了函数在某区间的整体性质与该区间内部某一点的导数之间的关系,因而称为中值定理. 中值定理既是用微分学知识解决应用问题的理论基础,又是解决微分学自身发展的一种理论性模型, 因而称为微分中值定理.

3.1.1　罗尔(Rolle)定理

首先,观察图 3-1.

设曲线弧$\overgroup{AB}$是函数 $y = f(x)$ $(x \in [a,b])$ 的图形. 这是一条连续的曲线弧,除端点外,处处有不垂直于 x 轴的切线,且两个端点的纵坐标相等即 $f(a) = f(b)$. 可以发现在曲线弧的最高点 C 或最低点 D 处,曲线的切线是水平的. 现记 C 点的横坐标为 ξ,那么就有 $f'(\xi) = 0$. 现在用分析语

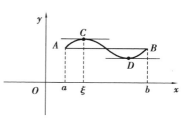

图 3-1

言把这个几何现象描述出来，就可得下面的罗尔定理. 为此，我们先介绍费马（Fermat）引理.

费马引理 设函数 $f(x)$ 在点 x_0 的某邻域 $U(x_0)$ 内有定义，并且在 x_0 处可导，如果对任意的 $x \in U(x_0)$，有 $f(x) \leqslant f(x_0)$（或 $f(x) \geqslant f(x_0)$），那么 $f'(x_0) = 0$.

证明 不妨设 $x \in U(x_0)$ 时，$f(x) \leqslant f(x_0)$. 于是，对于 $x_0 + \Delta x \in U(x_0)$，有
$$f(x_0 + \Delta x) \leqslant f(x_0).$$

故当 $\Delta x > 0$ 时，
$$\frac{f(x_0 + \Delta x) - f(x_0)}{\Delta x} \leqslant 0;$$

当 $\Delta x < 0$ 时，
$$\frac{f(x_0 + \Delta x) - f(x_0)}{\Delta x} \geqslant 0.$$

根据函数 $f(x)$ 在 x_0 可导的条件及极限的保号性，便得到
$$f'(x) = f'_+(x_0) = \lim_{\Delta x \to 0^+} \frac{f(x_0 + \Delta x) - f(x_0)}{\Delta x} \leqslant 0,$$
$$f'(x) = f'_-(x_0) = \lim_{\Delta x \to 0^-} \frac{f(x_0 + \Delta x) - f(x_0)}{\Delta x} \geqslant 0,$$

所以 $f'(x_0) = 0$. 证毕.

定理 1（罗尔定理） 如果函数 $f(x)$ 满足

（1）在闭区间 $[a, b]$ 上连续；

（2）在开区间 (a, b) 内可导；

（3）$f(a) = f(b)$，

那么在 (a, b) 内至少存在一点 ξ，使得 $f'(\xi) = 0$.

证明 由于 $f(x)$ 在 $[a, b]$ 上连续，故在 $[a, b]$ 上 $f(x)$ 有最大值 M 和最小值 m.

（1）当 $M = m$ 时，则 $x \in [a, b]$ 时，$f(x) = m = M$，故 $f'(x) = 0$，$x \in (a, b)$，即 (a, b) 内任一点均可作为 ξ，使 $f'(\xi) = 0$.

（2）当 $M > m$ 时，因为 $f(a) = f(b)$，故不妨设 $f(a) = f(b) \neq M$（或设 $f(a) = f(b) \neq m$），则至少存在一点 ξ，使 $f(\xi) = M$. 因 $f(x)$ 在 (a, b) 内可导，所以
$$f'_-(\xi) = \lim_{\Delta x \to 0^-} \frac{f(\xi + \Delta x) - f(\xi)}{\Delta x} = \lim_{\Delta x \to 0^+} \frac{f(\xi + \Delta x) - f(\xi)}{\Delta x} = f'_+(\xi).$$

又因 $f(\xi + \Delta x) \leqslant f(\xi) = M$，故 $f'_-(\xi) \geqslant 0$，$f'_+(\xi) \leqslant 0$，所以 $f'(\xi) = 0$. 证毕.

注：（1）证明一个数等于 0，往往证明其既大于等于 0，又小于等于 0.

（2）称导数为 0 的点为函数的**驻点**（或**稳定点**,**临界点**）.

（3）罗尔定理的三个条件是十分重要的,如果有一个不满足,定理的结论就可能不成立,分别举例说明之.

例如:

（1）$f(x) = \begin{cases} x, 0 \leqslant x < 1 \\ 0, x = 1 \end{cases}$,在 $[0,1]$ 不连续,如图 3-2（a）所示.

（2）$f(x) = |x|, x \in [-1,1]$,在（-1,1）不可导,如图 3-2（b）所示.

（3）$f(x) = x, x \in [0,1], f(0) \neq f(1)$,如图 3-2（c）所示.

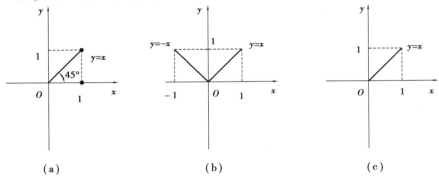

（a） （b） （c）

图 3-2

例 1　不求导数,判断函数 $f(x) = (x-1)(x-2)(x-3)$ 的导数有几个零点及这些零点所在的范围.

解　因为 $f(1) = f(2) = f(3) = 0$,所以 $f(x)$ 在 $[1,2]$,$[2,3]$ 上满足罗尔定理的三个条件,所以在（1,2）内至少存在一点 ξ_1,使 $f'(\xi_1) = 0$,即 ξ_1 是 $f'(x)$ 的一个零点.

又在（2,3）内至少存在一点 ξ_2,使 $f'(\xi_2) = 0$,即 ξ_2 是 $f'(x)$ 的一个零点.

又 $f'(x)$ 为二次多项式,最多只能有两个零点,故 $f'(x)$ 恰好有两个零点,分别在区间（1,2）,（2,3）内.

例 2　证明方程 $x^5 - 5x + 1 = 0$ 有且仅有一个小于 1 的正实根.

证明

①存在性.

设 $f(x) = x^5 - 5x + 1$,则 $f(x)$ 在 $[0,1]$ 连续 ,$f(0) = 1$, $f(1) = -3$. 由介值定理知存在 $x_0 \in (0,1)$,使 $f(x_0) = 0$,即方程有小于 1 的正根.

②唯一性.

假设另有 $x_1 \in (0,1)$,$x_1 \neq x_0$,使 $f(x_1) = 0$,因为 $f(x)$ 在以 x_0, x_1 为端点的区

间满足罗尔定理条件,所以在 x_0,x_1 之间至少存在一点 $x<1$,使得 $f'(x)=0$.

但 $f'(x)=5(x^4-1)<0, x\in(0,1)$,这显然矛盾. 故假设不真,证毕.

3.1.2 拉格朗日(Lagrange)中值定理

罗尔定理中 $f(a)=f(b)$ 这个条件是相当特殊的,它使罗尔定理的应用受到限制. 拉格朗日在罗尔定理的基础上作了进一步的研究,取消了罗尔定理中这个条件的限制,但仍保留了其余两个条件,得到了在微分学中具有重要地位的拉格朗日中值定理.

定理2(拉格朗日中值定理) 如果函数 $f(x)$ 满足:

(1)在闭区间 $[a,b]$ 上连续;

(2)在开区间 (a,b) 内可导,

那么在 (a,b) 内至少存在一点 ξ,使得 $f'(\xi)=\dfrac{f(b)-f(a)}{b-a}$. (3-1)

在证明之前,先来看一下定理的几何意义.

由图 3-3 可看出,$\dfrac{f(b)-f(a)}{b-a}$ 为弦 AB 的斜率,$f'(\xi)$ 为曲线在 C 点处的切线

的斜率. 因此拉格朗日中值定理的几何意义是:如果连续曲线 $y=f(x)$ 的 $\overset{\frown}{AB}$ 上除端点外,处处具有不垂直于 x 轴的切线,那么在弧上至少有一点 C,使曲线在 C 点处切线平行于弦 AB.

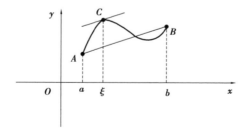

图 3-3

从图 3-1 可以看出,当 $f(a)=f(b)$ 时,弦 AB 是平行于 x 轴的,因此 C 点处切线也就平行于弦 AB. 由此可见,罗尔定理是拉格朗日中值定理的特殊情形.

证明 构造辅助函数

$$\varphi(x)=f(x)-f(a)-\frac{f(b)-f(a)}{b-a}(x-a).$$

因为 $f(x)$ 在 $[a,b]$ 上连续,则 $\varphi(x)$ 在 $[a,b]$ 上连续;又因为 $f(x)$ 在 (a,b) 内

可导,则 $\varphi(x)$ 在 (a,b) 内可导,且 $\varphi(a)=\varphi(b)=0$,所以 $\varphi(x)$ 满足罗尔定理的条件. 于是在 (a,b) 内至少存在一点 ξ,使 $\varphi'(\xi)=0$,即

$$\varphi'(\xi)=f'(\xi)-\frac{f(b)-f(a)}{b-a}=0,$$

所以

$$f'(\xi)=\frac{f(b)-f(a)}{b-a}.\ 证毕.$$

显然,当 $b<a$ 时,式(3-1)也成立. 式(3-1)也称为**拉格朗日中值公式**.

设 x 为区间 $[a,b]$ 内的一点,$x+\Delta x$ 为这区间 $[a,b]$ 内的另一点($\Delta x>0$ 或 $\Delta x<0$),则式(3-1)在区间 $[x,x+\Delta x]$($\Delta x>0$)或在区间 $[x+\Delta x,x]$($\Delta x<0$)上就变为

$$f(x+\Delta x)-f(x)=f'(x+\theta\Delta x)\cdot\Delta x(0<\theta<1),\qquad(3\text{-}2)$$

这里数值 θ 在 0 与 1 之间,所以 $x+\theta\Delta x$ 是在 x 与 $x+\Delta x$ 之间.

如果记 $y=f(x)$,则式(3-2)又可写为

$$\Delta y=f'(x+\theta\Delta x)\cdot\Delta x(0<\theta<1).\qquad(3\text{-}3)$$

我们知道,函数的微分 $\mathrm{d}y=f'(x)\cdot\Delta x$ 是函数的增量 Δy 的近似表达式. 一般说来,以 $\mathrm{d}y$ 近似代替 Δy 时所产生的误差只有当 $\Delta x\to0$ 时才趋近于零. 而(3-3)式却给出了自变量取有限增量 Δx($|\Delta x|$ 不一定很小)时,函数增量 Δy 的准确表达式. 因此,这个定理也称作**有限增量定理**,式(3-3)称为**有限增量公式**. 拉格朗日中值定理在微分学中占有重要地位,有时也称这个定理为**微分中值定理**. 在某些问题中,当自变量取有限增量 Δx 而需要函数增量的准确表达式时,拉格朗日中值定理就显示出了它的价值.

作为拉格朗日中值定理的一个应用,这是以后讲积分学时很有用的一个推论. 我们知道,如果函数 $f(x)$ 在某一区间上是一个常数,那么 $f(x)$ 在该区间上的导数恒为零. 它的逆命题也是成立的,这就是:

推论1 如果函数 $f(x)$ 在区间 I 上的导数恒为零,则 $f(x)\equiv C$($x\in I,C$ 为常数).

证明 对 $\forall x_1,x_2\in I$,设 $x_1<x_2$,则拉格朗日中值定理有

$$f(x_2)-f(x_1)=f'(\xi)(x_2-x_1),x_1<\xi<x_2.$$

由 $f'(\xi)=0$,有 $f(x_1)\equiv f(x_2)$,所以

$$f(x)\equiv C,x\in I.\ 证毕.$$

推论2 如果连续函数 $f(x)$ 和 $g(x)$ 在区间 I 内可导,且 $f'(x)\equiv g'(x)$,则在区间 I 上有

$$f(x) \equiv g(x) + C,$$

其中, C 为某个常数.

证明 设 $F(x) = f(x) - g(x)$, 则 $\forall x \in I$, 有

$$F'(x) = \left[(f(x) - g(x)) \right]' = f'(x) - g'(x) = 0.$$

所以, 根据推论 1 得出

$$F(x) = C(C \text{ 为任意常数}),$$

即

$$f(x) = g(x) + C. \text{ 证毕.}$$

例 3 证明 $\arcsin x + \arccos x = \dfrac{\pi}{2}$, $-1 \leqslant x \leqslant 1$.

证明 设 $f(x) = \arcsin x + \arccos x$, 则在区间 $(-1, 1)$ 上,

$$f'(x) = (\arcsin x + \arccos x)' = \frac{1}{\sqrt{1-x^2}} - \frac{1}{\sqrt{1-x^2}} = 0.$$

由推论 1, 在区间 $(-1, 1)$ 上有

$$f(x) = \arcsin x + \arccos x = C.$$

令 $x = 0$, 得 $C = \dfrac{\pi}{2}$. 又 $f(\pm 1) = \dfrac{\pi}{2}$, 故所证等式在定义域 $[-1, 1]$ 上成立.
证毕.

例 4 证明当 $x > 0$ 时,

$$\frac{x}{1+x} < \ln(1+x) < x.$$

证明 设 $f(t) = \ln(1+t)$, 显然 $f(t)$ 在 $[0, x]$ 上连续, 且在 $(0, x)$ 内可导, 满足拉格朗日中值定理条件. 所以至少有一点 $\xi \in (0, x)$, 使

$$f(x) - f(0) = f'(\xi)(x - 0).$$

由于 $f(0) = 0$, $f'(x) = \dfrac{1}{1+x}$, 因此上式变为

$$\ln(1+x) = \frac{x}{1+\xi}.$$

又当 $0 < \xi < x$ 时, 有

$$\frac{x}{1+x} < \frac{x}{1+\xi} < x.$$

所以

$$\frac{x}{1+x} < \ln(1+x) < x. \text{ 证毕.}$$

例5 设 $f(x)$ 在 $[a,b]$ 上连续,在 (a,b) 内二阶可导,连接两点 $(a,f(a))$,$(b,f(b))$ 的直线与曲线 $y=f(x)$ 交于点 $(c,f(c))$, $a<c<b$,证明在 (a,b) 内至少存在一点 ξ,使 $f''(\xi)=0$.

证明 因 $f(x)$ 在 $[a,b]$ 上连续,在 (a,b) 内可导,且 $a<c<b$,所以至少存在一点 $\xi_1\in(a,c)$,使

$$f'(\xi_1)=\frac{f(c)-f(a)}{c-a},$$

至少存在一点 $\xi_2\in(c,b)$,使

$$f'(\xi_2)=\frac{f(b)-f(c)}{b-c}.$$

另外点 $(a,f(a))$, $(b,f(b))$, $(c,f(c))$ 在同一直线上,显然

$$f'(\xi_1)=f'(\xi_2).$$

又因为 $f'(x)$ 在 (a,b) 内可导,故在 (ξ_1,ξ_2) 内可导,且在 $[\xi_1,\xi_2]$ 上连续. 所以由罗尔定理知,至少有一点 ξ,使

$$[f'(x)]'|_{x=\xi}=f''(\xi)=0, \xi\in[\xi_1,\xi_2]\subset(a,b). \text{证毕}.$$

3.1.3 柯西(Cauchy)中值定理

针对拉格朗日定理的一个十分重要的推广,就是下面的柯西中值定理.

定理3(柯西中值定理) 如果函数 $f(x)$ 及 $F(x)$ 满足:

(1)在闭区间 $[a,b]$ 上连续;

(2)在开区间 (a,b) 内可导;

(3) $F'(x)$ 在 (a,b) 内的每一点处均不为零,

那么在 (a,b) 内至少有一点 ξ,使

$$\frac{f(b)-f(a)}{F(b)-F(a)}=\frac{f'(\xi)}{F'(\xi)} \tag{3-4}$$

成立.

上面已经指出,如果连续曲线 $\overset{\frown}{AB}$ 上除端点外处处具有不垂直于 x 轴的切线,那么这弧上至少有一点 C,使曲线在 C 点处切线平行于弦 AB. 设 $\overset{\frown}{AB}$ 由参数方程

$$\begin{cases}X=F(x)\\Y=f(x)\end{cases}, (a\leq x\leq b)$$

表示,如图 3-4,其中 x 为参数.

那么曲线上任一点 (X,Y) 处的切线的斜率为

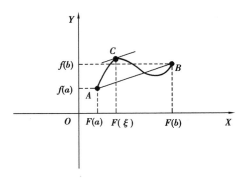

图 3-4

$$\frac{\mathrm{d}Y}{\mathrm{d}X} = \frac{f'(\xi)}{F'(\xi)},$$

弦 AB 的斜率为

$$\frac{f(b) - f(a)}{F(b) - F(a)}.$$

假定 C 点对应于参数 $x = \xi$，那么曲线上 C 点处的切线平行于弦 AB，可表示为

$$\frac{f'(\xi)}{F'(\xi)} = \frac{f(b) - f(a)}{F(b) - F(a)}.$$

证明 构造辅助函数

$$\varphi(x) = f(x) - f(a) - \frac{f(b) - f(a)}{F(b) - F(a)}[F(x) - F(a)],$$

则 $\varphi(x)$ 在 $[a, b]$ 上连续，在 (a, b) 内可导，且 $\varphi(a) = \varphi(b) = 0$. 那么由罗尔定理，至少存在一点 $\xi \in (a, b)$，使 $\varphi'(\xi) = 0$.

即

$$f'(\xi) - \frac{f(b) - f(a)}{F(b) - F(a)} F'(\xi) = 0.$$

所以

$$\frac{f'(\xi)}{F'(\xi)} = \frac{f(b) - f(a)}{F(b) - F(a)}. \ 证毕.$$

注：（1）Lagrange 定理是柯西中值定理 $F(x) = x$ 的情况；

（2）因 $\dfrac{f'(\xi)}{F'(\xi)}$ 中 ξ 是同一个字母，若分子、分母分别使用 Lagrange 定理，则为两个字母.

例 6 设函数 $f(x)$ 在 $[0, 1]$ 上连续，在 $(0, 1)$ 内可导. 试证明至少存在一

点 $\xi \in (0,1)$，使 $f'(\xi) = 2\xi[f(1) - f(0)]$.

证明 问题转化为证

$$\frac{f(1) - f(0)}{1 - 0} = \frac{f'(\xi)}{2\xi} = \frac{f'(x)}{(x^2)'}\bigg|_{x=\xi}.$$

设 $F(x) = x^2$，则 $f(x)$，$F(x)$ 在 $[0,1]$ 上满足柯西中值定理条件，因此在 $(0,1)$ 内至少存在一点 ξ，使

$$\frac{f(1) - f(0)}{1 - 0} = \frac{f'(\xi)}{2\xi},$$

即

$$f'(\xi) = 2\xi[f(1) - f(0)].$$

证毕.

习题 3.1

基础题

1. 已知函数 $y = x^2 - 2x - 3$，判断函数在 $[-1,3]$ 上是否满足罗尔定理条件，若满足，求出定理结论中的 ξ 值.

2. 已知函数 $f(x) = \sqrt{x}$，判断函数在 $[1,4]$ 上是否满足拉格朗日定理条件，若满足，求出定理结论中的 ξ 值.

3. 函数 $f(x) = x(x-1)(x-2)(x-3)$ 的导数有几个零点（即满足 $f'(x_0) = 0$ 的点 x_0），各位于哪个区间？

4. 证明等式 $\arctan x + \operatorname{arccot} x = \dfrac{\pi}{2}$.

5. 证明下列等式：

（1）若 $0 < b \leqslant a$，则 $\dfrac{a - b}{a} \leqslant \ln \dfrac{a}{b} \leqslant \dfrac{a - b}{b}$；（2）当 $x > 1$ 时，$e^x > ex$.

6. 若函数 $f(x)$ 在 (a,b) 内二阶可导，且 $f(x_1) = f(x_2) = f(x_3)$（$a < x_1 < x_2 < x_3 < b$），证明：在 (a,b) 内至少有一点 ξ，使得 $f''(\xi) = 0$.

7. 郑和下西洋时轮船能在 24 h 内航行 220 n mile. 试解释为什么在航行途中某时刻船速一定超过 9 n mile/h.

提高题

1. 设函数 $f(x)$ 在 $x=0$ 的某邻域内具有 n 阶导数，且 $f(0)=f'(0)=\cdots=f^{(n-1)}(0)=0$，证明：$\dfrac{f(x)}{x^n}=\dfrac{f^{(n)}(\theta x)}{n!}(0<\theta<1)$.

2. 设函数 $f(x)$ 在区间 $[0,1]$ 上存在二阶导数，且 $f(0)=f(1)=0$，$F(x)=x^2f(x)$. 试证明在 $(0,1)$ 内至少存在一点 ξ，使 $F'(\xi)=0$，且至少存在一点 η，使 $F''(\eta)=0$.

3.2 洛必达法则

3.2.1 未定式

定义（未定式） 当 $x\to a$（或 $x\to\infty$）时，函数 $f(x)$ 与 $F(x)$ 都趋于零或都趋于无穷大，那么，极限 $\lim\limits_{\substack{x\to a\\(x\to\infty)}}\dfrac{f(x)}{F(x)}$ 可能存在，也可能不存在，称此极限为**未定式**，分别记为：$\dfrac{0}{0}$ 型或 $\dfrac{\infty}{\infty}$ 型.

本节将用导数作为工具，给出计算未定式极限的一般方法，即洛必达法则.

3.2.2 $\dfrac{0}{0}$ 型未定式

定理 1 洛必达法则 1$\left(\dfrac{0}{0}$ 型$\right)$ 设：

(1) $\lim\limits_{x\to a}f(x)=0$，$\lim\limits_{x\to a}F(x)=0$；

(2) 在点 a 的某去心邻域，$f'(x)$ 及 $F'(x)$ 存在，且 $F'(x)\neq0$；

(3) $\lim\limits_{x\to a}\dfrac{f'(x)}{F'(x)}$ 存在（或为无穷大），

则

$$\lim\limits_{x\to a}\frac{f(x)}{F(x)}=\lim\limits_{x\to a}\frac{f'(x)}{F'(x)}.$$

证明 补充定义：令 $f(a)=F(a)=0$（因为 $x\to a$ 时函数极限与该点函数值

无关),则 $f(x)$,$F(x)$ 在 a 点连续. 设 x 为点 a 的邻域内一点,则 $f(x)$,$F(x)$ 在 $[a,x]$ 或 $[x,a]$ 上连续,在 (a,x) 或 (x,a) 内可导,由柯西中值定理,至少有一点 $\xi \in (a,x)$,使

$$\frac{f(x)-f(a)}{F(x)-F(a)} = \frac{f'(\xi)}{F'(\xi)}.$$

又上式中,左边 $= \dfrac{f(x)}{F(x)}$,且 $x \to a$ 时,有 $\xi \to a$.

所以

$$\lim_{x \to a}\frac{f(x)-f(a)}{F(x)-F(a)} = \lim_{\xi \to a}\frac{f'(\xi)}{F'(\xi)} = \lim_{x \to a}\frac{f'(x)}{F'(x)}. \text{ 证毕}.$$

注:(1)定理 1 中 $x \to a$ 可换为下列过程之一:

$$x \to a^+, x \to a^-, x \to \infty, x \to +\infty, x \to -\infty.$$

(2)若 $x \to a$ 时,$\dfrac{f'(x)}{F'(x)}$ 仍为 $\dfrac{0}{0}$ 型未定式,且 $f'(x)$、$F'(x)$ 满足定理 1 中 $f(x)$、$F(x)$ 所要满足的条件,那么可以继续使用洛必达法则,即

$$\lim_{x \to a}\frac{f(x)}{F(x)} = \lim_{x \to a}\frac{f'(x)}{F'(x)} = \lim_{x \to a}\frac{f''(x)}{F''(x)}.$$

推广

$$\lim_{x \to a}\frac{f(x)}{F(x)} = \lim_{x \to a}\frac{f''(x)}{F''(x)} = \cdots = \lim_{x \to a}\frac{f^{(n)}(x)}{F^{(n)}(x)}, \text{直到} \frac{f^{(n)}(x)}{F^{(n)}(x)} \text{不是未定式为止,便可}$$

求出极限结果,所以每次分别求导后都要判断此式是否是未定式,是未定式便再分别求导,不是未定式就代入 a 求得结果.

例 1 求 $\lim\limits_{x \to 0}\dfrac{\sin ax}{\sin bx}(b \neq 0)$.

解 $\lim\limits_{x \to 0}\dfrac{\sin ax}{\sin bx} \overset{\left(\frac{0}{0}\right)}{=} \lim\limits_{x \to 0}\dfrac{a\cos ax}{b\cos bx} = \dfrac{a}{b}$.

例 2 求 $\lim\limits_{x \to 1}\dfrac{x^3-3x+2}{x^3-x^2-x+1}$.

解 $\lim\limits_{x \to 1}\dfrac{x^3-3x+2}{x^3-x^2-x+1} \overset{\left(\frac{0}{0}\right)}{=} \lim\limits_{x \to 1}\dfrac{3x^2-3}{3x^2-2x-1} \overset{\left(\frac{0}{0}\right)}{=} \lim\limits_{x \to 1}\dfrac{6x}{6x-2} = \dfrac{3}{2}$.

例 3 求 $\lim\limits_{x \to 0}\dfrac{x-\sin x}{x^3}$.

解 $\lim\limits_{x \to 0}\dfrac{x-\sin x}{x^3} \overset{\left(\frac{0}{0}\right)}{=} \lim\limits_{x \to 0}\dfrac{1-\cos x}{3x^2} \overset{\left(\frac{0}{0}\right)}{=} \lim\limits_{x \to 0}\dfrac{\sin x}{6x} = \dfrac{1}{6}$.

3.2.3 $\dfrac{\infty}{\infty}$型未定型

定理 2 洛必达法则 2 $\left(\dfrac{\infty}{\infty}$型$\right)$

（1）$\lim\limits_{x \to a} f(x) = \infty$，$\lim\limits_{x \to a} F(x) = \infty$；

（2）$f(x)$ 与 $F(x)$ 在 $\overset{\circ}{U}(a)$ 内可导，且 $F'(x) \neq 0$；

（3）$\lim\limits_{x \to a} \dfrac{f'(x)}{F'(x)}$ 存在（或为 ∞），

那么

$$\lim_{x \to a} \frac{f(x)}{F(x)} = \lim_{x \to a} \frac{f'(x)}{F'(x)}.$$

注： 定理 2 中 $x \to a$ 可换为下列过程之一：

$$x \to a^+,\ x \to a^-,\ x \to \infty,\ x \to +\infty,\ x \to -\infty.$$

例 4 求 $\lim\limits_{x \to +\infty} \dfrac{\dfrac{\pi}{2} - \arctan x}{\dfrac{1}{x}}$.

解 $\lim\limits_{x \to +\infty} \dfrac{\dfrac{\pi}{2} - \arctan x}{\dfrac{1}{x}} \overset{\left(\frac{0}{0}\right)}{=} \lim\limits_{x \to +\infty} \dfrac{-\dfrac{1}{1+x^2}}{-\dfrac{1}{x^2}} = \lim\limits_{x \to +\infty} \dfrac{x^2}{1+x^2} \overset{\left(\frac{\infty}{\infty}\right)}{=} \lim\limits_{x \to +\infty} \dfrac{2x}{2x} = 1.$

例 5 求 $\lim\limits_{x \to +\infty} \dfrac{3x^2 - 2x - 1}{2x^3 - x^2 + 5}$.

解 $\lim\limits_{x \to +\infty} \dfrac{3x^2 - 2x - 1}{2x^3 - x^2 + 5} \overset{\left(\frac{\infty}{\infty}\right)}{=} \lim\limits_{x \to +\infty} \dfrac{6x - 2}{6x^2 - 2x} \overset{\left(\frac{\infty}{\infty}\right)}{=} \lim\limits_{x \to +\infty} \dfrac{6}{12x - 2} = 0.$

例 6 求 $\lim\limits_{x \to +\infty} \dfrac{\ln x}{x^n} (n > 0)$.

解 $\lim\limits_{x \to +\infty} \dfrac{\ln x}{x^n} \overset{\left(\frac{\infty}{\infty}\right)}{=} \lim\limits_{x \to +\infty} \dfrac{\dfrac{1}{x}}{nx^{n-1}} = \lim\limits_{x \to +\infty} \dfrac{1}{nx^n} = 0.$

即当 $x \to +\infty$ 时，对数函数比幂函数趋近于无穷大的速度慢.

例 7 $\lim\limits_{x \to +\infty} \dfrac{x^n}{e^{\lambda x}} (n$ 为正整数，$\lambda > 0)$.

解 $\lim\limits_{x \to +\infty} \dfrac{x^n}{e^{\lambda x}} = \lim\limits_{x \to +\infty} \dfrac{nx^{n-1}}{\lambda e^{\lambda x}} = \lim\limits_{x \to +\infty} \dfrac{n(n-1)x^{n-2}}{\lambda^2 e^{\lambda x}} = \cdots = \lim\limits_{x \to +\infty} \dfrac{n!}{\lambda^n e^{\lambda x}} = 0.$

即当 $x \to +\infty$ 时,幂函数比指数函数趋近无穷大的速度慢. 所以趋于无穷大的速度由慢到快,$\ln x < x^n < e^{\lambda x}$.

3.2.4 其他类型的未定式

对于 $0 \cdot \infty$ 型,$\infty - \infty$(同时为 $+\infty$ 或同时为 $-\infty$ 型),0^0,1^∞,∞^0 型的未定式,可以转化为 $\dfrac{0}{0}$ 或 $\dfrac{\infty}{\infty}$ 型未定式来计算.

解决方法:取倒数,通分,取对数等.

例 8 求 $\lim\limits_{x \to 0^+} x^n \ln x, n > 0$.

解 这是 $0 \cdot \infty$ 型未定式.

$$\lim_{x \to 0^+} x^n \ln x = \lim_{x \to 0^+} \frac{\ln x}{x^{-n}} \overset{(\frac{\infty}{\infty})}{=} \lim_{x \to 0^+} \frac{\frac{1}{x}}{-nx^{-n-1}} = \lim_{x \to 0^+} \frac{-1}{nx^{-n}} = \lim_{x \to 0^+} \frac{-x^n}{n} = 0.$$

注:对 $0 \cdot \infty$ 型未定式,可以化为 $\dfrac{0}{0}$ 或 $\dfrac{\infty}{\infty}$ 型未定式. 但为计算简便,一般把它变化成分子分母易求导的类型,若颠倒极限为 0 的函数不易求导,就颠倒极限为 ∞ 的函数.

例 9 求 $\lim\limits_{x \to \frac{\pi}{2}} (\sec x - \tan x)$.

解 这是 $\infty - \infty$ 型未定式.

$$\lim_{x \to \frac{\pi}{2}} (\sec x - \tan x) = \lim_{x \to \frac{\pi}{2}} \frac{1 - \sin x}{\cos x} \overset{(\frac{0}{0})}{=} = \lim_{x \to \frac{\pi}{2}} \frac{-\cos x}{-\sin x} = 0.$$

例 10 求 $\lim\limits_{x \to 0^+} x^x$.

计算 0^0,∞^0 型,1^∞ 型:一般对 $y = f(x)^{g(x)}$ 两边同时取对数,则右边为 $g(x) \cdot \ln f(x)$ 为 $0 \cdot \infty$ 型,再颠倒其中一项,化为 $\dfrac{0}{0}$ 或 $\dfrac{\infty}{\infty}$.

解 这是 0^0 型未定式.

设 $y = x^x$,取对数,得 $\ln y = x \ln x$.

则

$$\lim_{x \to 0^+} \ln y = \lim_{x \to 0^+} x \cdot \ln x = \lim_{x \to 0^+} \frac{\ln x}{x^{-1}} = \lim_{x \to 0^+} \frac{\frac{1}{x}}{-x^{-2}} = \lim_{x \to 0^+} (-x) = 0.$$

所以

$$\lim_{x\to 0^+} y = \lim_{x\to 0^+} e^{\ln y} = e^0 = 1.$$

例 11　求 $\lim\limits_{x\to\infty}\left(1+\dfrac{a}{x}\right)^x$.

解　令 $y=\left(1+\dfrac{a}{x}\right)^x$，则 $\ln y = x\ln\left(1+\dfrac{a}{x}\right)$，

从而

$$\lim_{x\to\infty}\ln y = \lim_{x\to\infty}\left[\frac{\ln\left(1+\dfrac{a}{x}\right)}{x^{-1}}\right] = \lim_{x\to\infty}\frac{\dfrac{1}{1+\dfrac{a}{x}}\cdot\left(-\dfrac{a}{x^2}\right)}{-\dfrac{1}{x^2}} = a.$$

故

$$\lim_{x\to\infty} y = \lim e^{\ln y} = e^{\lim\limits_{x\to\infty}\ln y} = e^a.$$

注：求未定式极限时，最好将洛必达法则与其他求极限方法结合使用. 能化简时尽可能化简，能应用等价无穷小或重要极限时，尽可能应用.

例 12　求 $\lim\limits_{x\to 0}\dfrac{\tan x - x}{x^2\sin x}$.

解　原式 $= \lim\limits_{x\to 0}\left(\dfrac{\tan x - x}{x^3}\cdot\dfrac{x}{\sin x}\right) = \lim\limits_{x\to 0}\dfrac{\tan x - x}{x^3}$

$$= \lim_{x\to 0}\frac{\sec^2 x - 1}{3x^2} = \lim_{x\to 0}\frac{1-\cos^2 x}{3x^2\cos^2 x} = \lim_{x\to 0}\frac{\sin^2 x}{3x^2\cos^2 x} = \frac{1}{3}.$$

例 13　求 $\lim\limits_{x\to 0}\dfrac{3x-\sin 3x}{(1-\cos x)\ln(1+2x)}$

解　原式 $= \lim\limits_{x\to 0}\dfrac{3x-\sin 3x}{\dfrac{1}{2}x^2\cdot 2x} = \lim\limits_{x\to 0}\dfrac{3x-\sin 3x}{x^3} = \lim\limits_{x\to 0}\dfrac{3-3\cos 3x}{3x^2}$

$$= \lim_{x\to 0}\frac{3\sin 3x}{2x} = \frac{9}{2}.$$

例 14　$\lim\limits_{x\to 0^+}\left(\dfrac{\sin x}{x}\right)^{\csc x}$.

解　因 $\lim\limits_{x\to 0^+}\ln\left(\dfrac{\sin x}{x}\right)^{\csc x} = \lim\limits_{x\to 0^+}\csc x\ln\left(\dfrac{\sin x}{x}\right) = \lim\limits_{x\to 0^+}\dfrac{\ln\left(\dfrac{\sin x}{x}\right)}{\sin x}$

$$= \lim_{x\to 0^+}\left[\frac{\ln\left[\left(\dfrac{\sin x}{x}-1\right)+1\right]}{\dfrac{\sin x}{x}-1}\cdot\frac{\dfrac{\sin x}{x}-1}{\sin x}\right]$$

$$= \lim_{x\to 0^+} \frac{\sin x - x}{\sin x \cdot x} \overset{\left(\frac{0}{0}\right)}{=} \lim_{x\to 0^+} \frac{\cos x - 1}{2x} = 0.$$

故原式 $= e^0 = 1.$

注：(1)当求到某一步时，极限是未定式，才能应用洛必达法则，否则会导致错误结果.

(2)当定理条件满足时，所求极限一定存在(或为 ∞)；当定理条件不满足时，所求极限不一定不存在.

例 15　求 $\lim\limits_{x\to\infty} \dfrac{x + \sin x}{x}$.

解　因分子极限不存在，故不满足洛必达法则条件.

但 $\lim\limits_{x\to\infty} \dfrac{x + \sin x}{x} = \lim\limits_{x\to\infty} \left(1 + \dfrac{\sin x}{x}\right) = 1 + 0 = 1.$

 **习题** 3.2

基础题

1. 求下列极限：

(1) $\lim\limits_{x\to\pi} \dfrac{\sin(x-\pi)}{x-\pi}$;

(2) $\lim\limits_{x\to 0} \dfrac{\tan 3x}{\tan 2x}$;

(3) $\lim\limits_{x\to+\infty} \dfrac{\ln x}{x^n}\,(n>0)$;

(4) $\lim\limits_{x\to\alpha} \dfrac{x^m - \alpha^m}{x^n - \alpha^n}\,(\alpha\neq 0)$;

(5) $\lim\limits_{x\to\frac{\pi}{2}} \dfrac{2x - \pi}{\cos x}$;

(6) $\lim\limits_{x\to 1} \dfrac{x^3 - 3x + 2}{x^3 - x^2 - x + 1}$;

(7) $\lim\limits_{x\to+\infty} \dfrac{\ln\left(1+\dfrac{1}{x}\right)}{\operatorname{arccot} x}$;

(8) $\lim\limits_{x\to 0^+} \dfrac{\ln\tan 7x}{\ln\tan 2x}$;

(9) $\lim\limits_{x\to 0} \left(\dfrac{1}{x} - \dfrac{1}{e^x - 1}\right)$;

(10) $\lim\limits_{x\to 0} x\left(e^{\frac{1}{x}} - 1\right)$;

(11) $\lim\limits_{x\to 0} \dfrac{e^x - e^{-x} - 2x}{x - \sin x}$;

(12) $\lim\limits_{x\to 0} (1 + \sin x)^{\frac{1}{x}}$;

(13) $\lim\limits_{x\to 0^+} \left(\ln\dfrac{1}{x}\right)^{2x}$;

(14) $\lim\limits_{x\to+\infty} \left(x + \sqrt{1+x^2}\right)^{\frac{1}{x}}$;

(15) $\lim\limits_{n\to\infty} \left(\sqrt{n}\,\tan\dfrac{1}{\sqrt{n}}\right)^n$.

2. 若 $f'(x_0)$ 存在，求下列极限：

(1) $\lim\limits_{h\to 0} \dfrac{f(x_0 - h) - f(x_0)}{h}$;

(2) $\lim\limits_{h\to 0} \dfrac{f(x_0 + h) - f(x_0 - h)}{2h}$;

（3）$\lim\limits_{\Delta x \to 0} \dfrac{f(x_0 + 2\Delta x) - f(x_0 - 3\Delta x)}{\Delta x}$．

提高题

1．讨论函数 $f(x) = \begin{cases} \left[\dfrac{(1+x)^{\frac{1}{x}}}{e}\right]^{\frac{1}{x}}, & x > 0 \\ e^{-\frac{1}{2}}, & x \leq 0 \end{cases}$ 在点 $x = 0$ 的连续性．

2．若 $f(x)$ 二阶可导，证明 $f''(x) = \lim\limits_{h \to 0} \dfrac{f(x+h) - 2f(x) + f(x-h)}{h^2}$．

3.3 泰勒公式

对于一些比较复杂的函数，想要求出函数在具体一点的数值，往往无法直接计算出来．在学习了导数和微分概念后我们已经知道，如果函数 $f(x)$ 在 x_0 点可导，则
$$f(x) = f(x_0) + f'(x_0)(x - x_0) + o(x - x_0).$$
即在点 x_0 附近，用一次多项式 $f(x_0) + f'(x_0)(x - x_0)$ 逼近函数 $f(x)$ 时，其误差为 $(x - x_0)$ 的高阶无穷小．然而在通常的场合中，取一次多项式逼近是不够的，往往需要用二次或高于二次的多项式去逼近．因此我们提出了用一个多项式去逼近一个函数，泰勒公式就是满足上述逼近性质的多项式．

由于多项式函数为最简单的一类函数，它只是对自变量进行有限次的加、减、乘三种运算，就能求出其函数值．因此，多项式经常被用于近似地表达函数，这种近似表达在数学上常称为逼近．英国数学家泰勒的研究结果表明：具有直到 $n+1$ 阶导数的函数在一个点的邻域内可以用函数在该点的函数值及各阶导数值组成的 n 次多项式近似表达．本节我们将介绍泰勒公式及其简单应用．

现在需要解决的问题是：设函数 $f(x)$ 在含有 x_0 的开区间 (a, b) 内具有直到 $n+1$ 阶导数，问是否存在一个 n 次多项式函数
$$p_n(x) = a_0 + a_1(x - x_0) + a_2(x - x_0)^2 + \cdots + a_n(x - x_0)^n,$$
使得 $f(x) \approx P_n(x)$，且误差 $R_n(x) = f(x) - p_n(x)$ 是比 $(x - x_0)^n$ 高阶的无穷小，并给出误差估计的具体表达式．

设 $P_n(x) = a_0 + a_1(x - x_0) + a_2(x - x_0)^2 + \cdots + a_n(x - x_0)^n$，下面的条件得到满足是很自然的. 令 $P_n(x_0) = f(x_0)$，$P_n'(x_0) = f'(x_0)$，$P_n''(x_0) = f''(x_0)$，$\cdots$，$P_n^{(n)}(x_0) = f^{(n)}(x_0)$，则我们可求出多项式的系数如下：

$f(x_0) = a_0$，

$f'(x) = a_1 + 2a_2(x - x_0) + \cdots + na_n(x - x_0)^{(n-1)}$，$f'(x_0) = a_1$，

$f''(x) = 2a_2 + 2 \times 3a_3(x - x_0)^1 + 4 \times 3(x - x_0)^2 + \cdots + n(n-1)(x - x_0)^{n-2}$，
$\qquad f''(x_0) = 2a_2$，

$f'''(x) = 3 \times 2 \times 1a_3 + 4 \times 3 \times 2(x - x_0) + \cdots + n(n-1)(n-2)(x - x_0)^{n-3}$，$f'''(x_0) = 3! \ a_3$，

$\qquad \vdots$

故 $f^{(n)}(x_0) = n! \ a_n$.

所以 $a_0 = f(x_0)$，$a_1 = f'(x_0)$，$a_2 = \dfrac{f''(x_0)}{2!}$，$a_3 = \dfrac{f''(x_0)}{3!}$，$\cdots$，$a_n = \dfrac{f^{(n)}(x_0)}{n!}$.

故 $P_n(x) = f(x_0) + f'(x_0)(x - x_0) + \dfrac{f''(x_0)}{2!}(x - x_0)^2 + \cdots + \dfrac{f^{(n)}(x_0)}{n!}(x - x_0)^n$，

则 $f(x) = P_n(x) + R_n(x)$.

3.3.1 泰勒(Taylor)中值定理

如果函数 $f(x)$ 在含有 x_0 的某个开区间 (a,b) 内具有直到 $(n+1)$ 阶的导数，则对 $\forall x \in (a,b)$ 时，$f(x)$ 可以表示为 $(x - x_0)$ 的一个 n 次多项式与一个余项 $R_n(x)$ 之和.

$$f(x) = f(x_0) + f'(x_0)(x - x_0) + \frac{f''(x_0)}{2!}(x - x_0)^2 + \cdots + \frac{f^{(n)}(x_0)}{n!}(x - x_0)^n + R_n(x),$$

$$(3-5)$$

其中 $R_n(x) = \dfrac{f^{(n+1)}(\xi)}{(n+1)!}(x - x_0)^{n+1}$ 称为 Lagrange 型余项，ξ 介于 x_0 与 x 之间. 式 (3-5) 称为 $f(x)$ 按 $(x - x_0)$ 的幂展开的 n 阶泰勒公式.

注：(1) 当 $n = 0$ 时，泰勒公式变为拉格朗日中值定理

$$f(x) = f(x_0) + f'(\xi)(x - x_0)(\xi \text{ 在 } x_0 \text{ 与 } x \text{ 之间}).$$

(2) 当 $n = 1$ 时，泰勒公式变为 $f(x) = f(x_0) + f'(x_0)(x - x_0) + \dfrac{f''(\xi)}{2!}(x - x_0)^2$，则 $f(x) \approx f(x_0) + f'(x_0)(x - x_0)$，误差 $R_1(x) = \dfrac{f''(\xi)}{2!}(x - x_0)^2$ (ξ 在 x_0 与

x 之间).

（3）当不需要余数的精确表达式时，n 阶泰勒公式可写成

$$f(x) = f(x_0) + f'(x_0)(x - x_0) + \cdots + \frac{f^{(n)}(x_0)}{n!}(x - x_0)^n + o\left[(x - x_0)^n\right].$$

$$(3\text{-}6)$$

称 $R_n(x) = o((x - a)^n)$ 为 Taylor 公式的**佩亚诺**（Peano）**型余项**，并称式（3-6）为带有佩亚诺型余项的 Taylor 公式.

3.3.2 麦克劳林（Maclaurin）公式

取 $x_0 = 0$，则 Taylor 公式可称为**麦克劳林**（Maclaurin）**公式**，即

$$f(x) = f(0) + f'(0) + \frac{f'(0)}{2!}x^2 + \cdots + \frac{f^{(n)}(0)}{n!}x^n + \frac{f^{(n+1)}(\theta x)}{(n+1)!}x^{n+1} \quad (0 < \theta < 1)$$

$$(3\text{-}7)$$

或记

$$f(x) = f(0) + f'(0)x + \cdots + \frac{f^{(n)}(0)}{n!}x^n + o(x^n).$$

可得近似公式

$$f(x) \approx f(0) + f'(0)x + \frac{f''(0)}{2!}x^2 + \cdots + \frac{f^{(n)}(0)}{n!}x^n.$$

误差估计式

$$|R_n(x)| \leqslant \left|\frac{f^{(n+1)}(\xi)}{(n+1)!}(x)^{n+1}\right| \leqslant \frac{M}{(n+1)!}|x|^{n+1}.$$

3.3.3 应用

例 1 写出函数 $f(x) = \mathrm{e}^x$ 的 n 阶麦克劳林公式.

解 因 $f^{(n)}(x) = \mathrm{e}^x, n = 0, 1, 2, \cdots$.

于是

$$f(0) = f'(0) = f''(0) = \cdots = f^{(n)}(0) = 1,$$

且

$$R_n(x) = \frac{f^{(n+1)}(\theta x)}{(n+1)!}x^{n+1} = \frac{\mathrm{e}^{\theta x}}{(n+1)!}x^{n+1} \, (0 < \theta < 1).$$

因此 $f(x) = \mathrm{e}^x$ 的 n 阶麦克劳林公式为

$$\mathrm{e}^x = 1 + x + \frac{x^2}{2!} + \cdots + \frac{x^n}{n!} + \frac{\mathrm{e}^{\theta x}}{(n+1)!}x^{n+1} \, (0 < \theta < 1).$$

(1)讨论误差：用公式 $1 + x + \dfrac{x^2}{2!} + \cdots + \dfrac{x^n}{n!}$ 代替 e^x，所产生的误差为

$$|R_n(x)| = \left| \frac{e^{\theta x}}{(n+1)!} x^{n+1} \right| \leqslant \frac{e^{|x|}}{(n+1)!} |x|^{n+1}.$$

(2)当 $x = 1$ 时，$e^x = e \approx 1 + 1 + \dfrac{1}{2!} + \cdots + \dfrac{1}{n!}$，且 $|R_n| \leqslant \dfrac{e}{(n+1)!} < \dfrac{3}{(n+1)!}$.

当 $n = 10$ 时，可算出 $e \approx 2.718282$，其误差不超过 10^{-6}.

例2 求 $f(x) = \sin x$ 的 n 阶麦克劳林公式.

解 因 $f^{(n)}(x) = \sin\left(x + \dfrac{n\pi}{2}\right)$，$n = 0, 1, 2, \cdots$.

于是

$$f^{(2m)}(0) = 0, \quad f^{(2m-1)}(0) = (-1)^{m-1}, \quad m = 0, 1, 2, \cdots.$$

故

$$\sin x = f(0) + f'(0)x + \frac{f''(0)}{2!} + \cdots + \frac{f^{(n)}(0)}{n!} \cdot x^n + R_{2m}$$

$$= x - \frac{x^3}{3!} + \frac{x^5}{5!} + \cdots + (-1)^{m-1} \frac{x^{2m-1}}{(2m-1)!} + R_{2m},$$

其中 $\quad R_{2m} = \dfrac{\sin\left(\theta x + \dfrac{2m+1}{2}\pi\right)}{(2m+1)!} x^{2m+1} \quad (0 < \theta < 1)$.

特别地，取 $m = 1$，则 $\sin x \approx x$，且误差 $|R_2| = \left| \dfrac{\sin\left(\theta x + \dfrac{3}{2}\pi\right)}{3!} x^3 \right| \leqslant \dfrac{|x|^3}{6}$

$(0 < \theta < 1)$.

例3（经济类考研题） 设 $\lim\limits_{x \to 0} \dfrac{f(x)}{x} = 1$，且 $f''(x) > 0$，求证 $f(x) \geqslant x$.

证明 易知 $\lim\limits_{x \to 0} f(x) = 0$，则 $f(0) = 0$，所以 $\lim\limits_{x \to 0} \dfrac{f(x) - f(0)}{x - 0} = f'(0) = 1$.

由麦克劳林公式有：

$$f(x) = f(0) + f'(0)x + \frac{f''(\xi)}{2!}x^2 = x + \frac{f''(\xi)}{2!}x^2. \text{ 又因 } f''(x) > 0, \text{ 故 } f(x) \geqslant x.$$

证毕.

注：写 Taylor 公式时，余项中含有 $f^{(n+1)}(\xi)$. 若 $f(x)$ 为复合函数或此函数可利用已知的 $e^x, \sin x, \cos x$ 的展开式时，则 $f(x)$ 展开式中的余项不是分别余项再复合，必须是整个函数求余项.

例4 写出 $f(x) = x \cdot e^x$ 的 n 阶麦克劳林公式.

解 利用例1的结论知: $f(x) = x\left(1 + x + \dfrac{x^2}{2!} + \cdots + \dfrac{x^n}{n!} + \dfrac{e^{\theta x}}{(n+1)!}x^{n+1}\right)$

$$= x\left(1 + x + \dfrac{x^2}{2!} + \cdots + \dfrac{x^n}{n!}\right) + R_n(x),$$

且

$$R_n(x) = \dfrac{f^{(n+1)}(\theta x)}{(n+1)!}x^{n+1} = \dfrac{(x+n+1)e^x\big|_{x=\theta x}}{(n+1)!}x^{n+1} = \dfrac{(\theta x+n+1)e^x}{(n+1)!}x^{n+1}$$

$(0 < \theta < 1)$.

类似地,还可以得到

$$\cos x = 1 - \dfrac{1}{2!}x^2 + \dfrac{1}{4!}x^4 - \cdots + (-1)^m \dfrac{1}{(2m)!}x^{2m} + R_{2m+1}(x),$$

其中, $R_{2m+1}(x) = \dfrac{\cos[\theta x + (m+1)\pi]}{(2m+2)!}x^{2m+2}$ $(0 < \theta < 1)$.

$$\ln(1+x) = x - \dfrac{1}{2}x^2 + \dfrac{1}{3}x^3 - \cdots + (-1)^{n-1}\dfrac{1}{n}x^n + R_n(x),$$

其中, $R_n(x) = \dfrac{(-1)^n}{(n+1)(1+\theta x)^{n+1}}x^{n+1}$ $(0 < \theta < 1)$.

$$(1+x)^\alpha = 1 + \alpha x + \dfrac{\alpha(\alpha-1)}{2!}x^2 + \cdots + \dfrac{\alpha(\alpha-1)\cdots(\alpha-n+1)}{n!}x^n + R_n(x),$$

其中, $R_n(x) = \dfrac{\alpha(\alpha-1)\cdots(\alpha-n+1)(\alpha-n)}{(n+1)!}(1+\theta x)^{\alpha-n-1}x^{n+1}$ $(0 < \theta < 1)$.

例5 利用带有佩亚诺型余项的麦克劳林公式,求极限 $\lim\limits_{x \to 0} \dfrac{\sin x - x\cos x}{\sin^3 x}$.

解 由 $\sin x = x - \dfrac{x^3}{3!} + o(x^3)$, $x\cos x = x - \dfrac{x^3}{2!} + o(x^3)$,

可知 $\lim\limits_{x \to 0}\dfrac{\sin x - x\cos x}{\sin^3 x} = \lim\limits_{x \to 0}\dfrac{\dfrac{1}{3}x^3 + o(x^3)}{x^3} = \dfrac{1}{3}$.

注:两个比 x^3 高阶的无穷小的和仍记为 $o(x^3)$.

3.3.4 常用初等函数的麦克劳林公式

$$e^x = 1 + x + \dfrac{x^2}{2!} + \cdots + \dfrac{x^n}{n!} + \dfrac{e^{\theta x}}{(n+1)!}x^{n+1} \quad (0 < \theta < 1);$$

$$\sin x = x - \dfrac{x^3}{3!} + \dfrac{x^5}{5!} - \cdots + (-1)^n \dfrac{x^{2n+1}}{(2n+1)!} + o(x^{2n+1});$$

$$\cos x = 1 - \frac{x^2}{2!} + \frac{x^4}{4!} - \frac{x^6}{6!} + \cdots + (-1)^n \frac{x^{2n}}{(2n)!} + o(x^{2n});$$

$$\ln(1+x) = x - \frac{x^2}{2} + \frac{x^3}{3} - \cdots + (-1)^n \frac{x^{n+1}}{n+1} + o(x^{n+1});$$

$$\frac{1}{1-x} = 1 + x + x^2 + \cdots + x^n + o(x^n);$$

$$(1+x)^\alpha = 1 + \alpha x + \frac{\alpha(\alpha-1)}{2!}x^2 + \cdots + \frac{\alpha(\alpha-1)\cdots(\alpha-n+1)}{n!}x^n + o(x^n).$$

 习题 3.3

基础题

1. 按 $(x-1)$ 的幂展开多项式函数 $f(x) = x^4 + 2x^2 + 3$.

2. 求函数 $f(x) = \sqrt{x}$ 按 $(x-4)$ 的幂展开成带拉格朗日型余项的三阶泰勒公式.

3. 求函数 $f(x) = xe^x$ 的带有佩亚诺型余项的麦克劳林公式.

4. 求函数 $f(x) = \ln x$ 在 $x=2$ 的 n 阶导数 $f^{(n)}(2)$.

5. 求函数 $y = \frac{1+x^2}{1+x}$ 在点 $x=0$ 处带拉格朗日余项的 3 阶泰勒公式.

6. 用泰勒公式求 $\ln 1.1$ 误差小于 0.01 的近似值.

提高题

1. 利用泰勒展开式求下列极限.

$(1)\ \lim\limits_{x \to 0} \dfrac{\tan x - \sin x}{x^3}$;

$(2)\ \lim\limits_{x \to 0} \dfrac{1 + \dfrac{1}{2}x^2 - \sqrt{1+x^2}}{(\cos x - e^{x^2})\sin x^2}$.

2. 设 $x > 0$, 证明: $x - \dfrac{x^2}{2} < \ln(1+x)$.

3.4　函数的单调性与凹凸性

3.4.1　函数的单调性

这一节我们利用导数来研究函数的单调性. 在前面我们已经给出了函数的单调性的定义.

从函数单调性的定义可以看到,如果 $y=f(x)$ 在 (a,b) 是一个增函数,那么它的图像在 (a,b) 上从左至右应该是呈上升趋势的,图像的切线应该具有非负的斜率,即 $f'(x)\geqslant0$. 对于减函数,则可以得到图像的切线斜率非正的结果,如图 3-5(a)、(b)所示.

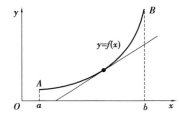

(a)函数图形上升时切线斜率非负　　(b)函数图形下降时切线斜率非正

图 3-5

函数的单调性和切线斜率的关系可以叙述成如下定理:

定理1　设函数 $y=f(x)$ 在区间 I 上可导,则:

(1) $f(x)$ 在 I 上单调递增的充要条件是 $f'(x)\geqslant0$ 对任意 $x\in I$ 成立;

(2) $f(x)$ 在 I 上单调递减的充要条件是 $f'(x)\leqslant0$ 对任意 $x\in I$ 成立.

证明　只就(1)的情况进行证明,(2)的情况作为练习留给读者.

若 $f(x)$ 在 I 单调递增,则任意的 $x,y\in I(x\neq y)$,有 $\dfrac{f(y)-f(x)}{y-x}\geqslant0$. 又 $f(x)$ 在 x 处可导,则

$$f'(x)=\lim_{y\to x}\frac{f(y)-f(x)}{y-x}\geqslant0,$$

由 $x\in I$ 的任意性得 $f'(x)\geqslant0$ 对任意 $x\in I$ 成立.

若 $f'(x)\geqslant0$ 对任意 $x\in I$ 成立,任取 $x_1,x_2\in I$ 且 $x_1<x_2$,由拉格朗日中值定

理,存在 $\xi \in (x_1, x_2) \subset I$,有 $f(x_1) - f(x_2) = f'(\xi)(x_1 - x_2)$. 又 $f'(\xi) \geqslant 0$,则

$$f(x_1) - f(x_2) = f'(\xi)(x_1 - x_2) \leqslant 0.$$

最后,由 $x_1, x_2 \in I$ 的任意性得 $f(x)$ 在 I 单调递增. 证毕.

定理 1 给我们提供了一种很方便的判断可导函数单调性的方法.

例 1 判定函数 $y = x - \cos x$ 在 $[-\pi, \pi]$ 的单调性.

解 函数 $y = x - \cos x$ 在 $[-\pi, \pi]$ 连续,且在 $(-\pi, \pi)$ 可导,则在 $(-\pi, \pi)$ 上有

$$y' = 1 + \sin x \geqslant 0,$$

故 $y = x - \cos x$ 在 $[-\pi, \pi]$ 是增函数.

例 2 讨论函数 $y = \sqrt[3]{x^2}$ 在 **R** 上的单调性,如图 3-6.

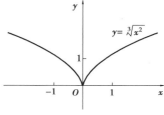

图 3-6

解 求导数得

$$y' = \frac{2}{3\sqrt[3]{x}} (x \neq 0),$$

其中,0 是一个不可导的点,**R** 被点 0 分为了 $(-\infty, 0)$ 和 $(0, +\infty)$ 两部分. 两部分的单调性分开讨论,在 $x \in (-\infty, 0)$ 时,$y' = \frac{2}{3\sqrt[3]{x}} < 0$;在 $x \in (0, +\infty)$ 时,$y' = \frac{2}{3\sqrt[3]{x}} > 0$. 故 $y = \sqrt[3]{x^2}$ 在 $(-\infty, 0)$ 上是减函数,在 $(0, +\infty)$ 上是增函数.

在例 2 中,0 是函数的一个不可导的点,我们通过在 0 点处把定义域分成两部分,然后分别讨论单调性. 像这样,函数在整个定义域上不具有单调性,而在定义域分开后的各部分上分别有单调性,这是很常见的情况. 对于这样的函数,我们通常的做法就是先求函数的导数,找出不可导点和驻点,然后用这些特殊点把函数的定义域分成若干部分,再在各部分上分别讨论函数的单调性.

例 3 讨论函数 $f(x) = 2x^3 - 9x^2 + 12x - 3$ 的单调性.

解 函数的定义域是 $(-\infty, +\infty)$. 求导数得

$$f'(x) = 6x^2 - 18x + 12,$$

即 $f'(x) = 6(x-1)(x-2)$. 令 $f'(x) = 0$ 得驻点 $x_1 = 1, x_2 = 2$,驻点把定义域 $(-\infty, +\infty)$ 分成了三部分 $(-\infty, 1), (1, 2), (2, +\infty)$. 在这三部分上分别有:$x \in (-\infty, 1)$ 时,$f'(x) > 0$;$x \in (1, 2)$ 时,$f'(x) < 0$;$x \in (2, \infty)$ 时,$f'(x) > 0$. 得函数 $f(x) = 2x^3 + 9x^2 + 12x - 3$ 在 $(-\infty, 1), (2, +\infty)$ 上单调递增,在 $(1, 2)$ 上单调递减. 该函数图像如图 3-7 所示.

利用单调性与导数的关系,我们可以证明一些不等式.

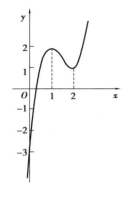

图 3-7

例 4 证明 $x \geqslant 0$ 时，不等式 $\ln(x+1) \geqslant -\dfrac{x^2}{2} + x$ 成立.

解 构造函数 $f(x) = \ln(x+1) + \dfrac{x^2}{2} - x$ $(x \geqslant 0)$，则原不等式等价于 $f(x) \geqslant 0$.

求导数得 $f'(x) = \dfrac{1}{x+1} + x - 1 = \dfrac{x^2}{x+1} \geqslant 0$，$x \geqslant 0$. 则函数 $f(x)$ 在 $[0, +\infty)$ 上单调递增，$f(0)$ 是函数的最小值. 故 $x \geqslant 0$ 时，有 $f(x) \geqslant f(0) = 0$，即

$$\ln(x+1) \geqslant -\frac{x^2}{2} + x \,(x \geqslant 0).$$

3.4.2 函数的凹凸性与拐点

函数的单调性可以在一定程度上反映出函数图像的走势，即上升或下降，但是仅仅用上升或下降来描述函数图像是不够的. 例如，观察如图 3-8 所示的两段曲线弧.

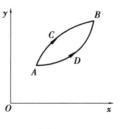

图 3-8

可以看到，两段弧同样是上升地从点 A 走到点 B，但是弯曲的方向明显不同. 对于这两种不同弯曲方向的曲线，若我们连接曲线的两点作一条线段，不难发现线段要么完全落在曲线的下方，要么完全落在曲线的上方，这是区分两种弯曲方向的一个方法.

这种区别不同弯曲方向的特性就称为曲线的凹凸性.

定义 1 设函数 $y = f(x)$ 在区间 I 上有定义，则：

（1）若对任意的 $x_1, x_2 \in I$，都有

$$\frac{f(x_1) + f(x_2)}{2} \geqslant f\left(\frac{x_1 + x_2}{2}\right),$$

就称 $f(x)$ 是区间 I 上的**凹函数**，I 称为 $f(x)$ 的**凹区间**；

（2）若对任意的 $x_1, x_2 \in I$，都有

$$\frac{f(x_1) + f(x_2)}{2} \leqslant f\left(\frac{x_1 + x_2}{2}\right),$$

就称 $f(x)$ 是区间 I 上的**凸函数**，I 称为 $f(x)$ 的**凸区间**.

注意到 $\dfrac{f(x_1) + f(x_2)}{2} = f\left(\dfrac{x_1 + x_2}{2}\right)$ 成立的充要条件是 $x_1 = x_2$ 或三点

$(x_1,f(x_1))$，$\left(\dfrac{x_1+x_2}{2},f\left(\dfrac{x_1+x_2}{2}\right)\right)$，$(x_2,f(x_2))$ 共线. 若把以上两个定义中的不等号都改为严格不等号,这样定义的凹凸性称为 **严格凹凸性**,相应的凹凸区间称为 **严格凹凸区间**.

进一步地,我们来观察凹函数图像的切线斜率的变化,可以看到,从左到右,凹函数的图像的切线斜率是在增大的,即导函数 $f'(x)$ 在单调增,也就是 $f''(x)\geqslant 0$. 对于凸函数,也有类似的结果.

定理 2 如图 3-9 所示,设函数 $y=f(x)$ 在 $[a,b]$ 连续,在 (a,b) 二阶可导,则:

（1）若 $f''(x)\geqslant 0$ 对任意 $x\in(a,b)$ 成立,则 $f(x)$ 在 $[a,b]$ 上是凹函数;

（2）若 $f''(x)\leqslant 0$ 对任意 $x\in(a,b)$ 成立,则 $f(x)$ 在 $[a,b]$ 上是凸函数.

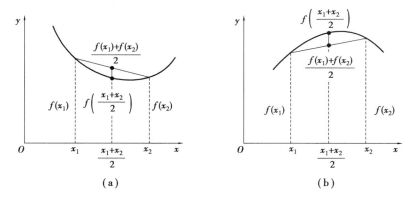

（a）　　　　　　　　　　（b）

图 3-9

上述定理中,若把关于 $f''(x)$ 的不等式改为严格不等号,则得到的 $f(x)$ 的凹凸性叫作严格凹凸性.

证明 仅对情形（1）进行证明,情形（2）的证明留给读者作为练习.

设 $f''(x)\geqslant 0$ 对任意 $x\in(a,b)$ 成立,任取 $x_1,x_2\in[a,b]$. 不妨设 $x_1<x_2$,则有 $x_1<\dfrac{x_1+x_2}{2}<x_2$,由拉格朗日中值定理,存在 $\xi_1\in\left(x_1,\dfrac{x_1+x_2}{2}\right)$，$\xi_2\in\left(\dfrac{x_1+x_2}{2},x_2\right)$,有

$$f(x_1)-f\left(\frac{x_1+x_2}{2}\right)=\left(x_1-\frac{x_1+x_2}{2}\right)f'(\xi_1),$$

$$f\left(\frac{x_1 + x_2}{2}\right) - f(x_2) = \left(\frac{x_1 + x_2}{2} - x_2\right)f'(\xi_2),$$

又由 $f''(x) \geqslant 0$ 得 $f'(x)$ 是 (a,b) 上的增函数，$\xi_1 < \xi_2$ 得 $f'(\xi_1) \leqslant f'(\xi_2)$，则有

$$\frac{f(x_1) + f(x_2)}{2} - f\left(\frac{x_1 + x_2}{2}\right)$$

$$= \frac{1}{2}\left(f(x_1) - f\left(\frac{x_1 + x_2}{2}\right)\right) + \frac{1}{2}\left(f(x_2) - f\left(\frac{x_1 + x_2}{2}\right)\right)$$

$$= \frac{1}{2}\left(x_1 - \frac{x_1 + x_2}{2}\right)f'(\xi_1) - \frac{1}{2}\left(\frac{x_1 + x_2}{2} - x_2\right)f'(\xi_2)$$

$$= \frac{1}{2} \cdot \frac{x_1 - x_2}{2}(f'(\xi_1) - f'(\xi_2))$$

$$\geqslant 0.$$

由 $x_1, x_2 \in [a,b]$ 的任意性，$f(x)$ 是 $[a,b]$ 上的凹函数，证毕.

例 5 讨论函数 $f(x) = x^3$ 的凹凸性.

解 函数的定义域为 $(-\infty, +\infty)$，求函数的二阶导数得 $f''(x) = 6x$.

由 $x > 0$ 时 $f''(x) > 0$，$x < 0$ 时 $f''(x) < 0$ 得函数 $f(x) = x^3$ 在 $(-\infty, 0)$ 是（严格）凸函数，在 $(0, +\infty)$ 是（严格）凹函数.

另外，我们还可以利用函数的凹凸性证明一些不等式.

例 6 证明 $2\arctan \dfrac{a+b}{2} \geqslant \arctan a + \arctan b$ 对任何非负实数 a,b 都成立，写出等号成立的条件.

解 构造函数 $f(x) = \arctan x (x \geqslant 0)$. 当 $x > 0$ 时，由 $f''(x) = -\dfrac{2x}{(1+x^2)^2} < 0$ 得 $f(x)$ 是 $(0, +\infty)$ 上的严格凸函数，则对任意的 $a,b > 0$ 且 $a \neq b$，有

$$f\left(\frac{a+b}{2}\right) > \frac{f(a) + f(b)}{2},$$

即

$$\arctan \frac{a+b}{2} > \frac{\arctan a + \arctan b}{2}.$$

又容易验证：$a = b$（可以都为 0）时，有 $2\arctan \dfrac{a+b}{2} = \arctan a + \arctan b$.

综上所述, $2\arctan\dfrac{a+b}{2}\geqslant\arctan a+\arctan b$ 对任何非负实数 a,b 都成立, 当且仅当 $a=b$ 时等号成立.

定义 2 设函数 $f(x)$ 在点 x_0 的某邻域 $U(x_0)$ 内有定义, $y=f(x)$ 的图像是曲线 C. 若 $f(x)$ 在 x_0 的左右两边具有严格凹凸性, 且两边的凹凸性不同, 则称 x_0 是**函数 $f(x)$ 的一个拐点**, 或称 $(x_0,f(x_0))$ 是**曲线 C 的一个拐点**.

函数的拐点其实就是函数凹凸性严格改变的点. 由于我们可以通过函数的二阶导数来判断函数的凹凸性, 那么在拐点的两侧, 函数的二阶导数 $f''(x)$ 不为零且符号不同, 容易得到: 在函数 $f(x)$ 的拐点 x_0 处, 若 $f''(x)$ 在 $U(x_0)$ 内存在, 就应该有 $f''(x_0)=0$. 我们不加证明地给出下述定理.

定理 3(拐点的必要条件) 若点 $(x_0,f(x_0))$ 是曲线 $y=f(x)$ 的拐点, 且函数 $f(x)$ 在点 x_0 二阶可导, 则 $f''(x_0)=0$.

求函数 $f(x)$ 的拐点的一般步骤为:

(1)求二阶导数 $f''(x)$, 找出二阶导数不存在的点;

(2)令 $f''(x)=0$, 求出相应的点;

(3)对于之前求出的二阶导数不存在或等于零的点, 逐个考察该点左右邻域内 $f(x)$ 的严格凹凸性(考察 $f''(x)$ 的符号), 找出所有的拐点.

例 7 求曲线 $y=2x^3+6x^2+7x-16$ 的拐点.

解 求二阶导数得 $y''=12x+12\ (x\in\mathbf{R})$.

令 $y''=0$ 得 $x=-1$. 由 $x>-1$ 时 $y''>0$, $x<-1$ 时 $y''<0$ 得原曲线在点 $x=-1$ 两侧的凹凸性是不同的, 故拐点是 $(-1,-19)$.

例 8 求曲线 $y=\sqrt[3]{x}$ 的拐点.

解 求导数得 $y'=\dfrac{1}{3}x^{-\frac{2}{3}}\ (x\neq0)$, 再求二阶导数得 $y''=-\dfrac{2}{9}x^{-\frac{5}{3}}\ (x\neq0)$. 注意到 $x=0$ 是二阶导数不存在的点, 且是二阶导数没有零点. 又 $x>0$ 时 $y''<0$, $x<0$ 时 $y''>0$, 由此可得 $x=0$ 两侧函数的凹凸性不同, 故原曲线的拐点为 $(0,0)$.

例 9 曲线 $y=x^4$ 是否有拐点, 如果有, 求出所有的拐点; 如果没有, 请说明理由.

解 求二阶导数得 $y''=12x^2\ (x\in\mathbf{R})$. 由于 $y''\geqslant0$ 对 $x\in\mathbf{R}$ 成立, 则 $y=x^4$ 在整个定义域上都是凹函数, 没有拐点.

例 10 求函数 $y=x^2+\dfrac{1}{x}$ 的凹凸区间和拐点.

解 注意 $x\neq0$, 函数的定义域是 $(-\infty,0)\cup(0,+\infty)$.

求二阶导数得 $y'' = 2 + \dfrac{2}{x^3}(x \neq 0)$. 令 $y'' = 0$, 得 $x = -1$. 二阶导数不存在的点 $x = 0$ 与零点 $x = -1$ 把定义域分成了三部分 $(-\infty, -1), (-1, 0), (0, +\infty)$. 在这三部分上分别有: $x \in (-\infty, -1)$ 时 $y'' > 0$, $x \in (-1, 0)$ 时 $y'' < 0$, $x \in (0, +\infty)$ 时 $y'' > 0$. 由此可得 $y = x^2 + \dfrac{1}{x}$ 的凹区间为 $(-\infty, -1)$、$(0, +\infty)$, 凸区间为 $(-1, 0)$, 拐点只有一个 $(-1, 0)$.

习题 3.4

基础题

1. 判断下列函数的单调性.

(1) $y = x + \sin x$;　　　(2) $y = e^x - x (x \geqslant 0)$;　　　(3) $y = \dfrac{\sin x}{x}\left(0 < x < \dfrac{\pi}{2}\right)$.

2. 求下列函数的单调区间.

(1) $y = x^3 - 3x^2 - 9x + 1$;　　　　　　　(2) $2x^2 - \ln x$;

(3) $y = \dfrac{1}{3x^2 - 7x - 6}$;　　　　　　　(4) $y = \ln(x + \sqrt{1+x^2})$;

(5) $y = \sqrt[3]{(2x-a)(a-x)^2}\,(a > 0)$;　　　(6) $y = x^n e^{-x}(x \geqslant 0, n \in \mathbf{N})$;

(7) $y = x + |\sin 2x|$.

3. 证明下列不等式.

(1) $\sqrt{x+1} < 1 + \dfrac{1}{2}x, x \in (0, +\infty)$;　　　(2) $\tan x > x - \dfrac{x^3}{3}, x \in \left(0, \dfrac{\pi}{3}\right)$;

(3) $\dfrac{2}{\pi}x < \sin x < x, x \in \left(0, \dfrac{\pi}{2}\right)$;

(4) $\ln(x+1) < x - \dfrac{x^2}{2(1+x)}, x \in (0, +\infty)$.

4. 已知可导函数 $y = f(x)$ 的图像如右图所示, 以下哪一个是 $y = f'(x)$ 的图像?（　　　）

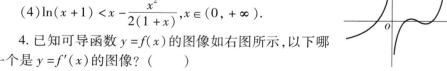

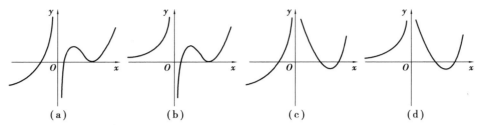

（a）　　　　　　（b）　　　　　　（c）　　　　　　（d）

5. 证明方程 $x^3 - 3x + 1 = 0$ 在区间 $[0,1]$ 内有且只有一个实根.

6. 讨论关于 x 的方程 $\ln x = ax(a > 0)$ 的实根个数.

7. 判断下列函数的凹凸性.

（1）$y = -x^2 + 4x + 1$；　　　（2）$y = \ln x$；　　　（3）$y = \dfrac{e^x - e^{-x}}{2}(x > 0)$.

8. 求下列函数的凹凸区间和拐点.

（1）$y = 2x^3 - 3x^2 - 36x + 25$；　　　　　　（2）$y = x + \dfrac{1}{x}$；

（3）$y = x^2 + \dfrac{1}{x}$；　　　　　　　　　　（4）$y = xe^{-x}$；

（5）$y = \ln(x^2 + 1)$；　　　　　　　　　　　（6）$y = \dfrac{1}{x^2 + 1}$.

9. 设函数 $f(x)$ 在 x_0 的某领域内三阶连续可导，且 $f''(x_0) = 0$，$f'''(x_0) > 0$，问 $(x_0, f(x_0))$ 是否一定是曲线 $y = f(x)$ 的拐点，为什么？

提高题

1. 若函数 $f(x)$ 在 $[0, +\infty)$ 连续，在 $(0, +\infty)$ 可导，且 $f(0) < 0$，$f'(x) \geqslant k > 0(k$ 是常数），则 $f(x)$ 在 $(0, +\infty)$ 上（　　）.

A. 没有零点　　　　　　　　　　　B. 至少有一个零点

C. 只有一个零点　　　　　　　　　D. 不能确定有无零点

2. 设函数 $f(x)$ 在 $x = 0$ 邻域内二阶可导，且 $\lim\limits_{x \to 0} \dfrac{f'(x)}{x^2} = 1$，证明 $(0, f(0))$ 是 $y = f(x)$ 的拐点.

3.5 函数的极值与最值

3.5.1 函数的极值

定义 设函数 $y = f(x)$ 在点 x_0 的某邻域 $U(x_0)$ 内有定义,若 $f(x_0) \geqslant f(x)$ 对任意的 $x \in U(x_0)$ 成立,则称 x_0 是 $f(x)$ 的一个**极大值点**, $f(x_0)$ 是一个**极大值**. 若在定义中把 $f(x_0) \geqslant f(x)$ 改为 $f(x_0) > f(x)$, $x \in \mathring{U}(x_0)$,这样定义的极大值称为**严格极大值**. 类似地,我们可以定义极小值.

引理(极值的必要条件,费马引理) 设函数 $y = f(x)$ 在点 x_0 的某邻域 $U(x_0)$ 内有定义,且在 x_0 可导. 若 $f(x)$ 在 x_0 取到极值,则 $f'(x_0) = 0$.

函数的极值就是函数在局部的最值,例如,极大值 $f(x_0)$ 就是 $f(x)$ 在 x_0 的某邻域 $U(x_0)$(无论多么小)内的最大值.

如图 3-10 所示, x_2, x_5 是 $f(x)$ 的极大值点, x_1, x_4, x_6 是 $f(x)$ 的极小值点,而 x_3 不是极值点,因为无论邻域 $U(x_3)$ 取得多么小,总有附近的点的函数值比 $f(x_3)$ 大,又有附近的点的函数值比 $f(x_3)$ 小, $f(x_3)$ 不是局部的最值,故不是极值.

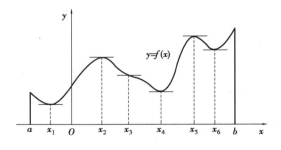

图 3-10

若一个函数在 x_0 的左边是单调增的,而在 x_0 的右边是单调减的,即先上升后下降,根据函数图像的走势不难判断 x_0 是一个极大值点. 对于极小值的判断也有类似方法.

联系导数与单调性的关系,我们把这种判断方法总结为下述定理.

定理 1(极值的第一充分条件) 设函数 $y = f(x)$ 在点 x_0 的某邻域 $U(x_0)$ 内

有定义,$f(x)$ 在 x_0 处连续且分别左、右可导,则:

(1)若 $x \in U_-(x_0)$ 时 $f'(x) \geq 0$,$x \in U_+(x_0)$ 时 $f'(x) \leq 0$,则 x_0 是 $f(x)$ 的极大值点,$f(x_0)$ 是极大值;

(2)若 $x \in U_-(x_0)$ 时 $f'(x) \leq 0$,$x \in U_+(x_0)$ 时 $f'(x) \geq 0$,则 x_0 是 $f(x)$ 的极小值点,$f(x_0)$ 是极小值.

证明略去,因为这个定理的结果从几何上来看是明显的. 如图 3-11(a)、(b)分别对应定理的(1)、(2)的情况,图 3-11(c)、(d)是不取极值的情况.

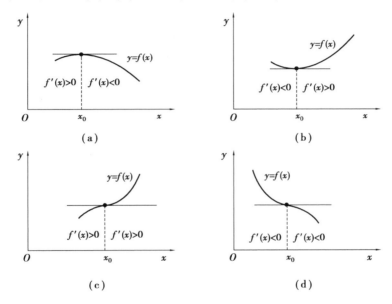

图 3-11

利用定理 1 再加上费马引理,可以得到一个连续函数的极值点只可能是驻点或者不可导点. 我们总结出判断函数 $f(x)$ 的极值的一般步骤如下:

(1)求导数 $f'(x)$,并找出所有不可导的点;

(2)令 $f'(x) = 0$,求出所有的驻点;

(3)用之前求出的不可导点和驻点把自变量的取值范围划分为很多部分,在每个部分上分别考察函数的单调性(考察 $f'(x)$ 的符号),找出所有的极值点和极值.

例 1 求函数 $f(x) = (x-4)\sqrt[3]{(x+1)^2}$ 的极值.

解 求导数得 $f(x) = \frac{5}{3}(x-1)(x+1)^{-\frac{1}{3}}(x \neq -1)$,注意 $x = -1$ 是一个不

可导点. 令 $f'(x)=0$ 得驻点 $x=1$.

驻点和不可导点 $x=1$, $x=-1$ 把函数的定义域分成了三部分 $(-\infty,-1)$, $(-1,1)$, $(1,+\infty)$. 在这三部分上分别考察单调性, 由 $x<-1$ 时 $f'(x)>0$, $-1<x<1$ 时 $f'(x)<0$, $x>1$ 时 $f'(x)>0$, 可得函数有极大值 $f(-1)=0$, 极小值 $f(1)=-3\sqrt[3]{4}$.

对于二阶可导的函数, 我们有时可以利用二阶导数判断函数的极值.

定理2(极值的第二充分条件) 设函数 $y=f(x)$ 在点 x_0 的某邻域 $U(x_0)$ 内有定义, 且 $f'(x_0)=0$, $f(x)$ 在 x_0 二阶可导, 则:

(1) 若 $f''(x_0)<0$, 则 x_0 是 $f(x)$ 的极大值点, $f(x_0)$ 是(严格)极大值;

(2) 若 $f''(x_0)>0$, 则 x_0 是 $f(x)$ 的极小值点, $f(x_0)$ 是(严格)极小值.

该定理中, 若 $f''(x_0)=0$, 则该方法无法判定.

证明 仅对(1)进行证明, (2)留给读者作为练习.

将 $f(x)$ 在 x_0 处泰勒展开到二阶, 由于 $f'(x_0)=0$, 得到

$$f(x)=f(x_0)+\frac{1}{2}f''(x_0)(x-x_0)^2+o((x-x_0)^2),$$

即

$$f(x)-f(x_0)=(x-x_0)^2\left(\frac{1}{2}f''(x_0)+o(1)\right).$$

由常数 $f''(x_0)<0$, 且 $o(1)\to 0$, $x\to x_0$, 得到存在 $\delta>0$, 使得对任意的 $x\in U(x_0,\delta)$, 有

$$\frac{1}{2}f''(x_0)+o(1)<0.$$

则对任意的 $x\in u(x_0;\delta)$, 有 $f(x)-f(x_0)=(x-x_0)^2\left(\frac{1}{2}f''(x_0)+o(1)\right)<0$, 即

$$f(x)-f(x_0)<0,$$

故 x_0 是 $f(x)$ 的一个极大值点. 证毕.

例2 求函数 $f(x)=x+\frac{1}{x}(x>0)$ 的极值.

解 求导数得 $f'(x)=1-\frac{1}{x^2}(x>0)$.

令 $f'(x)=0$ 得驻点 $x=1$. 再求二阶导数得 $f''(x)=\frac{2}{x^3}(x>0)$. 则由 $f''(1)=2>0$ 可得 $x=1$ 是一个极小值点, 极小值 $f(1)=2$.

例3 求函数 $f(x) = (x^2 - 1)^3 + 1$ 的极值.

解 求一阶和二阶导数得 $f'(x) = 6x(x^2 - 1)^2$, $f''(x) = 6(x^2 - 1)(5x^2 - 1)$.

令 $f'(x) = 0$ 得驻点 $x = 0, -1, 1$. 由 $f''(0) = 6 > 0$ 得 $x = 0$ 是极小值点.

又 $f''(-1) = f''(1) = 0$, 故无法用二阶导数
的方法判定这两点是否是极值点. 考察函数在
$x = -1, 1$ 附近的单调性, 由 $x < 0$ 时 $f'(x) < 0$,
$x > 0$ 时 $f'(x) > 0$, 得 $f(x)$ 在 $x = -1$ 附近是单
调递减的, 在 $x = 1$ 附近是单调递增的, 故 $x = -1, 1$ 都不是极值点.

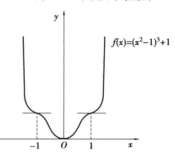

综上所述, 函数 $f(x) = (x^2 - 1)^3 + 1$ 有极
小值 $f(0) = 0.$

这个函数的图像如图 3-12 所示.

图 3-12

3.5.2 函数的最值

现在我们来讨论实际生产生活中常常遇到的"最值问题".

现在我们可以利用导数和极值作为工具来研究常见的一类函数, 即分段可
导的函数在闭区间上的最值问题. 根据之前学习的知识, 定义在闭区间上的连
续函数一定有最大值和最小值. 由于极值是局部的最值, 对于分段可导函数来
说极值只可能是驻点或不可导点, 所以函数在闭区间 $[a, b]$ 上的最值只可能在
驻点、不可导点和区间端点取到.

求函数 $f(x)$ 在闭区间 $[a, b]$ 上的最值的一般步骤:

(1)求导数 $f'(x)$, 然后求出 $f(x)$ 在 (a, b) 的所有驻点和不可导点;

(2)计算 $f(x)$ 在驻点, 不可导点和端点 a, b 处的函数值;

(3)比较这些特殊点处的函数值, 找出最大值和最小值.

例4 求函数 $f(x) = |x^2 - 3x + 2|$ 在区间 $[-3, 4]$ 上的最大值和最小值.

解 函数 $f(x) = |x^2 - 3x + 2|$ 写成分段函数, 即

$$f(x) = \begin{cases} x^2 - 3x + 2, & x \in [-3, 1] \cup [2, 4] \\ -x^2 + 3x - 2, & x \in (1, 2) \end{cases},$$

求导数得

$$f'(x) = \begin{cases} 2x - 3, & x \in (-3, 1) \cup (2, 4) \\ -2x + 3, & x \in (1, 2) \end{cases},$$

其中，$x = 1,2$ 是两个不可导点. 令 $f'(x) = 0$ 得 $x = \dfrac{3}{2}$. 故 $f(x)$ 在 $[-3,4]$ 上的所有可能的最值点为 $1,2,\dfrac{3}{2},-3,4$，它们的函数值分别为 $f(1) = f(2) = 0, f\left(\dfrac{3}{2}\right) = \dfrac{1}{4}, f(-3) = 20, f(4) = 6$.

故 $f(x) = \left| x^2 - 3x + 2 \right|$ 在区间 $[-3,4]$ 上的最大值为 $f(-3) = 20$，最小值为 $f(1) = f(2) = 0$.

在实际问题中，我们常常遇到"最大面积""用料最省""成本最低""利润最大"等最值问题，解决这类问题的方法通常是，根据实际情况找出要求最值的量关于变量的函数表达式（通常称为**目标函数**），再利用上述知识来求目标函数的最值.

例 5　如图 3-13 所示，一条铁路直线段 AB 的长为 100 km，工厂 C 到点 A 的距离为 20 km，且 AB 垂直于 AC. 现在要在 AB 段上选一点 D 修一条直线段公路到 C，已知铁路每千米的货运费与公路每千米的货运费之比为 $3:5$，为了使货物从 B 运到 C 的费用最小，问 D 点应选到何处？

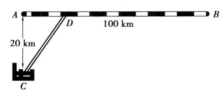

图 3-13

解　设 $AD = x$ km，则 $BD = 100 - x, CD = \sqrt{400 + x^2}$.

设铁路每千米的货运费为 $3a$，则公路每千米的货运费为 $5a$，把货物从 B 运到 C 的费用可以表示为

$$f(x) = 3a(100 - x) + 5a\sqrt{400 + x^2}\ (0 \leqslant x \leqslant 100).$$

问题即是求 $f(x)$ 在 $[0,100]$ 上的最小值.

对 $f(x)$ 求导得

$$f'(x) = -3a + \frac{5ax}{\sqrt{400 + x^2}}(0 < x < 100),$$

令 $f'(x) = 0$ 得 $x = 15$. 由 $f(0) = 400a, f(15) = 380a, f(100) = 100\sqrt{26}a$ 得 $x = 15$ 时 $f(x)$ 取到最小值. 故 D 点应选在距离 A 点 15 km 处.

需要指出的是，解决实际的最值问题和解决理论上的最值问题有一个很大

的不同之处. 如果我们根据实际情况,已知目标函数在自变量的取值范围内部(而不是边界上)一定有一个最值,而目标函数在自变量取值范围内部只有唯一的驻点,那么这个驻点一定是相应的最值点.

例 6 把一个长为 l 的线段截成两段,怎样截才能使得以这两段为邻边的矩形的面积最大?

解 设截得的两段的长度分别为 $x, l-x$,则以它们为邻边的矩形的面积为

$$S(x) = x(l-x)(0 < x < l).$$

求导得

$$S'(x) = -2x + l(0 < x < l),$$

$S'(x) = 0$ 在 $0 < x < l$ 时只有唯一的解 $x = \dfrac{l}{2}$,由题意,该点就是使得矩形面积最大的点. 即截法是从线段中点处截成两段.

例 7 做一个无盖的圆柱形容器,当给定体积为 V 时,要使容器的表面积最小,问底面半径应该取为多少?

解 设该圆柱形容器的底面半径为 r,高为 h,则表面积为 $S(r) = \pi r^2 + 2\pi rh$. 又容器的体积为 V,即 $\pi r^2 h = V$,得到 $h = \dfrac{V}{\pi r^2}$,故表面积函数可以表示为

$$S(r) = \pi r^2 + \frac{2V}{r}(r > 0).$$

求导数得

$$S'(r) = 2\pi r - \frac{2V}{r^2}(r > 0),$$

令 $S'(r) = 0$ 得唯一的驻点 $r = \sqrt[3]{\dfrac{V}{\pi}}$,由题意,这就是使得表面积最小的底面半径.

习题 3.5

基础题

1. 求下列函数的极值.

$(1) y = 2x^3 - x^4;$ $\qquad\qquad\qquad (2) y = \dfrac{2x}{1 + x^2};$

$(3)\ y = \dfrac{1+3x}{\sqrt{4+5x^2}}$；　　　　　　　　$(4)\ y = \dfrac{\ln^2 x}{x}$；

$(5)\ y = \arctan x - \dfrac{1}{2}\ln(1+x^2)$；　　　　$(6)\ y = e^x \cos x$.

2. 问 k 为何值时，函数 $f(x) = k \sin x + \dfrac{1}{3}\sin 3x$ 在 $x = \dfrac{\pi}{3}$ 时取到极值，这是一个极大值还是极小值？说明理由.

3. 函数 $y = ax^3 + bx^2 + cx + d\,(a \neq 0)$ 在什么条件下一定没有极值？

4. 证明：若函数 $f(x)$ 满足 $f'_-(x_0) > 0$，$f'_+(x_0) < 0$，则 x_0 一定是极大值点.

5. 求下列函数在给定区间上的最值.

$(1)\ y = x^5 - 5x^4 + 5x^3 + 1,\ x \in [1,2]$；

$(2)\ y = 2\tan x - \tan^2 x,\ x \in \left[0, \dfrac{\pi}{3}\right]$；

$(3)\ y = \sqrt{x}\ln x,\ x \in (0, +\infty)$.

提高题

1. 设 $f(x)$ 定义在 (a,b) 上，$x_0 \in (a,b)$，则以下说法正确的是（　　　）.

A. 若 $f(x)$ 在 (a,b) 单增且可导，则 $f'(x) > 0\,(x \in (a,b))$

B. 若 $(x_0, f(x_0))$ 是曲线 $y = f(x)$ 的拐点，则 $f''(x_0) = 0$

C. 若 $f'(x_0) = f''(x_0) = 0$，$f'''(x_0) \neq 0$，则 x_0 一定不是极值点

D. 若 $f(x)$ 在 x_0 处取极值，则 $f'(x_0) = 0$

2. 已知函数 $f(x)$ 在点 $x = 0$ 处连续，且 $\lim\limits_{x \to 0} \dfrac{f(x)}{x(1-\cos x)} = -1$，则 $x = 0$（　　　）.

A. 是驻点且是极大值点　　　　　　B. 是驻点且是极小值点

C. 是驻点但不是极值点　　　　　　D. 不是驻点

应用题

1. 用某仪器进行测量时，读得 n 次的实验数据为 $a_1, a_2, \cdots, a_n$. 问以怎样的数值 x 表达所要测量的真实值，才能使得它与这 n 个测量值之差的平方和最小？

2. 从一块半径为 R 的铁皮上剪去一块扇形，用余下部分拼成一个圆锥形漏斗，问剪去的扇形的圆心角为多少时做成的漏斗的容积最大？

3. 把一根木棍的一端固定作为支点,在距支点 0.1 m 处悬挂有一质量为 49 kg 的物体,现在木棍的某处施加一个垂直于木棍的力使得杠杆平衡,已知木棍的线密度为 5 kg/m,问木棍长为多少可以使得施加的力恰好是最小值?

4. 某公司有 50 万套商品在本月上市销售,根据预计,若单价定为 2 000 元,商品可以在月底全部卖出,而单价每升高 20 元,就会有 1 万套在月底时卖不出,每套商品的成本是 1 660 元,问单价定为多少时,可以使本月的销售利润最大?

3.6 函数图像的描绘

本节我们讨论作函数的大致图像的方法.

3.6.1 曲线的渐近线

作函数的图像需要知道函数走势的一些关键信息和函数图像上的一些关键点,这些量包括单调性、凹凸性、极值点、拐点等,其中,函数的渐近线也是描述函数大致走势的一个关键量.

定义 设有函数(曲线)

$$\Gamma: y = f(x)$$

和直线

$$l: Ax + By + C = 0 \, (A^2 + B^2 \neq 0).$$

若 $x \to a$ 时(a 是一个常数或者 ∞),Γ 上的点 $P(x, f(x))$ 趋向无穷远,且 P 到 l 的距离趋近于 0,就称 l 是 Γ(在 $x \to a$ 时的)的渐近线.

注意到点 $P(x, f(x))$ 到 l 的距离 $d(x)$ 可以表示为 $d(x) = \dfrac{|Ax + Bf(x) + C|}{\sqrt{A^2 + B^2}}$,则根据渐近线的定义,$l$ 是 Γ 在 $x \to a$ 时的渐近线的充要条件是:$P(x, f(x))$ 在 $x \to a$ 时趋向无穷远,且满足

$$\lim_{x \to a} (Ax + Bf(x) + C) = 0.$$

接下来分两种情形来讨论:

(1)a 是常数时,若 l 是 Γ 在 $x \to a$ 时的渐近线,必有

$$\lim_{x \to a} f(x) = \infty,$$

再利用 $\lim\limits_{x\to a}(Ax+Bf(x)+C)=0$. 则

$$B=0 \text{ 且 } Aa+C=0.$$

此时 l 的方程为 $x+\dfrac{C}{A}=0$，即 $x=a$，这是一条竖直的直线.

（2）a 是 $+\infty$ 时，此时有

$$\lim_{x\to a}(Ax+Bf(x)+C)=0,$$

显然 $B\neq 0$. 并由

$$\begin{aligned}
0 &= \lim_{x\to+\infty}\frac{Ax+Bf(x)+C}{x}\\
&= \lim_{x\to+\infty}\left(A+B\frac{f(x)}{x}+\frac{C}{x}\right)\\
&= A+B\lim_{x\to+\infty}\frac{f(x)}{x},
\end{aligned}$$

得 $\lim\limits_{x\to+\infty}\dfrac{f(x)}{x}=-\dfrac{A}{B}$ 且

$$\begin{aligned}
&\lim_{x\to+\infty}\left(f(x)+\frac{A}{B}x\right)\\
&= \lim_{x\to+\infty}\left(\frac{Bf(x)+Ax+C}{B}-\frac{C}{B}\right)\\
&= -\frac{C}{B}.
\end{aligned}$$

记 $-\dfrac{A}{B}=k$，$-\dfrac{C}{B}=b$，则当且仅当

$$\begin{cases}
\lim\limits_{x\to+\infty}\dfrac{f(x)}{x}=k\\[2mm]
\lim\limits_{x\to+\infty}(f(x)-kx)=b
\end{cases},$$

极限都存在时，函数 $\Gamma:y=f(x)$ 有斜渐近线 $l:y=kx+b$. 对于 a 是 $-\infty$ 的情形，结论类似. 注意 $k=0$ 时，容易看出，函数 $\Gamma:y=f(x)$ 有水平渐近线 $y=b$ 的充要条件是

$$\lim_{\substack{x\to+\infty\\(x\to-\infty)}}f(x)=b.$$

例 1 求函数 $y=\dfrac{x^2}{1+x}$ 的渐近线.

解 由 $\lim\limits_{x\to-1}\dfrac{x^2}{1+x}=\infty$ 得函数有竖直渐近线 $x=-1$，

又

$$\lim_{x \to \infty} \frac{y}{x} = \lim_{x \to \infty} \frac{x^2}{x(1+x)} = 1,$$

且

$$\lim_{x \to \infty}(y - 1 \cdot x) = \lim_{x \to \infty} \frac{-x}{1+x} = -1,$$

得函数有斜渐近线 $y = x - 1$.

例2　求曲线 $y = \mathrm{e}^x + 1$ 的渐近线.

解　由 $\lim\limits_{x \to -\infty} y = \lim\limits_{x \to -\infty}(\mathrm{e}^x + 1) = 1$,得曲线有水平渐近线 $y = 1$.

3.6.2　函数图像的描绘

我们给出描绘函数图像的一般步骤:

(1)确定函数 $y = f(x)$ 的定义域及其可能具有的一些特性,如奇偶性、周期性等;

(2)求函数的间断点,再求 $f'(x)$,$f''(x)$,利用间断点、不可导点和驻点把函数的定义域划分成几部分;

(3)在每个部分上根据 $f'(x)$,$f''(x)$ 的符号,分别确定函数图像的走势(单调性、凹凸性)和分界点的性质(是否是极值点、拐点等);

(4)求出函数的渐近线;

(5)求出间断点、极值点等其他特殊点的函数值,最后根据之前得到的信息,作出函数图像.

例3　作出函数 $y = 1 + \dfrac{36x}{(x+3)^2}$ 的大致图像.

解　函数的定义域为 $(-\infty, -3) \cup (-3, +\infty)$,这是一个非奇非偶函数,且不是周期函数.

函数在 $x = -3$ 处是间断的,求导数得

$$f'(x) = \frac{36(3-x)}{(x+3)^3}, \quad f''(x) = \frac{72(x-6)}{(x+3)^4}.$$

$f'(x)$ 的零点为 $x = 3$,$f''(x)$ 的零点为 $x = 6$,不可导的点有 $x = -3$. 函数的定义域可以分为 $(-\infty, -3)$,$(-3, 3)$,$(3, 6)$,$(6, +\infty)$ 四部分.

在每个部分分别考察函数的单调性、凹凸性,找出分界点中的极值点和拐点,如下表所示:

x 的取值		$(-\infty,-3)$	$(-3,3)$	3	$(3,6)$	6	$(6,+\infty)$
$f'(x)$		$-$	$+$	0	$-$	$-$	$-$
$f''(x)$		$-$	$-$	$-$	$-$	0	$+$
$y=f(x)$ 图像	单调性	单减	单增	极大值	单减	拐点	单减
	凹凸性	凸	凹		凸		凹

由 $\lim\limits_{x\to\infty}f(x)=1$，$\lim\limits_{x\to-3}f(x)=-\infty$ 得函数有渐近线 $y=1$ 和 $x=-3$.

计算极值点和拐点的位置，得

$$f(3)=4,f(6)=\frac{11}{3}.$$

再根据函数的表达式，计算一些特殊点的位置，如

$$f(0)=1,f(-1)=-8,f(-9)=-8,f(-15)=-\frac{11}{4}.$$

最后利用上述得到的所有信息作出函数图像的草图，如图 3-14 所示.

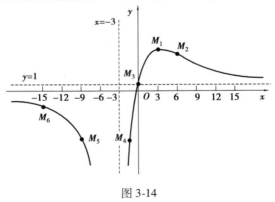

图 3-14

基础题

1. 求下列曲线的渐近线.

$$(1)\,y=\frac{2(x-2)(x+3)}{x-1};$$

$(2) y = \dfrac{x^3}{x^2 + 2x - 3}$;

$(3) y = \dfrac{1}{x} + \ln(1 + \mathrm{e}^x)$.

2. 作出下列函数的大致图像.

$(1) y = x^3 + 6x^2 - 15x - 20$；

$(2) y = \dfrac{x^2}{2(1+x)^2}$；

$(3) y = x - \arctan x$；

$(4) y = \mathrm{e}^{-x^2}$；

$(5) y = (x-1)x^{\frac{2}{3}}$；

$(6) y = |x|^{\frac{2}{3}}(x-2)^2$.

总习题 3

基础题

1. 已知函数 $y = \ln \sin x$，判断函数在 $\left[\dfrac{\pi}{6}, \dfrac{5\pi}{6}\right]$ 上是否满足罗尔定理条件，若满足，求出定理结论中的 ξ 值.

2. 已知函数 $y = \begin{cases} x^2, & -1 < x < 0 \\ 1, & 0 \leqslant x \leqslant 1 \end{cases}$，判断函数在 $[-1, 1]$ 上是否满足拉格朗日定理的条件，若满足，求出定理结论中的 ξ 值.

3. 证明：方程 $x^5 + x - 1 = 0$ 有且仅有一个正根.

4. 设 $g(x)$ 在 $x = 0$ 处二阶导数存在，$g(0) = 0$，且 $f(x) = \begin{cases} \dfrac{g(x)}{x}, & x \neq 0 \\ a, & x = 0 \end{cases}$. 试求 a 使 $f(x)$ 在 $x = 0$ 处可导，并求 $f'(0)$.

5. 设函数 $f(x)$ 在 x_0 处 n 阶可导，且满足 $f'(x_0) = f''(x_0) = \cdots = f^{(n-1)}(x_0) = 0$，$f^{(n)}(x_0) \neq 0$，证明：

(1) 若 n 是奇数，则 $f(x)$ 在 x_0 处不取极值；

(2) 若 n 是偶数，则 $f^{(n)}(x_0) > 0$ 时 $f(x_0)$ 是极小值，$f^{(n)}(x_0) < 0$ 时 $f(x_0)$ 是极大值.

6. 证明当 $0 < x < \dfrac{\pi}{2}$ 时，下列不等式成立.

（1）$\dfrac{x^2}{\pi} < 1 - \cos x < \dfrac{x^2}{2}$；

（2）$\dfrac{2}{\pi} < \dfrac{\sin x}{x} < 1$.

7. 证明：$\sqrt{1+x} = 1 + \dfrac{1}{2}x - \dfrac{1}{8}x^2 + \dfrac{x^3}{16(1+\theta x)^{\frac{5}{2}}}$ $(0 < \theta < 1)$.

8. 利用泰勒展开式求下列极限.

（1）$\lim\limits_{x\to\infty}\left[x - x^2\ln\left(1 + \dfrac{1}{x}\right)\right]$；   （2）$\lim\limits_{x\to 0}\dfrac{\cos x - e^{\frac{-x^2}{2}}}{x^2\left[x + \ln(1-x)\right]}$.

9. 求数列 $\left\{\dfrac{(1+n)^3}{(1-n)^2}\right\}$ 的最小项的数值.

10. 若 $a < b$ 时，可微函数 $f(x)$ 有 $f(a) = f(b) = 0$，$f'(a) < 0$，$f'(b) < 0$，则方程 $f'(x) = 0$ 在 (a, b) 内（   ）.

A. 无实根   B. 有且仅有一实根   C. 有且仅有两实根   D. 至少有两实根

提高题

1. 设 $f(x)$ 在 $[a,b]$ 上可微，且 $f'_+(a) > 0$，$f'_-(b) > 0$，$f(a) = f(b) = A$，证明 $f'(x)$ 在 (a,b) 内至少有两个零点.

2. 设 $a_1, a_2, a_3, \cdots, a_n$ 为满足 $a_1 - \dfrac{a_2}{3} + \cdots + (-1)^{n-1}\dfrac{a_n}{2n-1} = 0$ 的实数，试证明方程 $a_1\cos x + a_2\cos 3x + \cdots + a_n\cos(2n-1)x = 0$ 在 $\left(0, \dfrac{\pi}{2}\right)$ 内至少存在一个实根.

3. 求 $f(x) = \arctan x$ 在 $x = 0$ 处的 n 阶导数 $f^{(n)}(0)$.

4. 若 $f(x)$ 在 $[a,b]$ 上 n 阶可导，且 $f(a) = f(b) = f'(b) = \cdots = f^{(n-1)}(b) = 0$，证明：$\exists \xi \in (a,b)$，使得 $f^{(n)}(\xi) = 0$.

5. 讨论关于 x 的方程 $\ln x = ax(a > 0)$ 的实根个数.

6. 设函数 $f(x)$ 在 $x = 0$ 的某领域内二阶连续可导，且
$$(\sqrt[3]{1+x} - 1)f''(x) - xf'(x) = e^x - 1,$$
证明：$f(0)$ 是一个极小值.

7. 设 $f(x)$ 在 $x = 0$ 的某邻域内有二阶导数，且 $\lim\limits_{x\to 0}\left(1 + x + \dfrac{f(x)}{x}\right)^{\frac{1}{x}} = e^3$，求 $f(0), f'(0), f''(0)$.

8. 设 $a > 0$，求 $f(x) = \dfrac{1}{1 + |x|} + \dfrac{1}{1 + |x-a|}$ 的最大值.

第4章 不定积分

在 17 世纪，牛顿和莱布尼茨创立了微积分这一门学科，但是积分的思想早在古代就已经产生了。公元前 3 世纪，古希腊的数学家阿基米德(公元前287—前212)的著作《圆的测量》和《论球与圆柱》中就已含有积分学思想的萌芽，他研究的解决抛物线下的弓形面积、球和球冠面积、螺线下的面积和旋转双曲线所得的体积等问题中，就隐含着近代积分的思想。

数学发展是由社会发展的环境力量推动的。到了 17 世纪，有许多科学问题需要解决，这些问题也就成了促使微积分产生的因素。归结起来，大约有 4 种主要类型的问题。其中第四类问题是求曲线的长度、曲线围成的面积、曲面围成的体积、物体的重心、一个体积相当大的物体作用于另一物体上的引力，等等。此类问题的研究具有久远的历史，微积分的出现给出了解决这一类问题的方法。

通过前面的学习，我们已经能够较熟练地计算出一个给定函数的微分或导数，但实际中我们经常需要解决的问题是已知一个给定函数的导数，如何还原出这个函数。这种方法叫作求函数的不定积分，本章将介绍不定积分的概念及其计算方法。

4.1 不定积分的概念与运算法则

4.1.1 不定积分的概念

通过前面的学习，我们知道若已知位移函数 $s(t)$，要求速度函数 $v(t)$；已知

平面上的曲线方程 $y = f(x)$，要求曲线上任意一点 x 处的斜率等，都是同一类问题. 现在我们要解决它们的逆问题.

例如，匀速直线运动的速度函数 $v(t) = 3$. 由 $s'(t) = v(t)$ 可知 $\mathrm{d}s = 3\mathrm{d}t$，容易发现位移函数 $s(t) = 3t + C$ 满足这样的关系，其中 C 为常数，它代表初始位移.

下面我们给出一般的做法.

定义 1　若在某区间上，函数 $F(x)$ 和 $f(x)$ 成立关系：

$$F'(x) = f(x) \text{ 或 } \mathrm{d}(F(x)) = f(x)\mathrm{d}x,$$

则称 $F(x)$ 是 $f(x)$ 在这个区间上的一个**原函数**.

之所以称为一个原函数是由于一个函数若存在原函数，那么它的原函数必然不是唯一的. 例如，若 $F(x)$ 是 $f(x)$ 的原函数，那么 $F'(x) = f(x)$. 由于对任意常数 C，都有 $[F(x) + C]' = f(x)$. 由定义 1 可知，$F(x) + C$ 也是函数 $f(x)$ 的原函数，因此 $f(x)$ 的原函数有无穷多个.

另外，若 $F(x)$ 和 $G(x)$ 都是 $f(x)$ 的原函数，则

$$[F(x) - G(x)]' = f(x) - f(x) = 0.$$

因此有 $F(x) - G(x) = C$，即 $G(x) = F(x) + C$.

所以，只要求出了 $f(x)$ 的一个原函数 $F(x)$，就可以用 $F(x) + C$ 表示出 $f(x)$ 的全体原函数了.

定义 2　称一个函数 $f(x)$ 的全体原函数为这个函数的**不定积分**，记为 $\int f(x)\mathrm{d}x$，其中"$\int$"称为**积分号**，$f(x)$ 称为**被积函数**，x 称为**积分变量**.

这里积分变量采用的字母并不重要. 也就是说，对于 $\int f(x)\mathrm{d}x = F(x) + C$，在有需要的时候可以替换成 $\int f(t)\mathrm{d}t = F(t) + C$，$\int f(u)\mathrm{d}u = F(u) + C$ 等形式.

由定义可知，求函数 $f(x)$ 的不定积分 $\int f(x)\mathrm{d}x$，也就是求 $f(x)$ 的全体原函数，因此微分运算"d"和不定积分运算"$\int$"就像加法和减法，乘法和除法一样，构成了一对逆运算

$$\mathrm{d}\left(\int f(x)\mathrm{d}x\right) = f(x)\mathrm{d}x \text{ 或 } \int \mathrm{d}F(x) = F(x) + C.$$

也就是说，可以认为积分号和微分号在一起的时候可以互相抵消，但是值得注意的是，先作微分运算后，作积分运算时，会相差一个常数.

例1 判断 $d\left(\int f(x)\,dx\right)$ 与 $\int f'(x)\,dx$. 是否相等？

解 设 $f(x)$ 的一个原函数为 $F(x)$，则

$$d\left(\int f(x)\,dx\right) = d(F(x)) = f(x)\,dx.$$

另一方面，由不定积分的定义可知

$$\int f'(x)\,dx = f(x) + C.$$

所以 $d\left(\int f(x)\,dx\right)$ 与 $\int f'(x)\,dx$ 不等.

例2 求 $\int \sin x\,dx$.

解 因为 $d(\cos x) = -\sin x\,dx$，即 $d(-\cos x) = \sin x\,dx$，所以得到

$$\int \sin x\,dx = -\cos x + C.$$

例3 求 $\int x\,dx$.

解 因为 $d\left(\dfrac{x^2}{2}\right) = x\,dx$，所以得到

$$\int x\,dx = \frac{x^2}{2} + C.$$

例4 求 $\int \dfrac{1}{x}\,dx$.

解 当 $x > 0$ 时，因为 $d(\ln x) = \dfrac{1}{x}dx$，所以这时有

$$\int \frac{1}{x}\,dx = \ln x + C\,(x > 0).$$

当 $x < 0$ 时，由复合函数求导法则可知 $d[\ln(-x)] = \dfrac{1}{-x}(-1)dx = \dfrac{1}{x}dx$，所以这时有

$$\int \frac{1}{x}\,dx = \ln(-x) + C\,(x < 0).$$

综上所述，可得

$$\int \frac{1}{x}\,dx = \ln|x| + C.$$

4.1.2 不定积分的线性性质

定理 若函数 $f(x)$ 和 $g(x)$ 的原函数都存在，则对任意常数 k_1 和 k_2，函数

$k_1 f(x) + k_2 g(x)$ 的原函数也存在, 且有

$$\int [k_1 f(x) + k_2 g(x)] \mathrm{d}x = k_1 \int f(x) \mathrm{d}x + k_2 \int g(x) \mathrm{d}x.$$

证 设 $F(x)$ 和 $G(x)$ 分别是 $f(x)$ 和 $g(x)$ 的原函数, k_1 和 k_2 为任意常数. 由于 $[k_1 F(x) + k_2 G(x)]' = k_1 f(x) + k_2 g(x)$, 因此有

$$\int [k_1 f(x) + k_2 g(x)] \mathrm{d}x = k_1 F(x) + k_2 G(x) + C.$$

另一方面

$$\begin{aligned} k_1 \int f(x) \mathrm{d}x + k_2 \int g(x) \mathrm{d}x &= k_1 (F(x) + C_1) + k_2 (G(x) + C_2) \\ &= k_1 F(x) + k_2 G(x) + (k_1 C_1 + k_2 C_2), \end{aligned}$$

其中, C, C_1, C_2 都代表任意的常数. 因此, 上面两式右边所表示的函数是相同的, 所以

$$\int [k_1 f(x) + k_2 g(x)] \mathrm{d}x = k_1 \int f(x) \mathrm{d}x + k_2 \int g(x) \mathrm{d}x.$$

证毕.

根据不定积分和微分的关系, 以及微分的基本公式, 我们可以得到一些不定积分的基本公式.

(1) $\displaystyle\int x^\alpha \mathrm{d}x = \begin{cases} \dfrac{1}{\alpha + 1} x^{\alpha+1} + C, \alpha \neq -1 \\ \ln |x| + C, \alpha = -1 \end{cases}$;　(2) $\displaystyle\int a^x \mathrm{d}x = \dfrac{a^x}{\ln a} + C$;

(3) $\displaystyle\int \sin x \, \mathrm{d}x = -\cos x + C$;　　　　(4) $\displaystyle\int \cos x \, \mathrm{d}x = \sin x + C$;

(5) $\displaystyle\int \sec^2 x \, \mathrm{d}x = \tan x + C$;　　　(6) $\displaystyle\int \csc^2 x \, \mathrm{d}x = -\cot x + C$;

(7) $\displaystyle\int \tan x \sec x \, \mathrm{d}x = \sec x + C$;　(8) $\displaystyle\int \cot x \csc x \, \mathrm{d}x = -\csc x + C$;

(9) $\displaystyle\int \dfrac{\mathrm{d}x}{\sqrt{1 - x^2}} = \arcsin x + C$;　　(10) $\displaystyle\int \dfrac{\mathrm{d}x}{1 + x^2} = \arctan x + C$;

(11) $\displaystyle\int \mathrm{sh}\, x \, \mathrm{d}x = \mathrm{ch}\, x + C$;　　　　(12) $\displaystyle\int \mathrm{ch}\, x \, \mathrm{d}x = \mathrm{sh}\, x + C$.

利用不定积分的运算性质和基本积分公式, 可以求出一些简单初等函数的不定积分, 这种方法叫作**直接积分法**.

例5 求 $\displaystyle\int (3 - x^2)^2 \mathrm{d}x$.

解 将平方项展开, 被积函数被化成了几个幂函数之和

$$\int (3 - x^2)^2 \mathrm{d}x = \int (9 - 6x^2 + x^4) \mathrm{d}x$$

$$= 9x - 2x^3 + \frac{1}{5}x^5 + C.$$

例 6 求 $\int \left(\frac{1-x}{x}\right)^2 \mathrm{d}x$.

解

$$\int \left(\frac{1-x}{x}\right)^2 \mathrm{d}x = \int \left(\frac{1}{x^2} - \frac{2}{x} + 1\right) \mathrm{d}x$$

$$= -\frac{1}{x} - 2\ln|x| + x + C.$$

例 7 求 $\int \frac{\mathrm{e}^{2x} - 1}{\mathrm{e}^x - 1} \mathrm{d}x$.

解

$$\int \frac{\mathrm{e}^{2x} - 1}{\mathrm{e}^x - 1} \mathrm{d}x = \int (\mathrm{e}^x + 1) \mathrm{d}x$$

$$= \mathrm{e}^x + x + C.$$

例 8 求 $\int \tan^2 x \, \mathrm{d}x$.

解 利用三角恒等式化简再求积分

$$\int \tan^2 x \, \mathrm{d}x = \int (\sec^2 x - 1) \, \mathrm{d}x$$

$$= \tan x - x + C.$$

例 9 求 $\int \frac{x^2}{1 + x^2} \mathrm{d}x$.

解

$$\int \frac{x^2}{1 + x^2} \mathrm{d}x = \int \left(1 - \frac{1}{1 + x^2}\right) \mathrm{d}x$$

$$= x - \arctan x + C.$$

对于具体问题来说,不定积分中的常数 C 还可利用题目中所给的条件来确定.

例 10 已知曲线通过点 $(\mathrm{e}^2, 3)$,且在任一点处的切线的斜率等于该点横坐标的倒数,求曲线的方程.

解 设曲线的方程为 $f(x)$,根据题意可知 $f'(x) = \frac{1}{x}$,因此有

$$f(x) = \int \frac{1}{x} \, \mathrm{d}x = \ln|x| + C.$$

又因为该曲线过点 $(\mathrm{e}^2, 3)$,代入曲线方程有

$$\ln \left| e^2 \right| + C = 3,$$

即 $C = 1$. 因此该曲线方程为

$$f(x) = \ln |x| + 1.$$

习题 4.1

基础题

求下列不定积分.

(1) $\int (x^2 - \sqrt{x}) \, dx$;

(2) $\int (\sin x - e^x) \, dx$;

(3) $\int (x^a - \sqrt{a}) \, dx$;

(4) $\int (\sec^2 x - 5) \, dx$;

(5) $\int \left(\dfrac{1}{x} + \dfrac{1}{x^2} \right) dx$;

(6) $\int \left(\dfrac{1}{x} + 1 \right)^2 dx$;

(7) $\int \left(\dfrac{3}{\sqrt{1 - x^2}} + \dfrac{2}{1 - x^2} \right) dx$;

(8) $\int \dfrac{\cos 2x}{\cos x - \sin x} \, dx$;

(9) $\int \sqrt{x \sqrt{x \sqrt{x}}} \, dx$;

(10) $\int \left(2^x - \dfrac{1}{2\sqrt{x}} \right) dx$.

应用题

1. 已知曲线通过点 $(e, 1)$，且在任一点处的切线的斜率等于该点横坐标的倒数，求曲线的方程.

2. 已知曲线在任意一点 $(x, f(x))$ 处的切线斜率都比该点横坐标的平方大 1，

(1) 求出此曲线方程的所有可能形式；

(2) 若已知该曲线经过点 $(3, 3)$，求出该曲线.

4.2　换元积分法

能通过查找基本积分表以及线性运算求出不定积分的函数是十分有限的，

所以求一般函数的不定积分还需要寻找其他途径. 本节将介绍换元积分法,此方法主要分为两种类型,是解决不定积分问题的常用方法.

4.2.1 第一类换元积分法

假设 $F(x)$ 是 $f(x)$ 的原函数,考虑复合函数 $F(g(x))$ 的微分运算有
$$d(F(g(x))) = F'(g(x))d(g(x)) = f(g(x))g'(x)dx,$$
因此有

$$\int f(g(x))g'(x)dx = F[g(x)] + C.$$

由于求不定积分是微分运算的逆运算,在实际运算时,可以采用以下步骤:用 $u = g(x)$ 对原式作变量替换,此时相应地有 $du = d(g(x)) = g'(x)dx$,因此不定积分的运算可以详细地写为

$$\int f(g(x))g'(x)dx = \int f(g(x))d(g(x)) = \int f(u)du$$
$$= F(u) + C = F(g(x)) + C.$$

这个方法称为**第一类换元积分法**,也被称为**凑微分法**.

例 1 求 $\int (x+3)^2 dx$.

解 可以将 $(x+3)^2$ 看作 $f(u) = u^2$ 和 $u = x+3$ 的复合函数,此时有
$$du = d(x+3) = dx.$$
因此

$$\int (x+3)^2 dx = \int u^2 du = \frac{1}{3}u^3 + C(用 \ u = x+3 \ 代回)$$

$$= \frac{1}{3}(x+3)^3 + C.$$

例 2 求 $\int \frac{1}{2x+3} dx$.

解 $\int \frac{1}{2x+3} dx = \frac{1}{2} \int \frac{2 \ dx}{2x+3} = \frac{1}{2} \int \frac{d(2x+3)}{2x+3}$（用 $u = 2x+3$ 代入）

$$= \frac{1}{2} \int \frac{du}{u} = \frac{1}{2}\ln|u| + C \qquad\qquad 代回）$$

$$= \frac{1}{2}\ln|2x+3| + C.$$

例 3 求 $\int \frac{1}{x^2 - a^2} dx$.

解 $\displaystyle\int \frac{1}{x^2 - a^2}\, dx = \frac{1}{2a}\left(\int \frac{1}{x-a}\, dx - \int \frac{1}{x+a}\, dx\right)$（用 $u = x-a, v = x+a$ 代入）

$$= \frac{1}{2a}\left(\int \frac{1}{u}du - \int \frac{1}{v}dv\right) = \frac{1}{2a}\ln\left|\frac{u}{v}\right| + C \text{（用 } u = x-a, v = x+a \text{ 代回）}$$

$$= \frac{1}{2a}\ln\left|\frac{x-a}{x+a}\right| + C.$$

例 4　求 $\displaystyle\int \frac{1}{x^2 + a^2}\, dx$.

解 $\displaystyle\int \frac{1}{x^2 + a^2}\, dx = \frac{1}{a^2}\int \frac{1}{1 + \left(\dfrac{x}{a}\right)^2}\, dx = \frac{1}{a}\int \frac{1}{1 + \left(\dfrac{x}{a}\right)^2}\, d\!\left(\frac{x}{a}\right)$（用 $u = \dfrac{x}{a}$ 代入）

$$= \frac{1}{a}\int \frac{1}{1 + u^2}\, du = \frac{1}{a}\arctan u + C \text{（用 } u = \frac{x}{a} \text{ 代回）}$$

$$= \frac{1}{a}\arctan\left(\frac{x}{a}\right) + C.$$

同理可以求出

$$\int \frac{dx}{\sqrt{a^2 - x^2}} = \arcsin \frac{x}{a} + C.$$

例 5　求 $\displaystyle\int \tan x\, dx$.

解 $\displaystyle\int \tan x\, dx = \int \frac{\sin x}{\cos x}\, dx$.

因为 $d(\cos x) = -\sin x\, dx$，所以用 $u = \cos x$ 代入，同时相应地有 $du = -\sin x\, dx$，由此可得

$$\int \tan x\, dx = \int \frac{\sin x}{\cos x}\, dx = -\int \frac{du}{u} = -\ln|u| + C \text{（用 } u = \cos x \text{ 代回）}$$

$$= -\ln|\cos x| + C.$$

同理还可以求出 $\displaystyle\int \cot x\, dx = \ln|\sin x| + C$.

例 6　求 $\displaystyle\int \sin 2x\, dx$.

解　（1）$\displaystyle\int \sin 2x\, dx = \frac{1}{2}\int \sin 2x\, d(2x) = -\frac{1}{2}\cos 2x + C.$

（2）$\displaystyle\int \sin 2x\, dx = \int 2\sin x \cos x\, dx = \int 2\sin x\, d(\sin x) = \sin^2 x + C.$

$(3) \int \sin 2x \, \mathrm{d}x = \int 2\sin x \cos x \, \mathrm{d}x = \int -2\cos x \, \mathrm{d}(\cos x) = -\cos^2 x + C.$

使用不同的方法求得的不定积分的结果可能看似不同,但本质上只是相差了一个常数,都表示的同一个曲线簇.

例 7 求 $\int \sec x \, \mathrm{d}x.$

解 $\int \sec x \, \mathrm{d}x = \int \dfrac{\cos x}{\cos^2 x} \, \mathrm{d}x = \int \dfrac{\mathrm{d}(\sin x)}{1 - \sin^2 x} (用 \ u = \sin x \ 代入)$

$= \int \dfrac{\mathrm{d}u}{1 - u^2} = -\dfrac{1}{2} \ln \left| \dfrac{u - 1}{u + 1} \right| + C$

$= \dfrac{1}{2} \ln \dfrac{1 + \sin x}{1 - \sin x} + C = \dfrac{1}{2} \ln \dfrac{(1 + \sin x)^2}{1 - \sin^2 x} + C$

$= \ln \left| \dfrac{1 + \sin x}{\cos x} \right| + C = \ln |\sec x + \tan x| + C.$

同理还可以求出 $\int \csc x \, \mathrm{d}x = \ln |\csc x - \cot x| + C.$

到此为止,我们已经得到了 6 个基本三角函数的不定积分. 熟悉以后,只需把代换 $u = g(x)$ 记在心里,不写出具体的代换过程也能直接得出结论.

例 8 求 $\int \dfrac{1}{x(x^3 + 1)} \, \mathrm{d}x.$

解 $\int \dfrac{1}{x(x^3 + 1)} \, \mathrm{d}x = \int \dfrac{x^2}{x^3(x^3 + 1)} \, \mathrm{d}x = \dfrac{1}{3} \int \dfrac{\mathrm{d}(x^3)}{x^3(x^3 + 1)}$

$= \dfrac{1}{3} \int \dfrac{\mathrm{d}(x^3)}{x^3(x^3 + 1)} = \dfrac{1}{3} \int \left(\dfrac{1}{x^3} - \dfrac{1}{x^3 + 1} \right) \mathrm{d}(x^3)$

$= \dfrac{1}{3} \ln \left| \dfrac{x^3}{x^3 + 1} \right| + C.$

例 9 求 $\int \sin 3x \cos 5x \, \mathrm{d}x.$

解 考虑积化和差公式 $\sin \alpha \cos \beta = \dfrac{1}{2} [\sin(\alpha + \beta) + \sin(\alpha - \beta)]$,因此有

$$\int \sin 3x \cos 5x \, \mathrm{d}x = \dfrac{1}{2} \int (\sin 8x - \sin 2x) \, \mathrm{d}x$$

$$= -\dfrac{1}{16} \cos 8x + \dfrac{1}{4} \cos 2x + C.$$

4.2.2　第二类换元积分法

当不定积分 $\int f(x)\mathrm{d}x$ 用直接积分法或者第一类换元积分法都无法求出,但能找到一个合适的变量替换 $x = u(t)$（这里要求 $x = u(t)$ 的反函数 $t = u^{-1}(x)$ 必须存在）,使得原不定积分可以转化为

$$\int f(x)\mathrm{d}x = \int f[u(t)]\mathrm{d}[u(t)] = \int f[u(t)]u'(t)\mathrm{d}t,$$

且这时 $f[u(t)]u'(t)$ 的原函数比较容易求出时,不妨假设它的原函数是 $F(t)$,那么有

$$\int f[u(t)]u'(t)\mathrm{d}t = F(t) + C = F(u^{-1}(x)) + C.$$

因此可得

$$\int f(x)\mathrm{d}x = F(u^{-1}(x)) + C.$$

这样的方法被称为**第二类换元积分法**.

例 10　求 $\int \sqrt{a^2 - x^2}\,\mathrm{d}x.$ $(a > 0)$

解　令 $x = a\sin t$,则 $\mathrm{d}x = a\cos t\,\mathrm{d}t$, $t \in \left(-\dfrac{\pi}{2}, \dfrac{\pi}{2}\right)$,代入原不定积分有

$$\int \sqrt{a^2 - x^2}\,\mathrm{d}x = \int a\cos t\,\sqrt{a^2 - a^2\sin^2 t}\,\mathrm{d}t = \int a^2\cos^2 t\,\mathrm{d}t$$

$$= \frac{a^2}{2}\int (1 + \cos 2t)\mathrm{d}t = \frac{a^2}{2}\left(t + \frac{1}{2}\sin 2t\right) + C$$

$$= \frac{a^2}{2}(t + \sin t\cot t) + C.$$

这里我们得到的是一个关于变量 t 的函数,还需要将变量 t 替换回原来的积分变量 x,考虑使用 $x = a\sin t$ 的反函数 $t = \arcsin\dfrac{x}{a}$ 以及 $\cos t = \sqrt{1 - \sin^2 t} = \sqrt{1 - \left(\dfrac{x}{a}\right)^2}$ 替换三角函数关系式中的 t,因此有

$$\int \sqrt{a^2 - x^2}\,\mathrm{d}x = \frac{a^2}{2}(t + \sin t\cos t) + C = \frac{a^2}{2}\left(\arcsin\frac{x}{a} + \frac{x}{a}\sqrt{1 - \left(\frac{x}{a}\right)^2}\right) + C$$

$$= \frac{a^2}{2}\arcsin\frac{x}{2} + \frac{x}{2}\sqrt{a^2 - x^2} + C.$$

例 11 求 $\int \dfrac{1}{\sqrt{x^2 - a^2}}\, \mathrm{d}x.\ (a > 0)$

解 令 $x = a\sec t$，由于做替换用的函数 $x = u(t)$ 必须存在反函数，我们可以先只考虑 $x > a$ 时的情况，这时 $t \in \left(0, \dfrac{\pi}{2}\right)$，且 $\dfrac{1}{\sqrt{x^2 - a^2}} = \dfrac{\cot t}{a}$，$\mathrm{d}x = a\tan t\sec t\, \mathrm{d}t$，代入原不定积分有

$$\int \frac{1}{\sqrt{x^2 - a^2}}\, \mathrm{d}x = \int \sec t\, \mathrm{d}t = \ln(\sec t + \tan t) + C_1.$$

用 $\sec t = \dfrac{x}{a}$ 和 $\tan t = \sqrt{\sec^2 t - 1} = \dfrac{\sqrt{x^2 - a^2}}{a}$ 将变量 t 替代回 x. 因此有

$$\int \frac{1}{\sqrt{x^2 - a^2}}\, \mathrm{d}x = \ln\left(\frac{x}{a} + \frac{\sqrt{x^2 - a^2}}{a}\right) + C_1$$

$$= \ln\left(x + \sqrt{x^2 - a^2}\right) - \ln a + C_1\,(-\ln a + C_1\,\text{仍然是任意常数})$$

$$= \ln\left(x + \sqrt{x^2 - a^2}\right) + C_1;$$

当 $x < -\alpha$ 时，令 $x = -u$，这时 $u > a$，归结为上述情形，因此有

$$\int \frac{1}{\sqrt{x^2 - a^2}}\, \mathrm{d}x = \ln\left(-x - \sqrt{x^2 - a^2}\right) + C.$$

综上所述

$$\int \frac{1}{\sqrt{x^2 - a^2}}\, \mathrm{d}x = \ln\left|x + \sqrt{x^2 - a^2}\right| + C.$$

类似地可以求得

$$\int \frac{1}{\sqrt{x^2 + a^2}}\, \mathrm{d}x = \ln\left|x + \sqrt{x^2 - a^2}\right| + C.$$

由三角恒等式 $1 - \sin^2 x = \cos^2 x$，$\sec^2 x - 1 = \tan^2 x$ 出发，可以发现若被积函数中含有 $\sqrt{a^2 - x^2}$，$\sqrt{x^2 - a^2}$，$\sqrt{a^2 + x^2}$ 这样的式子，则可以考虑分别用 $x = a\sin t$，$x = a\sec t$，$x = a\tan t$ 替换以消去根号.

例 12 求 $\int \dfrac{1}{x(x^3 + 1)}\, \mathrm{d}x.$

解 令 $t = \dfrac{1}{x}$，则 $x = \dfrac{1}{t}$，$\mathrm{d}x = -\dfrac{1}{t^2}\, \mathrm{d}t$，代入可得

$$\int \frac{1}{x(x^3 + 1)}\, \mathrm{d}x = \int \frac{-1}{t} \cdot \frac{1}{t^{-3} + 1}\, \mathrm{d}t = -\int \frac{t^2}{1 + t^3}\, \mathrm{d}t$$

$$= -\frac{1}{3}\int \frac{d(1+t^3)}{1+t^3} = -\frac{1}{3}\ln|1+t^3| + C$$

$$= \frac{1}{3}\ln\left|\frac{x^3}{x^3+1}\right| + C.$$

对比例 8 可见，同一个不定积分有时候既可以使用第一类换元积分法，也可以使用第二类换元积分法解出.

例 13　求 $\int x\sqrt{1+x}\,dx$.

解　令 $t = \sqrt{1+x}$，则 $x = t^2-1$，$dx = 2t\,dt$，代入可得

$$\int x\sqrt{1+x}\,dx = \int 2t^2(t^2-1)\,dt = \int(2t^4-2t^2)\,dt$$

$$= \frac{2}{5}t^5 - \frac{2}{3}t^3 + C$$

$$= \frac{2}{5}(1+x)^{\frac{5}{2}} - \frac{2}{3}(1+x)^{\frac{3}{2}} + C.$$

例 14　求 $\int \dfrac{\ln x}{x\sqrt{1+\ln x}}\,dx$.

解　令 $t = \sqrt{1+\ln x}$，则 $\ln x = t^2-1$，$x = e^{t^2-1}$，$dx = 2te^{t^2-1}dt$，代入可得

$$\int \frac{\ln x}{x\sqrt{1+\ln x}}\,dx = \int \frac{t^2-1}{te^{t^2-1}}\cdot 2te^{t^2-1}dt = \int(2t^2-2)\,dt$$

$$= \frac{2}{3}t^3 - 2t + C$$

$$= \frac{2}{3}(\ln x - 2)\sqrt{1+\ln x} + C.$$

本节中所得到的部分结论可以扩充为常用的基本积分公式（其中常数 $a>0$）：

(13) $\int \tan x\,dx = -\ln|\cos x| + C$;

(14) $\int \cot x\,dx = \ln|\sin x| + C$;

(15) $\int \sec x\,dx = \ln|\sec x + \tan x| + C$;

(16) $\int \csc x\,dx = \ln|\csc x - \cot x| + C$;

(17) $\int \dfrac{dx}{x^2+a^2} = \dfrac{1}{a}\arctan\dfrac{x}{a} + C$;

(18) $\displaystyle\int \frac{\mathrm{d}x}{x^2 - a^2} = \frac{1}{2a}\ln\left|\frac{x-a}{x+a}\right| + C;$

(19) $\displaystyle\int \frac{\mathrm{d}x}{\sqrt{a^2 - x^2}} = \arcsin\frac{x}{a} + C;$

(20) $\displaystyle\int \frac{\mathrm{d}x}{\sqrt{x^2 \pm a^2}} = \ln\left|x + \sqrt{x^2 \pm a^2}\right| + C;$

(21) $\displaystyle\int \sqrt{a^2 - x^2}\,\mathrm{d}x = \frac{a^2}{2}\arcsin\frac{x}{a} + \frac{x}{2}\cdot\sqrt{a^2 - x^2} + C.$

习题 4.2

基础题

1. 求下列不定积分.

(1) $\displaystyle\int \mathrm{e}^{5x}\,\mathrm{d}x;$

(2) $\displaystyle\int (x+5)^{10}\,\mathrm{d}x;$

(3) $\displaystyle\int \frac{1}{(x+2)^5}\,\mathrm{d}x;$

(4) $\displaystyle\int \sin 3x\,\mathrm{d}x;$

(5) $\displaystyle\int \frac{\cos\sqrt{x}}{\sqrt{x}}\,\mathrm{d}x;$

(6) $\displaystyle\int \frac{\ln x}{x}\,\mathrm{d}x;$

(7) $\displaystyle\int \frac{x}{\sqrt{1+x^2}}\,\mathrm{d}x;$

(8) $\displaystyle\int \frac{1}{\mathrm{e}^x + \mathrm{e}^{-x}}\,\mathrm{d}x;$

(9) $\displaystyle\int x\sin x^2\,\mathrm{d}x;$

(10) $\displaystyle\int \cos^5 x\,\sin x\,\mathrm{d}x;$

(11) $\displaystyle\int \cos^3 x\,\mathrm{d}x;$

(12) $\displaystyle\int \cos^5 x\,\mathrm{d}x;$

(13) $\displaystyle\int \sin 5x\,\cos 7x\,\mathrm{d}x;$

(14) $\displaystyle\int \sin 5x\,\sin 7x\,\mathrm{d}x;$

(15) $\displaystyle\int \frac{\arctan\sqrt{x}}{\sqrt{x}(1+x)}\,\mathrm{d}x;$

(16) $\displaystyle\int \frac{1}{x^2 + 3x + 2}\,\mathrm{d}x;$

(17) $\displaystyle\int \frac{2x+3}{(x^2 + 3x + 3)^3}\,\mathrm{d}x;$

(18) $\displaystyle\int \frac{1}{1 - \mathrm{e}^x}\,\mathrm{d}x;$

(19) $\displaystyle\int \frac{1}{x(x^5 + 3)}\,\mathrm{d}x;$

(20) $\displaystyle\int \sqrt{10 - 6x - x^2}\,\mathrm{d}x.$

2. 求下列不定积分.

（1）$\displaystyle\int \frac{1}{\sqrt{1+e^x}}\,dx$；

（2）$\displaystyle\int \frac{1}{x\sqrt{2+x^2}}\,dx$；

（3）$\displaystyle\int (1+x)(2+x)^{10}\,dx$；

（4）$\displaystyle\int \frac{1+\ln x}{(x\ln x)^3}\,dx$；

（5）$\displaystyle\int \frac{1}{x^2\sqrt{1+x^2}}\,dx$；

（6）$\displaystyle\int \sqrt{\frac{1+x}{1-x}}\,dx$；

（7）$\displaystyle\int x^2\sqrt[4]{x+1}\,dx$；

（8）$\displaystyle\int \frac{x^2}{\sqrt{1-x^2}}\,dx$；

（9）$\displaystyle\int \frac{x^8}{\sqrt{1+x^3}}\,dx$；

（10）$\displaystyle\int \frac{1}{x\sqrt{x^2-1}}\,dx$.

提高题

求下列不定积分.

（1）$\displaystyle\int (3x+2)\sqrt{8-2x-x^2}\,dx$；

（2）$\displaystyle\int \frac{5x+6}{\sqrt{x^2+4x+5}}\,dx$；

（3）$\displaystyle\int (5x+4)\sqrt{5-4x-x^2}\,dx$；

（4）$\displaystyle\int \frac{3x+5}{\sqrt{x^2+4x-5}}\,dx$；

（5）$\displaystyle\int \frac{\ln x}{2x\sqrt{1+\ln x}}\,dx$；

（6）$\displaystyle\int \frac{dx}{\sin x+1}$.

应用题

1. 已知函数 $f(x)$ 的一个原函数是 $\dfrac{\ln x}{\sqrt{1+\ln x}}$，求 $\displaystyle\int f(x)f'(x)\,dx$.

2. 求不定积分 $\displaystyle\int \frac{\sin x}{\sin x+\cos x}\,dx$ 和 $\displaystyle\int \frac{\cos x}{\sin x+\cos x}\,dx$.

4.3　分部积分法

本节将要介绍分部积分法,其理论基础是函数乘积的微分公式.
设函数 $u(x)$ 和 $v(x)$ 可导,则有微分

$$\mathrm{d}[u(x)v(x)] = u(x)\mathrm{d}[v(x)] + v(x)\mathrm{d}[u(x)].$$

两边同时求不定积分

$$u(x)v(x) = \int u(x)\mathrm{d}[v(x)] + \int v(x)\mathrm{d}[u(x)],$$

移项后可得

$$\int u(x)\mathrm{d}[v(x)] = u(x)v(x) - \int v(x)\mathrm{d}[u(x)],$$

它相当于

$$\int u(x)v'(x)\mathrm{d}x = u(x)v(x) - \int v(x)u'(x)\mathrm{d}x,$$

这就是**分部积分公式**.

许多时候我们可以发现求 $\int u(x)v'(x)\mathrm{d}x$ 是比较困难的,而求 $\int v(x)u'(x)\mathrm{d}x$ 较为简单,这时只要通过分部积分公式转化,问题就可以迎刃而解了.

例1 求 $\int \ln x \, \mathrm{d}x$.

解 这里将 $\ln x$ 看成 $u(x)$,1 看成 $v'(x)$,则 $u'(x) = \dfrac{1}{x}, v(x) = x$,代入分部积分公式可得

$$\int \ln x \, \mathrm{d}x = x \ln x - \int \mathrm{d}x = x \ln x - x + C.$$

另外,要注意的是有些函数需要多次使用分部积分法.

例2 求 $\int x^2 \mathrm{e}^x \, \mathrm{d}x$.

解 这里将 x^2 看成 $u(x)$,e^x 看成 $v'(x)$,则 $u'(x) = 2x, v(x) = \mathrm{e}^x$,代入分部积分公式可得

$$\int x^2 \mathrm{e}^x \, \mathrm{d}x = x^2 \mathrm{e}^x - \int \mathrm{e}^x \, \mathrm{d}(x^2) = x^2 \mathrm{e}^x - 2\int x \mathrm{e}^x \, \mathrm{d}x.$$

对后一项再用一次分部积分法

$$\int x \mathrm{e}^x \, \mathrm{d}x = \int x \, \mathrm{d}(\mathrm{e}^x) = x \mathrm{e}^x - \int \mathrm{e}^x \, \mathrm{d}x = x \mathrm{e}^x - \mathrm{e}^x + C,$$

因此有

$$\int x^2 \mathrm{e}^x \, \mathrm{d}x = \mathrm{e}^x(x^2 - 2x + 2) + C.$$

反过来若将 e^x 看成 $u(x)$,x^2 看成 $v'(x)$,则 $u'(x) = \mathrm{e}^x, v(x) = \dfrac{1}{3}x^3$,代入分

部积分公式可得

$$\int x^2 \mathrm{e}^x \, \mathrm{d}x = \int \mathrm{e}^x \, \mathrm{d}\left(\frac{1}{3} x^3\right) = \frac{1}{3} x^3 \mathrm{e}^x - \int \frac{1}{3} x^3 \mathrm{e}^x \, \mathrm{d}x,$$

结果反而使原不定积分变得更加复杂. 因此, 选择哪一个函数看成 $u(x)$, 哪一个函数看成 $v'(x)$, 代入分部积分公式是非常重要的, 如果弄错了, 很有可能使问题复杂化.

那么我们应该如何选取 $u(x)$ 和 $v'(x)$ 呢, 通过对分部积分公式两端的观察, 可以发现, 其中不定积分部分 $u(x)$ 变成了 $u'(x)$, 相当于做了一次求导运算, 而 $v'(x)$ 变成了 $v(x)$, 相当于进行了一次积分运算. 因此选取时大致有以下几种模式:

（1）选取求导运算会降低复杂程度的部分作 $u(x)$. 例如

$$\int p_n(x) \mathrm{e}^{\lambda x} \, \mathrm{d}x \qquad \int p_n(x) \sin \alpha x \, \mathrm{d}x \qquad \int p_n(x) \cos \alpha x \, \mathrm{d}x$$

这里 $p_n(x)$ 是一个 n 次多项式, 我们总是取 $u(x) = p_n(x)$, 而将另一个函数看作 $v'(x)$. 通过分部积分, $p_n(x)$ 的次数将逐次降低, 最终成为常数, 而 $v'(x)$ 在逐次积分中复杂程度几乎无变化.

例 2 就是这种情况.

（2）通过对 $u(x)$ 求导, 使它的类型和 $v(x)$ 相同或相近, 然后再将它们作为一个整体来化简处理. 例如

$$\int p_n(x) \ln x \, \mathrm{d}x \qquad \int p_n(x) \arcsin x \, \mathrm{d}x \qquad \int p_n(x) \arctan x \, \mathrm{d}x$$

总是取 $v'(x) = p_n(x)$, 而将另一个函数看作 $u(x)$. 这时关于 $u'(x)v(x)$ 的不定积分就会比较容易求出.

例 1 就是这种情况.

例 3 求 $\int x \cos x \, \mathrm{d}x$.

解 这里将 x 看成 $u(x)$, $\cos x$ 看成 $v'(x)$, 则 $u'(x) = 1$, $v(x) = \sin x$, 代入分部积分公式可得

$$\int x \cos x \, \mathrm{d}x = x \sin x - \int \sin x \, \mathrm{d}x = x \sin x + \cos x + C.$$

例 4 求 $\int x \arctan x \, \mathrm{d}x$.

解 这里将 $\arctan x$ 看成 $u(x)$, x 看成 $v'(x)$, 则 $u'(x) = \dfrac{1}{1 + x^2}$, $v(x) =$

$\dfrac{1}{2}x^2$,代入分部积分公式可得

$$\int x \arctan x \, dx = \frac{1}{2}x^2\arctan x - \frac{1}{2}\int \frac{x^2}{1+x^2}\,dx$$
$$= \frac{1}{2}x^2\arctan x - \frac{1}{2}\int\left(1 - \frac{1}{1+x^2}\right)dx$$
$$= \frac{1+x^2}{2}\arctan x - \frac{x}{2} + C.$$

例5 求 $\displaystyle\int \frac{2x}{1+\cos 2x}\,dx$.

解 先考虑三角函数的二倍角公式变形,再利用分部积分法

$$\int \frac{2x}{1+\cos 2x}\,dx = \int \frac{x}{\cos^2 x}\,dx = \int x\,d(\tan x)$$
$$= x\tan x - \int \tan x\,dx$$
$$= x\tan x + \ln|\cos x| + C.$$

例6 求 $\displaystyle\int x^5 e^{x^3}\,dx$.

解 $\displaystyle\int x^5 e^{x^3}\,dx = \frac{1}{3}\int x^3 e^{x^3}\,d(x^3) = \frac{1}{3}\int x^3\,d(e^{x^3})$

$$= \frac{1}{3}x^3 e^{x^3} - \frac{1}{3}\int e^{x^3}\,d(x^3)$$
$$= \frac{1}{3}e^{x^3}(x^3 - 1) + C.$$

例7 求 $\displaystyle\int e^{\sqrt{x}}\,dx$.

解 设 $\sqrt{x} = t$,则 $x = t^2$,$dx = 2t\,dt$,代入得

$$\int e^{\sqrt{x}}\,dx = 2\int t e^t\,dt = 2\int t\,d(e^t)$$
$$= 2t e^t - 2\int e^t\,dt = 2t e^t - 2e^t + C$$
$$= 2(\sqrt{x} - 1)e^{\sqrt{x}} + C.$$

(3)对于 $\displaystyle\int e^{\lambda x}\sin \alpha x \, dx$ 和 $\displaystyle\int e^{\lambda x}\cos \alpha x \, dx$ 这种类型的不定积分,去 $e^{\lambda x}$ 与 $\sin \alpha x$(或 $\cos \alpha x$)作为 $u(x)$ 都可以. 这一类型的不定积分特点是通过数次分部积分以后右边会复原出原不定积分,这时只需对整体解方程即可.

例 8 求 $\int e^x \cos x \, dx$.

解 $\int e^x \cos x \, dx = \int e^x \, d(\sin x) = e^x \sin x - \int e^x \sin x \, dx$

$$= e^x \sin x + \int e^x \, d(\cos x) = e^x \sin x + e^x \cos x - \int e^x \cos x \, dx.$$

此时注意到等式两边都出现了要求的不定积分 $\int e^x \cos x \, dx$, 那么我们只需移项解方程即可得

$$\int e^x \cos x \, dx = \frac{e^x \sin x + e^x \cos x}{2} + C.$$

类似地, 形如 $\int \sqrt{x^2 + a^2} \, dx$ 的不定积分也有这种性质, 可用同样的方法解出.

例 9 求 $\int \sqrt{x^2 + a^2} \, dx$.

解 在 4.2 节中, 我们知道不定积分可以通过第二类换元积分法求出, 实际上用分部积分法更为简单.

$$\int \sqrt{x^2 + a^2} \, dx = x \sqrt{x^2 + a^2} - \int x \, d\left(\sqrt{x^2 + a^2}\right) = x \sqrt{x^2 + a^2} - \int \frac{x^2}{\sqrt{x^2 + a^2}} \, dx$$

$$= x \sqrt{x^2 + a^2} - \int \frac{x^2 + a^2 - a^2}{\sqrt{x^2 + a^2}} \, dx$$

$$= x \sqrt{x^2 + a^2} + \int \frac{a^2}{\sqrt{x^2 + a^2}} \, dx - \int \sqrt{x^2 + a^2} \, dx,$$

移项可得

$$\int \sqrt{x^2 + a^2} \, dx = \frac{1}{2}\left(x \sqrt{x^2 + a^2} + \int \frac{a^2}{\sqrt{x^2 + a^2}} \, dx\right)$$

$$= \frac{1}{2}\left(x \sqrt{x^2 + a^2} + a^2 \ln \left| x + \sqrt{x^2 + a^2} \right| \right) + C.$$

类似地还能求出

$$\int \sqrt{x^2 - a^2} \, dx = \frac{1}{2}\left(x \sqrt{x^2 - a^2} - a^2 \ln \left| x + \sqrt{x^2 - a^2} \right| \right) + C.$$

(4) 对于 $\int f^n(x) \, dx$ 这种类型的不定积分, 通常可以通过分部积分法求出降

低幂指数的递推公式,然后利用递推公式和$\int f(x)\,dx$ 求得其不定积分.

例 10 求 $I_n = \int \sin^n x\,dx$.

解 当 $n > 2$ 时,有

$$I_n = \int \sin^n x\,dx = -\int \sin^{n-1} x\,d(\cos x) = -\sin^{n-1} x\cos x + (n-1)\int \cos^2 x\,\sin^{n-2} x\,dx$$

$$= -\sin^{n-1} x\cos x + (n-1)\int (1-\sin^2 x)\sin^{n-2} x\,dx$$

$$= -\sin^{n-1} x\cos x + (n-1)(I_{n-2} - I_n).$$

于是

$$I_n = -\frac{1}{n}\sin^{n-1} x\cos x + \frac{n-1}{n}I_{n-2},(\text{其中 } n = 2,3,4,\cdots)$$

易知

$$I_0 = x + C, I_1 = -\cos x + C.$$

结合本节和前两节内容,可以得到不定积分最常用的**基本积分表**,为了方便实用,将它们集中整理如下:

$(1)\displaystyle\int x^a\,dx = \begin{cases} \dfrac{1}{\alpha+1}x^{\alpha+1} + C, \alpha \neq -1; \\ \ln|x| + C, \alpha = -1 \end{cases}$

$(2)\displaystyle\int a^x\,dx = \frac{a^x}{\ln a} + C,\text{特别地,}\int e^x\,dx = e^x + C;$

$(3)\displaystyle\int \sin x\,dx = -\cos x + C;$ $\qquad(4)\displaystyle\int \cos x\,dx = \sin x + C;$

$(5)\displaystyle\int \tan x\,dx = -\ln|\cos x| + C;$ $\qquad(6)\displaystyle\int \cot x\,dx = \ln|\sin x| + C;$

$(7)\displaystyle\int \sec x\,dx = \ln|\sec x + \tan x| + C;$ $(8)\displaystyle\int \csc x\,dx = \ln|\csc x - \cot x| + C;$

$(9)\displaystyle\int \sec^2 x\,dx = \tan x + C;$ $\qquad(10)\displaystyle\int \csc^2 x\,dx = -\cot x + C;$

$(11)\displaystyle\int \tan x\sec x\,dx = \sec x + C;$ $\qquad(12)\displaystyle\int \cot x\csc x\,dx = -\csc x + C;$

$(13)\displaystyle\int \frac{dx}{x^2 + a^2} = \frac{1}{a}\arctan\frac{x}{a} + C;$ $\qquad(14)\displaystyle\int \frac{dx}{x^2 - a^2} = \frac{1}{2a}\ln\left|\frac{x-a}{x+a}\right| + C;$

$(15)\displaystyle\int \frac{dx}{\sqrt{a^2 - x^2}} = \arcsin\frac{x}{a} + C;$

(16) $\int \dfrac{\mathrm{d}x}{\sqrt{x^2 \pm a^2}} = \ln \left| x + \sqrt{x^2 \pm a^2} \right| + C;$

(17) $\int \sqrt{a^2 - x^2}\,\mathrm{d}x = \dfrac{a^2}{2}\arcsin \dfrac{x}{a} + \dfrac{x}{2} \cdot \sqrt{a^2 - x^2} + C;$

(18) $\int \sqrt{x^2 \pm a^2}\,\mathrm{d}x = \dfrac{1}{2}\left(x\sqrt{x^2 \pm a^2} \pm a^2 \ln \left| x + \sqrt{x^2 \pm a^2} \right| \right) + C.$

习题 4.3

基础题

1. 求下列不定积分.

(1) $\int x\mathrm{e}^{5x}\,\mathrm{d}x;$

(2) $\int x \ln(x + 5)\,\mathrm{d}x;$

(3) $\int x^2 \sin x\,\mathrm{d}x;$

(4) $\int x \cos 3x\,\mathrm{d}x;$

(5) $\int \dfrac{x}{2 \sin^2 x}\,\mathrm{d}x;$

(6) $\int x \sin^2 x\,\mathrm{d}x;$

(7) $\int \arcsin x\,\mathrm{d}x;$

(8) $\int x \arctan x\,\mathrm{d}x;$

(9) $\int \ln^2 x\,\mathrm{d}x;$

(10) $\int x^7 \mathrm{e}^{x^4}\,\mathrm{d}x;$

(11) $\int \mathrm{e}^x \cos x\,\mathrm{d}x;$

(12) $\int \mathrm{e}^x \cos^2 x\,\mathrm{d}x.$

2. 求下列不定积分.

(1) $I_n = \int \tan^n x\,\mathrm{d}x;$

(2) $I_n = \int \dfrac{1}{(1 + x^2)^n}\,\mathrm{d}x.$

提高题

1. 求下列不定积分.

(1) $\int \dfrac{\ln^3 x}{x^2}\,\mathrm{d}x;$

(2) $\int \sin(\ln x)\,\mathrm{d}x;$

(3) $\int \sqrt{x}\mathrm{e}^{\sqrt{x}}\,\mathrm{d}x;$

(4) $\int \ln(x + \sqrt{1 + x^2})\,\mathrm{d}x;$

(5) $\displaystyle\int \frac{2x+3}{\sqrt{5+2x-x^2}}\,\mathrm{d}x$；

(6) $\displaystyle\int (x-3)\sqrt{x^2+4x-5}\,\mathrm{d}x$.

2. 求下列不定积分.

（1）$\displaystyle\int \mathrm{e}^{2x}\arctan\sqrt{\mathrm{e}^x-1}\,\mathrm{d}x$；　（2018 数学一）

（2）$\displaystyle\int \mathrm{e}^x\arcsin\sqrt{1-\mathrm{e}^{2x}}\,\mathrm{d}x$；　（2018 数学三）

3. 已知函数 $f(x)=\dfrac{\ln(x+1)}{x}$，求 $\displaystyle\int f(x)\,\mathrm{d}x$.

4.4　有理函数的不定积分

记 $p_m(x)$ 和 $q_n(x)$ 分别是 m 次和 n 次多项式，那么形如 $\dfrac{p_m(x)}{q_n(x)}$ 的函数称为**有理函数**. 求有理函数的不定积分是实际应用中的常见问题，并且对于某些无理函数和三角函数的不定积分问题，也可以通过适当的变量替换，转化成求有理函数的不定积分问题. 本节将介绍一般有理函数的积分方法.

4.4.1　有理函数的不定积分

对于有理函数 $\dfrac{p_m(x)}{q_n(x)}$，若 $m<n$，则称为**真分式**，否则称为**假分式**. 本节中，在考虑有理函数的不定积分 $\displaystyle\int \dfrac{p_m(x)}{q_n(x)}\,\mathrm{d}x$ 时，我们总是假设有理函数 $\dfrac{p_m(x)}{q_n(x)}$ 是真分式. 因为通过多项式除法可以将任意一个假分式有理函数化为一个多项式和一个真分式有理函数的和

$$\frac{p_m(x)}{q_n(x)}=p_{m-n}(x)+\frac{r(x)}{q_n(x)}.$$

比如

$$\frac{x^3+2x+2}{x^2+1}=x+\frac{x+2}{x^2+1}.$$

由于求多项式的不定积分是非常容易的，因此原问题就转化为求一个真分式有理函数的不定积分了.

求有理函数的不定积分 $\int \dfrac{p_m(x)}{q_n(x)} \, \mathrm{d}x$ 的主要方法是将 $\dfrac{p_m(x)}{q_n(x)}$ 分解为一些简单分式之和，再分别求出它们的不定积分. 这里我们不加证明给出以下定理.

代数基本定理：

定理 1　每个次数 $\geqslant 1$ 的复系数多项式在复数域中有一根.

由代数基本定理可知，系数为实数的多项式 $P(x)$ 在复数域中有 n 个根. 由于 $P(x)$ 是实数域上的多项式，因此它的根只能是实根或者成对出现的共轭复数根. 若 a 为 $P(x)$ 的一个 k 重实根，那么 $(x-a)^k$ 为 $P(x)$ 的一个因式；若 $\beta + \mathbf{i}\gamma$ 为 $P(x)$ 的一个 s 重复数根，则 $\beta - \mathbf{i}\gamma$ 也是 $P(x)$ 的一个 s 重复数根. 因此 $(x^2 + px + q)^s$ 为 $P(x)$ 的一个因式，其中 $p = -2\beta, q = \beta^2 + \gamma^2$.

定理 2　设有理函数 $\dfrac{P(x)}{Q(x)}$ 为真分式，若 a 为多项式 $Q(x)$ 的一个 k 重实根，即 $Q(x) = (x-a)^k Q_1(x)$，$Q_1(a) \neq 0$，则存在实数 λ_n（其中 $n = 1, 2, 3, \cdots, k$）与多项式 $P_1(x)$，$P_1(x)$ 的次数低于 $Q_1(x)$ 的次数，成立

$$\frac{P(x)}{Q(x)} = \frac{\lambda_1}{x-a} + \frac{\lambda_2}{(x-a)^2} + \cdots + \frac{\lambda_k}{(x-a)^k} + \frac{P_1(x)}{Q_1(x)}$$

定理 3　设有理函数 $\dfrac{P(x)}{Q(x)}$ 为真分式，若 $\beta \pm \mathbf{i}\gamma$ 为多项式 $Q(x)$ 的一对 s 重共轭复根，即 $Q(x) = (x^2 + px + q)^s Q_1(x)$，$Q_1(x)(\beta \pm \mathbf{i}\gamma) \neq 0$，其中 $p = -2\beta$，$q = \beta^2 + \gamma^2$. 则存在实数 A_n, B_n（其中 $n = 1, 2, 3, \cdots, s$）与多项式 $P_1(x)$，$P_1(x)$ 的次数低于 $Q_1(x)$ 的次数，成立

$$\frac{P(x)}{Q(x)} = \frac{A_1 x + B_1}{x^2 + px + q} + \frac{A_2 x + B_2}{(x^2 + px + q)^2} + \cdots + \frac{A_s x + B_s}{(x^2 + px + q)^s} + \frac{P_1(x)}{Q_1(x)}$$

重复使用定理 2 和定理 3 可将有理函数分解成一系列简单的分式，而这些分式的不定积分只涉及两种类型：

(1) $\int \dfrac{\mathrm{d}x}{(x-a)^n}$.

这种类型的不定积分是非常容易计算的，即

$$\int \frac{\mathrm{d}x}{(x-a)^n} = \begin{cases} \ln|x-a| + C, & n = 1 \\ -\dfrac{1}{n-1} \cdot \dfrac{1}{(x-a)^{n-1}} + C, & n \geqslant 2 \end{cases}$$

(2) $\int \dfrac{(ux+v)\,\mathrm{d}x}{(x^2 + px + q)^n}$.

先将此不定积分化为

$$\int \frac{(ux + v)\,\mathrm{d}x}{(x^2 + px + q)^n} = \frac{u}{2}\int \frac{(2x + p)\,\mathrm{d}x}{(x^2 + px + q)^n} + \left(v - \frac{up}{2}\right)\int \frac{\mathrm{d}x}{(x^2 + px + q)^n},$$

这时等式右边第一项可以通过第一类换元积分法求出

$$\int \frac{(2x + p)\,\mathrm{d}x}{(x^2 + px + q)^n} = \int \frac{\mathrm{d}(x^2 + px + q)}{(x^2 + px + q)^n} = \begin{cases} \ln|x^2 + px + q| + C, & n = 1; \\ -\dfrac{1}{n-1} \cdot \dfrac{1}{(x^2 + px + q)^{n-1}} + C, & n \geqslant 2. \end{cases}$$

等式右边第二项可以先配方

$$\int \frac{\mathrm{d}x}{(x^2 + px + q)^n} = \int \frac{\mathrm{d}x}{\left[\left(x - \dfrac{p}{2}\right)^2 + \left(\sqrt{q - \dfrac{p^2}{4}}\right)^2\right]^n},$$

经计算可以得到 $I_n = \displaystyle\int \frac{\mathrm{d}x}{(x^2 + px + q)^n}$ 的递推表达式

$$I_n = \frac{1}{2\left(q + \dfrac{p^2}{4}\right)(n-1)}\left[(2n-3)I_{n-1} + \frac{x + \dfrac{p}{2}}{(x^2 + px + q)^{n-1}}\right], n \geqslant 2,$$

其中 $I_1 = \dfrac{2}{\sqrt{4q - p^2}}\arctan\dfrac{2x + p}{\sqrt{4q - p^2}} + C.$

例1　求 $\displaystyle\int \frac{2x + 3}{(x-2)(x+5)}\,\mathrm{d}x.$

解　先把被积函数分解成简单分式之和，

$$\frac{2x + 3}{(x-2)(x+5)} = \frac{A}{x-2} + \frac{B}{x+5}.$$

通分后有

$$2x + 3 = (A + B)x + (5A - 2B),$$

得到 $A = B = 1$，于是有

$$\int \frac{2x + 3}{(x-2)(x+5)}\,\mathrm{d}x = \int \left(\frac{1}{x-2} + \frac{1}{x+5}\right)\mathrm{d}x$$
$$= \ln|(x-2)(x+5)| + C.$$

例2　求 $\displaystyle\int \frac{\mathrm{d}x}{(1+x)(1+x^2)(1+x^3)}.$

解　设

$$\frac{1}{(1+x)(1+x^2)(1+x^3)} = \frac{A}{1+x} + \frac{B}{(1+x)^2} + \frac{Cx + D}{1+x^2} + \frac{Ex + F}{1-x+x^2},$$

通分后有

$$1 = A(x+1)(x^2+1)(x^2-x+1) + B(x^2+1)(x^2-x+1) +$$
$$(Cx+D)(x+1)^2(x^2-x+1) + (Ex+F)(x+1)^2(x^2+1).$$

比较等式两端 x 的同次幂系数，有

$$
\begin{array}{r|l}
x^5 & A+C+E=0 \\
x^4 & B+C+D+2E+F=0 \\
x^3 & A-B+D+2E+2F=0 \\
x^2 & A+2B+C+2E+2F=0 \\
x^1 & -B+C+D+E+2F=0 \\
x^0 & A+B+D+F=1
\end{array}
$$

由此可得 $A=\dfrac{1}{3}, B=\dfrac{1}{6}, C=0, D=\dfrac{1}{2}, E=-\dfrac{1}{3}, F=0.$ 于是有

$$\int \frac{\mathrm{d}x}{(1+x)(1+x^2)(1+x^3)}$$

$$= \int\left[\frac{1}{3(1+x)} + \frac{1}{6(1+x)^2} + \frac{1}{2(1+x^2)} - \frac{x}{3(x^2-x+1)}\right]\mathrm{d}x$$

$$= \frac{1}{3}\ln|x+1| - \frac{1}{6(x+1)} + \frac{1}{2}\arctan x - \frac{1}{6}\int\frac{(2x-1)\mathrm{d}x}{x^2-x+1} - \frac{1}{6}\int\frac{\mathrm{d}\left(x-\dfrac{1}{2}\right)}{\left(x-\dfrac{1}{2}\right)^2+\dfrac{3}{4}}$$

$$= \frac{1}{6}\ln\frac{(x-1)^2}{x^2-x+1} - \frac{1}{6(x+1)} + \frac{1}{2}\arctan x - \frac{1}{3\sqrt{3}}\arctan\left(\frac{2x-1}{\sqrt{3}}\right) + C.$$

4.4.2 可化为有理函数的不定积分

某些无理函数和三角函数的不定积分问题，也可以通过适当的变量替换转化成求有理函数的不定积分问题.

（1）形如 $\int R(\sin x, \cos x)\mathrm{d}x$ 三角函数的有理函数的不定积分. 这里 $R(u,v)$ 表示变量是 u,v 的有理函数.

由于 $\tan x, \cot x, \sec x, \csc x$ 这 4 个三角函数都是关于 $\sin x$ 和 $\cos x$ 的有理函数，因此要求由三角函数构成的有理函数的不定积分，只需研究如何求由 $\sin x$ 和 $\cos x$ 构成的有理函数的不定积分即可.

令 $t=\tan\dfrac{x}{2}$，则 $x=2\arctan t, \mathrm{d}x=\dfrac{2\,\mathrm{d}t}{1+t^2}$，由三角函数的万能公式可知

$$\sin x = 2\sin \frac{x}{2}\cos \frac{x}{2} = \frac{2t}{1+t^2},$$

$$\cos x = \cos^2 \frac{x}{2} - \sin^2 \frac{x}{2} = \frac{1-t^2}{1+t^2},$$

因此原不定积分化成了有理函数的不定积分

$$\int R(\sin x, \cos x)\,\mathrm{d}x = \int R\left(\frac{2t}{1+t^2}, \frac{1-t^2}{1+t^2}\right)\frac{2}{1+t^2}\,\mathrm{d}t.$$

例3 求 $\int \dfrac{1}{1+\sin x}\,\mathrm{d}x$.

解 令 $t = \tan \dfrac{x}{2}$,代入 $\sin x = \dfrac{2t}{1+t^2}$,$\mathrm{d}x = \dfrac{2\,\mathrm{d}t}{1+t^2}$ 有

$$\int \frac{1}{1+\sin x}\,\mathrm{d}x = \int \frac{1}{1+\dfrac{2t}{1+t^2}}\cdot \frac{2}{1+t^2}\,\mathrm{d}t = \int \frac{2}{(1+t)^2}\,\mathrm{d}t = -\frac{2}{1+t} + C.$$

用 $t = \tan \dfrac{x}{2}$ 代入,可得

$$\int \frac{1}{1+\sin x}\,\mathrm{d}x = -\frac{2}{1+\tan \dfrac{x}{2}} + C.$$

例4 求 $\int \dfrac{1}{\sin x + \tan x}\,\mathrm{d}x$.

解 令 $t = \tan \dfrac{x}{2}$,代入 $\sin x = \dfrac{2t}{1+t^2}$,$\cos x = \dfrac{1-t^2}{1+t^2}$,$\mathrm{d}x = \dfrac{2\,\mathrm{d}t}{1+t^2}$,有

$$\int \frac{1}{\sin x + \tan x}\,\mathrm{d}x = \int \frac{1}{\sin x + \dfrac{\sin x}{\cos x}}\,\mathrm{d}x = \int \frac{1}{\dfrac{2t}{1+t^2} + \dfrac{2t}{1-t^2}}\cdot \frac{2}{1+t^2}\,\mathrm{d}t$$

$$= \int \frac{1-t^2}{2t}\,\mathrm{d}t = \frac{1}{2}\ln|t| - \frac{1}{4}t^2 + C,$$

用 $t = \tan \dfrac{x}{2}$ 代入,可得

$$\int \frac{1}{\sin x + \tan x}\,\mathrm{d}x = \frac{1}{2}\ln\left|\tan \frac{x}{2}\right| - \frac{1}{4}\tan^2 \frac{x}{2} + C.$$

(2)形如 $\int R\left(x, \sqrt[n]{\dfrac{ax+b}{cx+d}}\right)\mathrm{d}x$ 三角函数的有理函数的不定积分.

令 $t = \sqrt[n]{\dfrac{ax+b}{cx+d}}$,则 $x = \dfrac{b-\mathrm{d}t^n}{-a+ct^n}$,代入原不定积分可得

$$\int R\left(x, \sqrt[n]{\frac{ax + b}{cx + d}}\right)dx = \int R\left(\frac{b - dt^n}{-a + ct^n}, t\right)d\left(\frac{b - dt^n}{-a + ct^n}\right),$$

这时原不定积分就变成了关于变量 t 的有理函数的不定积分，使用前面的方法便能求出。

例 5　求 $\int \dfrac{dx}{\sqrt{x} + \sqrt[4]{x}}$.

解　令 $t = \sqrt[4]{x}$，则 $x = t^4$，$dx = 4t^3 dt$，代入原式有

$$\int \frac{dx}{\sqrt{x} + \sqrt[4]{x}} = \int \frac{4t^3 dt}{t^2 + t} = 4\int \left(t - 1 + \frac{1}{t + 1}\right)dt$$

$$= 2t^2 - 4t + 4\ln|t + 1| + C$$

$$= 2\sqrt{x} - 4\sqrt[4]{x} + 4\ln\left|\sqrt[4]{x} + 1\right| + C.$$

例 6　求 $\int \sqrt[3]{\dfrac{(x - 4)^2}{(x + 1)^8}}\,dx$.

解　令 $t = \sqrt[3]{\dfrac{x - 4}{x + 1}}$，则 $x = \dfrac{4 + 3t^3}{1 - t^3}$，$dx = \dfrac{15t^2}{(1 - t^3)^2}\,dt$，代入原式有

$$\int \sqrt[3]{\frac{(x - 4)^2}{(x + 1)^8}}\,dx = \int t^2 \frac{(1 - t^3)^2}{25} \frac{15t^2}{(1 - t^3)^2}\,dt = \frac{3}{5}\int t^4 dt$$

$$= \frac{3}{25}t^5 + C = \frac{3}{25}\sqrt[3]{\left(\frac{x - 4}{x + 1}\right)^5} + C.$$

习题 4.4

基础题

1. 求下列不定积分.

（1）$\int \dfrac{x - 1}{(x + 2)^2}\,dx$;

（2）$\int \dfrac{x - 1}{(x + 2)^2(x + 1)}\,dx$;

（3）$\int \dfrac{3x - 1}{(x^2 + 2x + 2)(x + 2)^5}\,dx$;

（4）$\int \dfrac{5x - 2}{(x^2 + 2x + 2)^2(x + 2)}\,dx$;

（5）$\int \dfrac{1}{x^3 + 1}\,dx$;

（6）$\int \dfrac{1}{x^4 + x^2 + 1}\,dx$;

$(7) \int \dfrac{x^2 + 1}{x(x^3 + 1)}\, dx$;

$(8) \int \dfrac{x^5 + 1}{x(x^2 + 1)}\, dx$.

2. 求下列不定积分.

$(1) \int \dfrac{x}{\sqrt{1 + 2x}}\, dx$;

$(2) \int \dfrac{1}{x \sqrt{2 + x}}\, dx$;

$(3) \int \sqrt{\dfrac{1 + x}{1 - x}}\, dx$;

$(4) \int \sqrt{\dfrac{2 + x}{1 - 2x}}\, dx$;

$(5) \int \dfrac{dx}{1 - \sin x}$;

$(6) \int \dfrac{1}{(2 + \cos x)\sin x}\, dx$.

提高题

求下列不定积分.

$(1) \int \dfrac{x^9}{(x^{10} + 2x^5 + 2)^2}\, dx$;

$(2) \int \dfrac{1 - x^7}{x(1 + x^7)}\, dx$;

$(3) \int \sqrt[3]{\dfrac{(x - 3)^2}{(x + 1)^8}}\, dx$;

$(4) \int \dfrac{\sqrt{x + 1} - \sqrt{x - 1}}{\sqrt{x + 1} + \sqrt{x - 1}}\, dx$;

$(5) \int \dfrac{dx}{\sin^2 x \cos^2 x}$;

$(6) \int \dfrac{\sin^2 x}{\sin^2 x + 1}\, dx$.

总习题 4

基础题

求下列不定积分.

$(1) \int (x + 1)^3\, dx$;

$(2) \int \left(\dfrac{1}{x} + 1\right)^3 dx$;

$(3) \int \dfrac{x^2 + 3}{x^2 - 1}\, dx$;

$(4) \int (\sin x + \cos x)\, dx$;

$(5) \int \tan^2 x\, dx$;

$(6) \int \dfrac{2^x + 5^x}{10^x}\, dx$;

$(7) \int \dfrac{1}{\sqrt{2 - 5x}}\, dx$;

$(8) \int \dfrac{2x}{\sqrt{1 - x^2}}\, dx$;

$(9)\int x^2\ \sqrt[3]{1+x^3}\ \mathrm{d}x;$

$(10)\int \dfrac{1}{\sqrt{x}(1+x)}\ \mathrm{d}x;$

$(11)\int x\mathrm{e}^{x^2}\mathrm{d}x;$

$(12)\int \dfrac{\mathrm{d}x}{x\ln x\ln(\ln x)};$

$(13)\int \dfrac{1}{\sin x}\ \mathrm{d}x;$

$(14)\int \dfrac{\cos x}{\sqrt{2+\cos 2x}}\ \mathrm{d}x;$

$(15)\int \dfrac{x^2+1}{x^4+1}\ \mathrm{d}x;$

$(16)\int \dfrac{x^5}{x+1}\ \mathrm{d}x;$

$(17)\int \dfrac{1}{\sqrt{x+1}+\sqrt{x-1}}\ \mathrm{d}x;$

$(18)\int \dfrac{1}{(2+x^2)(1+x^2)}\ \mathrm{d}x;$

$(19)\int \cos x^4\mathrm{d}x;$

$(20)\int \cos\dfrac{x}{2}\cos\dfrac{x}{3}\ \mathrm{d}x;$

$(21)\int x^2\ \sqrt[3]{1-x}\ \mathrm{d}x;$

$(22)\int \cos^5 x\ \sqrt{\sin x}\ \mathrm{d}x;$

$(23)\int \sqrt{x}\ \ln^2 x\ \mathrm{d}x;$

$(24)\int x^3\mathrm{e}^x\ \mathrm{d}x;$

$(25)\int x^2\cos x\ \mathrm{d}x;$

$(26)\int x\cos^2 x\ \mathrm{d}x;$

$(27)\int x\ln\dfrac{1+x}{1-x}\ \mathrm{d}x;$

$(28)\int \sin x\ln(\tan x)\mathrm{d}x;$

$(29)\int \mathrm{e}^{2x}\cos x\ \mathrm{d}x;$

$(30)\int \dfrac{x\mathrm{e}^x}{(x+1)^2}\ \mathrm{d}x;$

$(31)\int \dfrac{\mathrm{d}x}{x^2-x+2};$

$(32)\int \dfrac{x}{x^4-2x^2-1}\ \mathrm{d}x;$

$(33)\int \dfrac{\mathrm{d}x}{\sqrt{2x^2-x+2}};$

$(34)\int \dfrac{x^2+1}{(x+1)^2(x-1)}\ \mathrm{d}x;$

$(35)\int \dfrac{x^2+5x+4}{x^4+5x^2+4}\ \mathrm{d}x;$

$(36)\int \dfrac{\sin x\cos x}{\sin x+\cos x}\ \mathrm{d}x;$

$(37)\int \dfrac{4\sin x+3\cos x}{2\sin x+\cos x}\ \mathrm{d}x;$

$(38)\int \sin x\sin 2x\sin 3x\ \mathrm{d}x;$

$(39)\int \sqrt{\dfrac{5+x}{2-x}}\ \mathrm{d}x;$

$(40)\int \sqrt[3]{\dfrac{(1+x)^2}{(1-x)^5}}\ \mathrm{d}x.$

提高题

1. 求下列不定积分.

（1）$\displaystyle\int \frac{x}{x^2 - 2x \cos a + 1}\,\mathrm{d}x$；

（2）$\displaystyle\int \frac{x^4 + 1}{x^6 + 1}\,\mathrm{d}x$；

（3）$\displaystyle\int \frac{\mathrm{d}x}{\sqrt{x} + \sqrt[3]{x}}$；

（4）$\displaystyle\int \frac{\mathrm{d}x}{\sqrt{1 + \cos^2 x}}$；

（5）$\displaystyle\int \frac{\ln x}{(1 - x)^2}\,\mathrm{d}x$；

（6）$\displaystyle\int \frac{\tan x}{\sin x + \cos x + 1}\,\mathrm{d}x$.

2. 已知 $y(x - y)^2 = x$，求 $\displaystyle\int \frac{1}{x - 3y}\,\mathrm{d}x$.

应用题

1798 年英国人口学家 Malthus 提出了人类历史上的第一个人口模型. 设 $p(t)$ 是某地区人口数量的函数，那么该地区人口增长速率应为人口数量函数的导数 $p'(t)$. 显然某一时刻人口基数越大，那么单位时间人口增长数也就越多. 假定这两者成正比例关系，设比例系数为 λ，于是 Malthus 提出

$$\begin{cases} p'(t) = \lambda p(t) \\ p(t_0) = p_0 \end{cases}.$$

现假定截至 2000 年某地区人口数为 100 万，$\lambda = 0.014\ 8$，那么到 2020 年此地将有多少人？

第5章　定积分及其应用

定积分起源于求图形的面积和体积等实际问题. 古希腊的阿基米德用"穷竭法",我国的刘徽用"割圆术",曾经都计算过几何体的面积和体积,它们都是定积分的雏形.

直到 17 世纪中叶,牛顿和莱布尼茨先后提出了定积分的概念,发现了积分和微分之间的联系,并给出了计算定积分的一般方法,从而才使定积分成为了解决实际问题的有力工具,使独立的微分学和积分学联系在一起,构成了完整的理论体系——微积分学.

定积分和不定积分是积分学中密切相关的两个基本概念,定积分在自然科学和实际问题中有着广泛的应用. 本章将从实例出发介绍定积分的概念、性质和微积分基本定理,最后讨论定积分在几何、物理上的一些简单应用.

5.1　定积分的概念和性质

定积分无论在理论上还是实际应用上,都有着十分重要的意义,它是整个高等数学最重要的内容之一.

5.1.1　问题提出

1)曲边梯形的面积

设 $y=f(x)$ 在区间 $[a,b]$ 上非负、连续. 在直角坐标系中,由曲线 $y=f(x)$、直线 $x=a$、$x=b$ 和 $y=0$ 所围成的图形称为**曲边梯形**,如图 5-1(a)、(b)、(c)都是曲边梯形.

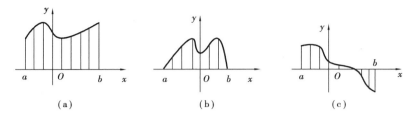

图 5-1

任何一个曲边形总可以分割成多个曲边梯形,故求曲边形的面积就转化成求曲边梯形的面积.

如何求曲边梯形的面积呢?

我们知道,矩形的面积 = 底 × 高,而曲边梯形在底边上各点的高 $f(x)$ 在区间 $[a,b]$ 上是变化的,它的面积不能直接按矩形的面积公式来计算. 然而,由于 $f(x)$ 在区间 $[a,b]$ 上是连续变化的,在很小一段区间上它的变化很小,因此,若把区间 $[a,b]$ 划分为许多个小区间,在每个小区间上用其中某一点处的高来近似代替同一小区间上的小曲边梯形的高,则每个小曲边梯形就可以近似看成小矩形,以这些小矩形面积之和作为曲边梯形面积的近似值. 当把区间 $[a,b]$ 无限细分,使得每个小区间的长度趋于零时,所有小矩形面积之和的极限就可以定义为曲边梯形的面积. 这个定义同时也给出了计算曲边梯形面积的方法.

现在求 $f(x) \geqslant 0$ 时在连续区间 $[a,b]$ 上围成的曲边梯形的面积 A,如图 5.1 (a)、(b)所示. 用以往的知识没有办法解决. 为了求得它的面积,我们按下述步骤来计算:

(1)分割(大化小)——将(大)曲边梯形分割成小曲边梯形.

在区间 $[a,b]$ 中任意插入 $n-1$ 个分点:

$$a = x_0 < x_1 < x_2 < \cdots < x_{n-1} < x_n = b,$$

把 $[a,b]$ 分成 n 个小区间 $[x_0,x_1],[x_1,x_2],\cdots,[x_{n-1},x_n]$,它们的长度分别为

$$\Delta x_1 = x_1 - x_0, \Delta x_2 = x_2 - x_1, \cdots, \Delta x_n = x_n - x_{n-1}.$$

过每一个分点,作平行于 y 轴的直线段,把曲边梯形分为 n 个小曲边梯形,如图 5-2 所示,小曲边梯形的面积记为 $\Delta A_i (i = 1,2,\cdots,n)$. 在每个小区间 $[x_{i-1},x_i]$ 上任取一点 ξ_i,用以 $[x_{i-1},x_i]$ 为底、$f(\xi_i)$ 为高的小矩形近似代替第 i 个小曲边梯形($i = 1,2,\cdots,n$),则第 i 个小曲边梯形的面积近似为 $f(\xi_i) \Delta x_i$.

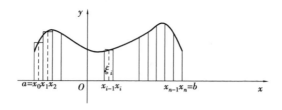

图 5-2

（2）求和.

将这样得到的 n 个小矩形的面积之和作为所求曲边梯形面积 A 的近似值，即

$$A \approx f(\xi_1) \times \Delta x_1 + f(\xi_2) \times \Delta x_2 + \cdots + f(\xi_n) \times \Delta x_n = \sum_{i=1}^{n} f(\xi_i) \times \Delta x_i.$$

（3）取极限.

为保证所有小区间的长度都趋于零，只需要小区间长度中的最大值趋于零，若记

$$\lambda = \max\{\Delta x_1, \Delta x_2, \cdots, \Delta x_n\},$$

则上述条件可表示为 $\lambda \to 0$，当 $\lambda \to 0$ 时（此时小区间的个数 n 无限增多，即 $n \to \infty$），取上述和式的极限，便得到曲边梯形的面积

$$A = \lim_{\lambda \to 0} \sum_{i=1}^{n} f(\xi_i) \Delta x_i.$$

2）变速直线运动的路程

在初等物理中，匀速直线运动有下列公式：路程 = 速度×时间.

对于变速直线运动：设某物体做直线运动，已知速度 $v = v(t)$ 是时间间隔 $[T_1, T_2]$ 上 t 的连续函数，且 $v(t) \geqslant 0$，要求物体在这段时间内所经过的路程 s.

在这个问题中，速度随时间 t 变化而变化，因此，所求路程不能直接按匀速直线运动的公式来计算. 然而，由于 $v(t)$ 是连续变化的，在很短一段时间内，其速度的变化很小，可近似看成匀速运动. 因此，若把时间间隔划分为许多个小时间段，在每个小时间段内，以匀速运动代替变速运动，则可以计算出每个小时间段内路程的近似值；再对每个小时间段内路程的近似值求和，则得到整个路程的近似值；最后，利用求极限的方法算出路程的精确值. 具体步骤如下：

（1）分割.

在时间间隔 $[T_1, T_2]$ 中任意插入 $n-1$ 个分点

$$T_1 = t_0 < t_1 < t_2 < \cdots < t_{n-1} < t_n = T_2,$$

把 $[T_1,T_2]$ 分成 n 个小时间段 $[t_0,t_1],[t_1,t_2],\cdots,[t_{n-1},t_n]$,它们的长度分别为

$$\Delta t_1 = t_1 - t_0, \Delta t_2 = t_2 - t_1, \cdots, \Delta t_n = t_n - t_{n-1}.$$

在每个小区间 $[t_{i-1},t_i]$ 上任取一点 τ_i,再以时刻 τ_i 的速度 $v(\tau_i)$ 近似代替 $[t_{i-1},t_i]$ 上各个时刻的速度,得到小时间段 $[t_{i-1},t_i]$ 内物体经过的路程 Δs_i 的近似值,即

$$\Delta s_i = v(\tau_i)\Delta t_i (i=1,2,\cdots,n).$$

(2)求和.

将这样得到的 n 个小时间段上路程的近似值之和作为所求变速直线运动的近似值,即

$$S = \Delta s_1 + \Delta s_2 + \cdots + \Delta s_n = \sum_{i=1}^{n} \Delta s_i \approx \sum_{i=1}^{n} v(\tau_i)\Delta t_i.$$

(3)取极限.

若记

$$\lambda = \max\{\Delta t_1, \Delta t_2, \cdots, \Delta t_n\},$$

当 $\lambda \to 0$ 时(此时小区间的个数 n 无限增多,即 $n \to \infty$),取上述和式的极限,便得到变速直线运动路程的精确值

$$S = \lim_{\lambda \to 0} \sum_{i=1}^{n} v(\tau_i)\Delta t_i.$$

5.1.2 定积分的定义

从前面两个引例我们可以看到,无论是求曲边梯形的面积问题,还是求变速直线运动的路程问题,虽然二者的实际背景完全不同,但是解决问题的方法却是相同的,即通过"分割、求和、取极限",都能转化为形如 $\sum_{i=1}^{n} f(\xi_i)\Delta x_i$ 的和式的极限问题. 类似这样的实际问题还有很多,我们抛开问题的实际背景,抓住它们在数量关系上共同的本质特征,从数学的结构上加以研究,就引出了定积分的概念. 由此可抽象出定积分的定义.

定义 设 $f(x)$ 在 $[a,b]$ 上有界,在 $[a,b]$ 中任意插入若干个分点,

$$a = x_0 < x_1 < x_2 < \cdots < x_{n-1} < x_n = b,$$

把 $[a,b]$ 分成 n 个小区间 $[x_0,x_1],[x_1,x_2],\cdots,[x_{n-1},x_n]$,它们的长度分别为

$$\Delta x_1 = x_1 - x_0, \Delta x_2 = x_2 - x_1, \cdots, \Delta x_n = x_n - x_{n-1}.$$

在每个小区间 $[x_{i-1},x_i]$ 上任取一点 $\xi_i(x_{i-1}\leqslant\xi_i\leqslant x_i)$，作函数值 $f(\xi_i)$ 与小区间长度 Δx_i 的乘积 $f(\xi_i)\Delta x_i(i=1,2,\cdots,n)$ 并作和式

$$S_n = \sum_{i=1}^{n}f(\xi_i)\Delta x_i.$$

记 $\lambda=\max\{\Delta x_1,\Delta x_2,\cdots,\Delta x_n\}$，如果不论对 $[a,b]$ 采取怎样的分法，也不论在小区间 $[x_{i-1},x_i]$ 上对点 ξ_i 采取怎样的取法，只要当 $\lambda\to0$ 时，和 S_n 总趋于确定的极限 I，就称这个极限 I 为函数 $f(x)$ 在区间 $[a,b]$ 上的定积分，记为

$$\int_a^b f(x)\,\mathrm{d}x = I = \lim_{\lambda\to0}\sum_{i=1}^{n}f(\xi_i)\Delta x_i,$$

其中，$f(x)$ 为**被积函数**，$f(x)\,\mathrm{d}x$ 为**被积表达式**，x 为**积分变量**，$[a,b]$ 为**积分区间**，a 为**积分的下限**，b 为**积分的上限**.

根据定积分的定义，前面所讨论的两个实例可分别叙述为：

（1）曲边梯形的面积 A 是曲线 $y=f(x)$ 在区间 $[a,b]$ 上的定积分.

$$A = \int_a^b f(x)\,\mathrm{d}x(f(x)\geqslant0).$$

（2）变速直线运动的物体所走过的路程 S 等于速度函数 $v=v(t)$ 在时间间隔 $[T_1,T_2]$ 上的定积分.

$$S = \int_{T_1}^{T_2} v(t)\,\mathrm{d}t.$$

关于定积分的定义，要作以下几点说明：

（1）定积分 $\int_a^b f(x)\,\mathrm{d}x$ 是和式 $\sum_{i=1}^{n}f(\xi_i)\Delta x_i$ 的极限值，即是一个确定的常数. 这个常数只与被积函数 $f(x)$ 和积分区间 $[a,b]$ 有关，而与积分变量用哪个字母表示无关，即 $\int_a^b f(x)\,\mathrm{d}x = \int_a^b f(t)\,\mathrm{d}t = \int_a^b f(u)\,\mathrm{d}u$.

（2）定义中区间的分法和 ξ_i 的取法是任意的.

（3）$\sum_{i=1}^{n}f(\xi_i)\Delta x_i$ 通常称为函数 $f(x)$ 的积分和. 当函数 $f(x)$ 在区间 $[a,b]$ 上的定积分存在时，称 $f(x)$ **在区间 $[a,b]$ 上可积**，否则称**为不可积**.

（4）在定积分的定义中，有 $a<b$，为了今后计算方便，我们规定：

$$\int_b^a f(x)\,\mathrm{d}x = -\int_a^b f(x)\,\mathrm{d}x.$$

容易得到 $\int_a^a f(x)\,\mathrm{d}x = 0$.

关于定积分，还有一个重要的问题：函数 $f(x)$ 在区间 $[a,b]$ 上满足怎样的条

件, $f(x)$ 在区间 $[a,b]$ 上一定可积? 这个问题我们不做深入讨论, 只给出两个充分条件.

定理1　若函数 $f(x)$ 在区间 $[a,b]$ 上连续, 则 $f(x)$ 在区间 $[a,b]$ 上可积.

定理2　若函数 $f(x)$ 在区间 $[a,b]$ 上有界, 且只有有限个间断点, 则 $f(x)$ 在区间 $[a,b]$ 上可积.

根据定积分的定义, 前面两个引例可以分别表述为:

(1)由连续曲线 $y=f(x)(f(x)\geqslant 0)$、直线 $x=a$, $x=b$ 及 x 轴所围成的曲边梯形的面积 A 等于函数 $f(x)$ 在区间 $[a,b]$ 上的定积分, 即

$$A = \int_a^b f(x)\,\mathrm{d}x.$$

(2)以变速 $v=v(t)(v(t)\geqslant 0)$ 做直线运动的物体, 从时刻 $t=T_1$ 到时刻 $t=T_2$ 所经过的路程 s 等于函数 $v(t)$ 在时间间隔 $[T_1,T_2]$ 上的定积分, 即

$$s = \int_{T_1}^{T_2} v(t)\,\mathrm{d}t.$$

例1　利用定义计算定积分 $\int_0^1 x^2\,\mathrm{d}x$.

解　因 $f(x)=x^2$ 在 $[0,1]$ 上连续, 故被积函数是可积的, 从而定积分的值与对区间 $[0,1]$ 的分法及 ξ_i 的取法无关. 不妨将区间 $[0,1]$ n 等分, 分点为

$$x_i = \frac{i}{n}(i=1,2,\cdots,n-1),$$

这样, 每个小区间 $[x_{i-1},x_i]$ 的长度为 $\lambda = \Delta x_i = \dfrac{1}{n}(i=1,2,\cdots,n)$.

ξ_i 取每个小区间的右端点 $\xi_i = x_i(i=1,2,\cdots,n)$, 则得到积分和式

$$\begin{aligned}
\sum_{i=1}^n f(\xi_i)\Delta x_i &= \sum_{i=1}^n \xi_i^2 \Delta x_i = \sum_{i=1}^n x_i^2 \Delta x_i \\
&= \sum_{i=1}^n \left(\frac{i}{n}\right)^2 \frac{1}{n} = \frac{1}{n^3}\sum_{i=1}^n i^2 = \frac{1}{n^3}(1^2+2^2+\cdots+n^2) \\
&= \frac{1}{n^3}\cdot\frac{n(n+1)(2n+1)}{6} = \frac{1}{6}\left(1+\frac{1}{n}\right)\left(2+\frac{1}{n}\right).
\end{aligned}$$

当 $\lambda\to 0$, 即 $n\to\infty$ 时, 取上式右端的极限. 根据定积分的定义, 即得到所求的定积分为

$$\int_0^1 x^2\,\mathrm{d}x = \lim_{\lambda\to 0}\sum_{i=1}^n \xi_i^2 \Delta x_i = \lim_{n\to\infty}\frac{1}{6}\left(1+\frac{1}{n}\right)\left(2+\frac{1}{n}\right) = \frac{1}{3}.$$

定积分的几何意义: 设 $f(x)$ 是 $[a,b]$ 上的连续函数, 由曲线 $y=f(x)$ 及直线 $x=a$, $x=b$, $y=0$ 所围成的曲边梯形的面积记为 A. 由引例(曲边梯形的面

积）知：

（1）当 $f(x) \geqslant 0$ 时，定积分 $\int_a^b f(x)\,\mathrm{d}x$ 表示由曲线 $y = f(x)$，直线 $x = a,x = b$ 及 x 轴所围成的曲边梯形的面积，即

$$\int_a^b f(x)\,\mathrm{d}x = A.$$

（2）如果 $f(x) \leqslant 0$，由曲线 $y = f(x)$，直线 $x = a,x = b$ 及 x 轴所围成的曲边梯形在 x 轴的下方，定积分 $\int_a^b f(x)\,\mathrm{d}x$ 的值是该曲边梯形面积的负值，即

$$\int_a^b f(x)\,\mathrm{d}x = -A.$$

（3）如果在 $[a,b]$ 上，$f(x)$ 有正也有负，由曲线 $y = f(x)$，直线 $x = a,x = b$ 及 x 轴所围成的曲边梯形，x 轴上方的面积赋予正号，x 轴下方的面积赋予负号，则定积分 $\int_a^b f(x)\,\mathrm{d}x$ 的值为这些面积的代数和，如图 5-3 所示，即

$$\int_a^b f(x)\,\mathrm{d}x = A_1 - A_2 + A_3.$$

其中 A_1,A_2,A_3 分别是图 5-3 中三部分曲边梯形的面积，它们都是正数.

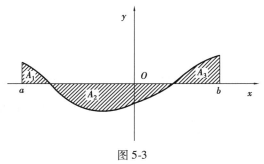

图 5-3

例 2　利用定积分的几何意义，证明 $\int_{-1}^1 \sqrt{1 - x^2}\,\mathrm{d}x = \dfrac{\pi}{2}$.

证　令 $y = \sqrt{1 - x^2},x \in [-1,1]$，显然 $y \geqslant 0$，则由 $y = \sqrt{1 - x^2}$ 和直线 $x = -1,x = 1,y = 0$ 所围成的曲边梯形是单位圆位于 x 轴上方的半圆.

如图 5-4 所示，因为单位圆的面积 $A = \pi$，所以半圆的面积为 $\dfrac{\pi}{2}$. 由定积分的几何意义知：

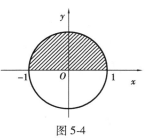

图 5-4

$$\int_{-1}^{1} \sqrt{1-x^2}\,\mathrm{d}x = \frac{\pi}{2}.$$

5.1.3 定积分的性质

为了进一步讨论定积分的计算,对定积分作两点补充规定:

(1)当 $a = b$ 时,$\displaystyle\int_a^b f(x)\,\mathrm{d}x = 0$;

(2)当 $a > b$ 时,$\displaystyle\int_a^b f(x)\,\mathrm{d}x = -\int_b^a f(x)\,\mathrm{d}x.$

根据上述规定,交换定积分的上下限,其绝对值不变而符号相反. 因此,如不特别指出,对定积分上下限的大小不加限制.

性质 1 $\displaystyle\int_a^b \left[f(x) \pm g(x)\right]\mathrm{d}x = \int_a^b f(x)\,\mathrm{d}x \pm \int_a^b g(x)\,\mathrm{d}x.$

证明 $\displaystyle\int_a^b \left[f(x) \pm g(x)\right]\mathrm{d}x = \lim_{\lambda \to 0} \sum_{i=1}^{n} \left[f(\xi_i) \pm g(\xi_i)\right]\Delta x_i$

$$= \lim_{\lambda \to 0} \sum_{i=1}^{n} f(\xi_i)\Delta x_i \pm \lim_{\lambda \to 0} \sum_{i=1}^{n} g(\xi_i)\Delta x_i$$

$$= \int_a^b f(x)\,\mathrm{d}x \pm \int_a^b g(x)\,\mathrm{d}x.$$

性质 1 可推广到有限多个函数的情形.

性质 2 $\displaystyle\int_a^b kf(x)\,\mathrm{d}x = k\int_a^b f(x)\,\mathrm{d}x$ (k 为常数).

证明 $\displaystyle\int_a^b kf(x)\,\mathrm{d}x = \lim_{\lambda \to 0} \sum_{i=1}^{n} kf(\xi_i)\Delta x_i$

$$= \lim_{\lambda \to 0} k \sum_{i=1}^{n} f(\xi_i)\Delta x_i$$

$$= k\int_a^b f(x)\,\mathrm{d}x.$$

性质 3(定积分对区间的可加性) 对任意的点 c,有

$$\int_a^b f(x)\,\mathrm{d}x = \int_a^c f(x)\,\mathrm{d}x + \int_c^b f(x)\,\mathrm{d}x.$$

证明 先证 $a < c < b$ 的情形. 由被积函数 $f(x)$ 在 $[a,b]$ 上的可积性可知,对 $[a,b]$ 无论怎样划分,积分和的极限总是不变的,所以总是可以把 c 取作一个分点. 于是在 $[a,b]$ 上的积分和等于在 $[a,c]$ 上的积分和加上在 $[c,b]$ 上的积分和,即

$$\sum_{[a,b]} f(\xi_i) \Delta x_i = \sum_{[a,c]} f(\xi_i) \Delta x_i + \sum_{[c,b]} f(\xi_i) \Delta x_i.$$

令 $\lambda \to 0$，上式两端取极限，即得

$$\int_a^b f(x)\,dx = \int_a^c f(x)\,dx + \int_c^b f(x)\,dx.$$

再证 $a < b < c$ 的情形. 此时，点 b 位于 a,c 之间，所以

$$\int_a^c f(x)\,dx = \int_a^b f(x)\,dx + \int_b^c f(x)\,dx,$$

即

$$\int_a^b f(x)\,dx = \int_a^c f(x)\,dx - \int_b^c f(x)\,dx = \int_a^c f(x)\,dx + \int_c^b f(x)\,dx.$$

同理可证 $c < a < b$ 的情形. 所以不论 a, b, c 的相对位置如何，所证等式总成立.

性质 4　如果被积函数 $f(x) = c$（c 为常数），则

$$\int_a^b c\,dx = c(b-a).$$

特别地，当 $c = 1$ 时，有 $\int_a^b dx = b - a$.

定积分 $\int_a^b dx$ 在几何上表示以 $[a,b]$ 为底、$f(x) \equiv 1$ 为高的矩形的面积. 此性质的证明读者自己完成.

性质 5（定积分的保序性）　若在区间 $[a,b]$ 上有 $f(x) \leqslant g(x)$，则

$$\int_a^b f(x)\,dx \leqslant \int_a^b g(x)\,dx \quad (a < b).$$

证明　由定积分的定义和性质可知，

$$\int_a^b g(x)\,dx - \int_a^b f(x)\,dx = \int_a^b [g(x) - f(x)]\,dx = \lim_{\lambda \to 0} \sum_{i=1}^n [g(\xi_i) - f(\xi_i)]\Delta x_i.$$

等号右端积分中的每一项均大于等于零，故

$$\sum_{i=1}^n [g(\xi_i) - f(\xi_i)]\Delta x_i \geqslant 0.$$

根据极限的保号性定理，有

$$\int_a^b [g(x) - f(x)]\,dx \geqslant 0, \text{即} \int_a^b f(x)\,dx \leqslant \int_a^b g(x)\,dx.$$

推论 1　若在区间 $[a,b]$ 上有 $f(x) \geqslant 0$，则

$$\int_a^b f(x)\,dx \geqslant 0 \quad (a < b).$$

推论 2 $\left|\int_a^b f(x)\,\mathrm{d}x\right| \leqslant \int_a^b |f(x)|\,\mathrm{d}x \quad (a < b).$

证明 因为 $-|f(x)| \leqslant f(x) \leqslant |f(x)|$,所以

$$-\int_a^b |f(x)|\,\mathrm{d}x \leqslant \int_a^b f(x)\,\mathrm{d}x \leqslant \int_a^b |f(x)|\,\mathrm{d}x,$$

即

$$\left|\int_a^b f(x)\,\mathrm{d}x\right| \leqslant \int_a^b |f(x)|\,\mathrm{d}x.$$

例 3 比较定积分 $\int_0^1 x^2\,\mathrm{d}x$ 与 $\int_0^1 x^3\,\mathrm{d}x$ 的大小.

解 因为在区间 $[0,1]$ 上有 $x^2 \geqslant x^3$,由定积分保序性质,得

$$\int_0^1 x^2\,\mathrm{d}x \geqslant \int_0^1 x^3\,\mathrm{d}x.$$

性质 6(定积分估值定理) 设 M,m 分别是函数 $f(x)$ 在区间 $[a,b]$ 上的最大值和最小值,则 $m(b-a) \leqslant \int_a^b f(x)\,\mathrm{d}x \leqslant M(b-a)$.

利用性质 4 和性质 5,易证得性质 6.

注:性质 6 有明显的几何意义,即以 $[a,b]$ 为底、$y=f(x)$ 为曲边的曲边梯形的面积 $\int_a^b f(x)\,\mathrm{d}x$ 介于同一底边而高分别为 m 与 M 的矩形面积 $m(b-a)$ 与 $M(b-a)$ 之间.

例 4 估计定积分 $\int_{-1}^1 \mathrm{e}^{-x^2}\,\mathrm{d}x$ 的值.

解 设 $f(x) = \mathrm{e}^{-x^2}$,$f'(x) = -2x\mathrm{e}^{-x^2}$,令 $f'(x) = 0$,得驻点 $x=0$,比较 $x=0$ 及区间端点 $x = \pm 1$ 的函数值,有

$$f(0) = \mathrm{e}^0 = 1, \quad f(\pm 1) = \mathrm{e}^{-1} = \frac{1}{\mathrm{e}}.$$

显然,$f(x) = \mathrm{e}^{-x^2}$ 在区间 $[-1,1]$ 上连续,则 $f(x)$ 在 $[-1,1]$ 上的最小值为 $m = \dfrac{1}{\mathrm{e}}$,最大值为 $M = 1$,由定积分的估值性质,得

$$\frac{2}{\mathrm{e}} \leqslant \int_{-1}^1 \mathrm{e}^{-x^2}\,\mathrm{d}x \leqslant 2.$$

性质 7(定积分中值定理) 如果函数 $f(x)$ 在闭区间 $[a,b]$ 上连续,则在 $[a,b]$ 上至少存在一个点 ξ,使

$$\int_a^b f(x)\,\mathrm{d}x = f(\xi)(b-a) \quad (a \leqslant \xi \leqslant b).$$

这个公式称为**积分中值公式**.

证明 将性质6中的不等式除以区间长度 $b-a$，得

$$m \leqslant \frac{1}{b-a}\int_a^b f(x)\,\mathrm{d}x \leqslant M.$$

这表明数值 $\frac{1}{b-a}\int_a^b f(x)\,\mathrm{d}x$ 介于函数 $f(x)$ 的最小值与最大值之间. 由闭区间上连续函数的介值定理，在区间 $[a,b]$ 上至少存在一点 ξ，使得

$$\frac{1}{b-a}\int_a^b f(x)\,\mathrm{d}x = f(\xi),$$

即

$$\int_a^b f(x)\,\mathrm{d}x = f(\xi)(b-a) \quad (a \leqslant \xi \leqslant b).$$

注：定积分中值定理在几何上的表示如图5.5所示，即

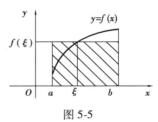

图 5-5

由曲线 $y=f(x)$，直线 $x=a$，$x=b$ 和 x 轴所围成的曲边梯形的面积等于区间 $[a,b]$ 上某个矩形的面积，这个矩形的底是区间 $[a,b]$，矩形的高为区间 $[a,b]$ 内某一点 ξ 处的函数值 $f(\xi)$.

由上述几何解释易见，数值 $\frac{1}{b-a}\int_a^b f(x)\,\mathrm{d}x$ 表示连续曲线 $y=f(x)$ 在区间 $[a,b]$ 上的平均高度，我们称其为**函数 $f(x)$ 在区间 $[a,b]$ 上的平均值**. 这一概念是对有限个数的平均值概念的拓展. 例如，可用它来计算做变速直线运动的物体在指定时间间隔内的平均速度等.

习题 5.1

基础题

1. 用定积分表示由曲线 $y=x^2-2x+3$ 与直线 $x=1$，$x=4$ 及 x 轴所围成的曲边梯形的面积.

2. 利用定积分的几何意义，作图证明.

（1）$\displaystyle\int_0^1 2x\,\mathrm{d}x = 1$；

（2）$\displaystyle\int_0^R \sqrt{R^2-x^2} = \frac{\pi}{4}R^2$.

3. 不计算定积分,比较下列各组积分值的大小.

(1) $\int_0^1 x \, dx$, $\int_0^1 x^2 \, dx$;

(2) $\int_0^1 e^x \, dx$, $\int_0^1 e^{-x^2} \, dx$;

(3) $\int_3^4 \ln x \, dx$, $\int_3^4 \ln^2 x \, dx$;

(4) $\int_0^{\frac{\pi}{4}} \cos x \, dx$, $\int_0^{\frac{\pi}{4}} \sin x \, dx$.

4. 利用定积分估值性质,估计下列积分值所在的范围.

(1) $\int_0^1 e^x \, dx$;

(2) $\int_0^2 x(x-2) \, dx$;

(3) $\int_1^2 \frac{x}{x^2+1} \, dx$;

(4) $\int_0^2 \frac{5-x}{9-x^2} \, dx$.

5. 试用积分中值定理证明 $\lim\limits_{n \to +\infty} \int_n^{n+1} \frac{\sin x}{x} \, dx = 0$.

提高题

1. 设 $f(x)$ 在 $[a,b]$ 上连续,在 (a,b) 内可导,且 $\frac{1}{b-a} \int_a^b f(x) \, dx = f(b)$.

求证:在 (a,b) 内至少存在一点 ξ,使 $f'(\xi) = 0$.

2.【2018 年数一】设 $M = \int_{-\frac{\pi}{2}}^{\frac{\pi}{2}} \frac{(1+x)^2}{1+x^2} \, dx$, $N = \int_{-\frac{\pi}{2}}^{\frac{\pi}{2}} \frac{1+x}{e^x} \, dx$, $K = \int_{-\frac{\pi}{2}}^{\frac{\pi}{2}} (1 + \sqrt{\cos x}) \, dx$,则( ).

A. $M > N > K$

B. $M > K > N$

C. $K > M > N$

D. $K > N > M$

5.2 微积分基本公式

积分学要解决两个问题:第一个问题是原函数的求法问题,我们在第 4 章已经作了讨论;第二个问题就是定积分的计算问题. 如果按定积分的定义来计算定积分,那将是十分困难的. 因此,寻求一种计算定积分的有效方法便成为积分学发展的关键. 本节将介绍定积分计算的有力工具——牛顿-莱布尼茨公式.

下面先从实际问题中寻找解决问题的线索. 为此,对变速直线运动中遇到的位置函数 $S(t)$ 及速度函数 $v(t)$ 之间的联系作进一步的研究.

5.2.1　引例

设一物体在一直线上运动,在这一直线上取定原点、正向及单位长度,使其成为一数轴. 设时刻 t 物体所在位置为 $S(t)$,速度为 $v(t)$ $(v(t)\geqslant 0)$,则由5.1节引例2(变速直线运动的路程),物体在时间间隔 $[T_1,T_2]$ 内经过的路程为

$$S = \int_{T_1}^{T_2} v(t)\,\mathrm{d}t.$$

另一方面,这段路程又可表示为位置函数 $S(t)$ 在 $[T_1,T_2]$ 上的增量 $S(T_2)-S(T_1)$. 因此,位置函数 $S(t)$ 与速度函数 $v(t)$ 有如下关系:

$$S = \int_{T_1}^{T_2} v(t)\,\mathrm{d}t = S(T_2) - S(T_1).$$

因为 $S'(t)=v(t)$,即位置函数 $S(t)$ 是速度函数 $v(t)$ 的原函数,所以求速度为 $v(t)$ 的直线运动物体在时间间隔 $[T_1,T_2]$ 内所经过的路程,就转化为求 $v(t)$ 的原函数 $S(t)$ 在 $[T_1,T_2]$ 上的增量.

这个结论是否具有普遍性呢?　即函数 $f(x)$ 在区间 $[a,b]$ 上的定积分 $\int_a^b f(x)\mathrm{d}x$ 是否等于 $f(x)$ 的原函数 $F(x)$ 在 $[a,b]$ 上的增量呢?下面将具体讨论.

5.2.2　积分上限函数及其导数

设函数 $f(x)$ 在区间 $[a,b]$ 上连续,对 $[a,b]$ 上任意一点 x,则由

$$\Phi(x) = \int_a^x f(t)\,\mathrm{d}t$$

所定义的函数称为**积分上限函数**(**变上限函数**).

式中积分变量和积分上限有时都用 x 表示,但它们的含义并不相同,为了区别它们,常将积分变量改用 t 表示,即

$$\Phi(x) = \int_a^x f(x)\,\mathrm{d}x = \int_a^x f(t)\,\mathrm{d}t.$$

$\Phi(x)$ 的几何意义是:右侧直线可移动的曲边梯形的面积如图 5-6 所示,曲边梯形的面积 $\Phi(x)$ 随 x 的位置的变动而改变,当 x 给定后,面积 $\Phi(x)$ 就随之确定,如图 5-6 中的阴影部分. 因此变上限积分函数有时又称为**面积函数**.

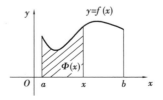

图 5-6　变上限函数

关于函数 $\Phi(x)$ 的可导性,我们有:

定理 1　若函数 $f(x)$ 在区间 $[a,b]$ 上连续,则积分上限函数

$$\Phi(x) = \int_a^x f(t)\,\mathrm{d}t, x \in [a,b]$$

在 $[a,b]$ 上可导,且

$$\Phi'(x) = \frac{\mathrm{d}}{\mathrm{d}x}\int_a^x f(t)\,\mathrm{d}t = f(x) \quad (a \leqslant x \leqslant b). \tag{5-1}$$

证明 设 $x \in (a,b), \Delta x > 0$,使得 $x + \Delta x \in (a,b)$,则有

$$\Delta\Phi = \Phi(x+\Delta x) - \Phi(x) = \int_a^{x+\Delta x} f(t)\,\mathrm{d}t - \int_a^x f(t)\,\mathrm{d}t$$

$$= \int_a^x f(t)\,\mathrm{d}t + \int_x^{x+\Delta x} f(t)\,\mathrm{d}t - \int_a^x f(t)\,\mathrm{d}t$$

$$= \int_x^{x+\Delta x} f(t)\,\mathrm{d}t = f(\xi)\Delta x, \xi \in [x, x+\Delta x].$$

因为函数 $f(x)$ 在点 x 处连续,所以

$$\Phi'(x) = \lim_{\Delta x \to 0}\frac{\Delta\Phi}{\Delta x} = \lim_{\Delta x \to 0} f(\xi) = f(x).$$

若 $x = a$,取 $\Delta x > 0$,同理可证 $\Phi'_+(a) = f(a)$;若 $x = b$,取 $\Delta x < 0$,同理可证 $\Phi'_-(b) = f(b)$. 综上所述即有

$$\frac{\mathrm{d}}{\mathrm{d}x}\int_a^x f(t)\,\mathrm{d}t = f(x) \quad (a \leqslant x \leqslant b).$$

注:定理 1 揭示了微分(或导数)与定积分这两个定义不相干的概念之间的内在联系,因而称为**微积分基本定理**.

利用复合函数的求导法则,可进一步得到下列公式:

$$(1)\ \frac{\mathrm{d}}{\mathrm{d}x}\int_a^{\varphi(x)} f(t)\,\mathrm{d}t = f[\varphi(x)]\varphi'(x); \tag{5-2}$$

$$(2)\ \frac{\mathrm{d}}{\mathrm{d}x}\int_{\psi(x)}^{\varphi(x)} f(t)\,\mathrm{d}t = f[\varphi(x)]\varphi'(x) - f[\psi(x)]\psi'(x). \tag{5-3}$$

上述公式的证明请读者自己完成.

例1 求 $\dfrac{\mathrm{d}}{\mathrm{d}x}\left(\displaystyle\int_x^{-1}\cos^2 t\,\mathrm{d}t\right)$.

解 $\dfrac{\mathrm{d}}{\mathrm{d}x}\left(\displaystyle\int_x^{-1}\cos^2 t\,\mathrm{d}t\right) = \dfrac{\mathrm{d}}{\mathrm{d}x}\left(-\displaystyle\int_{-1}^x\cos^2 t\,\mathrm{d}t\right) = -\dfrac{\mathrm{d}}{\mathrm{d}x}\left(\displaystyle\int_{-1}^x\cos^2 t\,\mathrm{d}t\right) = -\cos^2 x.$

例2 求 $\dfrac{\mathrm{d}}{\mathrm{d}x}\left(\displaystyle\int_1^{x^3}\mathrm{e}^{t^2}\,\mathrm{d}t\right)$.

解 $\displaystyle\int_1^{x^3}\mathrm{e}^{t^2}\,\mathrm{d}t$ 是 x^3 的函数,因而是 x 的复合函数,令 $x^3 = u$,则 $\Phi(u) =$

$\int_1^u e^{t^2} dt$，根据复合函数求导法则，有

$$\frac{d}{dx}\left(\int_1^{x^3} e^{t^2} dt\right) = \frac{d}{du}\left(\int_1^u e^{t^2} dt\right) \cdot \frac{du}{dx} = \Phi'(u) \cdot 3x^2 = e^{u^2} \cdot 3x^2 = 3x^2 e^{x^6}.$$

例3 求极限 $\lim\limits_{x \to 0} \frac{1}{x} \int_0^{\sin x} e^t \, dt.$

解 该极限属于 $\frac{0}{0}$ 型，利用洛必达法则，有

$$\frac{d}{dx} \int_0^{\sin x} e^t \, dt = e^{\sin x} \cdot (\sin x)' = e^{\sin x} \cdot \cos x,$$

$$\lim\limits_{x \to 0} \frac{1}{x} \int_0^{\sin x} e^t \, dt = \lim\limits_{x \to 0} \frac{e^{\sin x} \cdot \cos x}{1} = 1.$$

例4 求 $\frac{d}{dx} \int_1^{x^2} (t^2 + 1) \, dt.$

解 注意，此处的变上限积分的上限是 x^2，若记 $u = x^2$，则函数 $\int_1^{x^2} (t^2 + 1) \, dt$ 可以看成由 $y = \int_1^u (t^2 + 1) \, dt$ 与 $u = x^2$ 复合而成，根据复合函数的求导法则得

$$\frac{d}{dx} \int_1^{x^2} (t^2 + 1) \, dt = \left[\frac{d}{du} \int_1^u (t^2 + 1) \, dt\right] \frac{du}{dx} = (u^2 + 1) 2x$$

$$= (x^4 + 1) 2x = 2x^5 + 2x.$$

例5 求极限 $\lim\limits_{x \to 0} \dfrac{\int_0^{x^2} \sin t \, dt}{x^4}.$

解 因为 $\lim\limits_{x \to 0} x^4 = 0, \lim\limits_{x \to 0} \int_0^{x^2} \sin t \, dt = \int_0^0 \sin t \, dt = 0$，所以这个极限是 $\frac{0}{0}$ 型的未定式，利用洛必达法则得

$$\lim\limits_{x \to 0} \frac{\int_0^{x^2} \sin t \, dt}{x^4} = \lim\limits_{x \to 0} \frac{\sin x^2 \cdot 2x}{4x^3} = \lim\limits_{x \to 0} \frac{\sin x^2}{2x^2}$$

$$= \frac{1}{2} \lim\limits_{x \to 0} \frac{\sin x^2}{x^2} = \frac{1}{2}.$$

5.2.3 牛顿-莱布尼茨公式

定理 1 是在被积函数连续的条件下证得的，因此，这也就证明了"连续函数必存在原函数"的结论，故有如下原函数的存在定理.

定理 2(原函数存在定理)　若函数 $f(x)$ 在区间 $[a,b]$ 上连续,则函数

$$\Phi(x) = \int_a^x f(t)\mathrm{d}t$$

就是 $f(x)$ 在区间 $[a,b]$ 上的一个原函数.

注:这个定理一方面肯定了闭区间 $[a,b]$ 上连续函数 $f(x)$ 一定有原函数 (解决了第 4 章 4.1 节留下的原函数存在问题),另一方面初步地揭示了积分学中的定积分与原函数之间的联系. 因此,就有可能通过原函数来计算定积分,为下一步研究微积分基本公式奠定基础.

定理 3　若函数 $F(x)$ 是连续函数 $f(x)$ 在区间 $[a,b]$ 上的一个原函数,则

$$\int_a^b f(x)\mathrm{d}x = F(b) - F(a). \tag{5-4}$$

式(5-4)称为**牛顿-莱布尼茨公式**,也称为**微积分基本公式**.

证明　已知函数 $F(x)$ 是 $f(x)$ 的一个原函数,又根据定理 2 知,

$$\Phi(x) = \int_a^x f(t)\mathrm{d}t$$

也是 $f(x)$ 的一个原函数,所以

$$F(x) - \Phi(x) = C, \quad x \in [a,b].$$

在上式中令 $x=a$,得 $F(a) - \Phi(a) = C.$ 而

$$\Phi(a) = \int_a^a f(t)\mathrm{d}t = 0,$$

所以 $F(a) = C$,故 $\int_a^x f(x)\mathrm{d}x = F(x) - F(a).$

在上式中再令 $x=b$,即得公式(5-4),该公式也常记作

$$\int_a^b f(x)\mathrm{d}x = F(x) \Big|_a^b = F(b) - F(a).$$

根据前面定积分的补充规定可知,当 $a>b$ 时,牛顿-莱布尼茨公式(5-4)仍成立.

由于 $f(x)$ 的原函数 $F(x)$ 一般可通过不定积分求得,因此,牛顿-莱布尼茨公式巧妙地把定积分的计算问题与不定积分联系起来,转化为求被积函数的一个原函数在区间 $[a,b]$ 上的增量的问题.

例 6　求定积分 $\int_0^1 x^2 \mathrm{d}x.$

解　由于 $\dfrac{x^3}{3}$ 是 x^2 的一个原函数,由牛顿-莱布尼茨公式,有

$$\int_0^1 x^2 \, dx = \frac{x^3}{3}\bigg|_0^1 = \frac{1}{3} - \frac{0}{3} = \frac{1}{3}.$$

例 7　求定积分 $\displaystyle\int_0^{\sqrt{a}} x e^{x^2} \, dx.$

解　$\displaystyle\int_0^{\sqrt{a}} x e^{x^2} \, dx = \frac{1}{2}\int_0^{\sqrt{a}} e^{x^2} \, d(x^2) = \frac{1}{2} e^{x^2}\bigg|_0^{\sqrt{a}} = \frac{1}{2}(e^a - 1).$

例 8　求定积分 $\displaystyle\int_{-\frac{\pi}{2}}^{\frac{\pi}{3}} \sqrt{1 - \cos^2 x} \, dx.$

解　$\displaystyle\int_{-\frac{\pi}{2}}^{\frac{\pi}{3}} \sqrt{1 - \cos^2 x} \, dx = \int_{-\frac{\pi}{2}}^{\frac{\pi}{3}} |\sin x| \, dx = -\int_{-\frac{\pi}{2}}^0 \sin x \, dx + \int_0^{\frac{\pi}{3}} \sin x \, dx$

$$= \cos x \, \bigg|_{-\frac{\pi}{2}}^0 - \cos x \, \bigg|_0^{\frac{\pi}{3}} = \frac{3}{2}.$$

习题 5.2

基础题

1. 求下列函数的导数.

（1）$F(x) = \displaystyle\int_0^x \sqrt{t^2 + 1} \, dt$；

（2）$F(x) = \displaystyle\int_a^{x^2} \frac{\sin t}{t} \, dt$；

（3）$F(x) = \displaystyle\int_x^1 t^2 e^{-t} \, dt$；

（4）$F(x) = \displaystyle\int_{-x}^{x^2} \cos^2 t \, dt.$

2. 求下列函数的极限.

（1）$\displaystyle\lim_{x \to 0} \frac{\displaystyle\int_0^x \cos^2 t \, dt}{x}$；

（2）$\displaystyle\lim_{x \to 1} \frac{\displaystyle\int_1^x t(t - 1) \, dt}{(x - 1)^2}$；

（3）$\displaystyle\lim_{x \to 0} \frac{\displaystyle\int_0^x \arctan t \, dt}{x^2}$；

（4）$\displaystyle\lim_{x \to 0} \frac{\displaystyle\int_0^x (\sqrt{1 + t} - \sqrt{1 - t}) \, dt}{x^2}.$

3. 求函数 $F(x) = \displaystyle\int_0^x t(t - 2) \, dt$ 在区间 $[-1, 3]$ 上的最大值和最小值.

4. 求由曲线 $y = -x^2 + 2x$ 与直线 $x = 0, x = 2$ 及 x 轴所围成的曲边梯形的面积.

5. 求下列定积分的值.

(1) $\int_1^2 (x^2 + x - 1)\,\mathrm{d}x$;

(2) $\int_0^1 (2^x + x^2)\,\mathrm{d}x$;

(3) $\int_0^2 \dfrac{x}{1 + x^2}\,\mathrm{d}x$;

(4) $\int_1^2 \dfrac{1}{\sqrt{x}}\,\mathrm{d}x$;

(5) $\int_0^\pi |\cos x|\,\mathrm{d}x$;

(6) $\int_0^2 \mathrm{e}^{\frac{x}{2}}\,\mathrm{d}x$.

提高题

设 $F(x) = \int_{\frac{1}{x}}^{\ln x} f(t)\,\mathrm{d}t$, $f(x)$ 连续, 则 $F'(x) = ($).

A. $\dfrac{1}{x}f(\ln x) + \dfrac{1}{x^2}f\left(\dfrac{1}{x}\right)$

B. $f(\ln x) + f\left(\dfrac{1}{x}\right)$

C. $\dfrac{1}{x}f(\ln x) - \dfrac{1}{x^2}f\left(\dfrac{1}{x}\right)$

D. $f(\ln x) - f\left(\dfrac{1}{x}\right)$

5.3 定积分的计算

由微积分基本公式知道, 求定积分 $\int_a^b f(x)\,\mathrm{d}x$ 的问题可以转化为求被积函数 $f(x)$ 的原函数 $F(x)$ 在区间 $[a,b]$ 上的增量的问题. 因此, 求不定积分和定积分都是找被积函数的原函数. 求不定积分时应用的换元法和分部积分法在求定积分时仍适用.

5.3.1 定积分的换元积分法

定理 设函数 $f(x)$ 在闭区间 $[a,b]$ 上连续, 函数 $x = \varphi(t)$ 满足条件:

(1) $\varphi(\alpha) = a$, $\varphi(\beta) = b$, 且 $a \leqslant \varphi(t) \leqslant b$;

(2) $\varphi(t)$ 在 $[\alpha,\beta]$(或 $[\beta,\alpha]$)上具有连续导数, 则有

$$\int_a^b f(x)\,\mathrm{d}x = \int_\alpha^\beta f(\varphi(t))\varphi'(t)\,\mathrm{d}t. \tag{5-5}$$

式(5-5)称为**定积分的换元公式**.

证明 因 $f(x)$ 在 $[a,b]$ 上连续, 故在 $[a,b]$ 上可积, 且原函数存在. 设 $F(x)$

是 $f(x)$ 的一个原函数,则

$$\int_a^b f(x)\,dx = F(b) - F(a).$$

另一方面,$\Phi(t) = F[\varphi(t)]$,由复合函数求导法则,得

$$\Phi'(t) = \frac{dF}{dx} \cdot \frac{dx}{dt} = f(x)\varphi'(t) = f[\varphi(t)]\varphi'(t),$$

即 $\Phi(t)$ 是 $f[\varphi(t)]\varphi'(t)$ 的一个原函数,从而

$$\int_\alpha^\beta f[\varphi(t)]\varphi'(t)\,dt = \Phi(\beta) - \Phi(\alpha).$$

注意到 $\Phi(t) = F[\varphi(t)]$,$\varphi(\alpha) = a,\varphi(\beta) = b$,则

$$\Phi(\beta) - \Phi(\alpha) = F[\varphi(\beta)] - F[\varphi(\alpha)] = F(b) - F(a).$$

因此

$$\int_a^b f(x)\,dx = \int_\alpha^\beta f[(\varphi(t)]\varphi'(t)\,dt.$$

定积分的换元公式与不定积分的换元公式很类似. 但是,在应用定积分的换元公式时应注意以下两点:

（1）用 $x = \varphi(t)$ 把变量 x 换成新变量 t 时,积分限也要换成相应于新变量 t 的积分限,且上限对应于上限,下限对应于下限;

（2）求出 $f[\varphi(t)]\varphi'(t)$ 的一个原函数 $\Phi(t)$ 后,不必像计算不定积分那样再把 $\Phi(t)$ 变换成原变量 x 的函数,只需直接求出 $\Phi(t)$ 在新变量 t 的积分区间上的增量即可.

例 1 求定积分 $\displaystyle\int_0^8 \frac{dx}{1 + \sqrt[3]{x}}$.

解 令 $t = \sqrt[3]{x}$,即 $x = t^3$,则 $dx = 3t^2\,dt$. 当 x 从 0 变到 8 时,t 从 0 变到 2,所以

$$\int_0^8 \frac{dx}{1 + \sqrt[3]{x}} = \int_0^2 \frac{3t^2}{1 + t}\,dt$$

$$= 3\int_0^2 \left(t - 1 + \frac{1}{1 + t}\right)dt$$

$$= 3\left(\frac{t^2}{2} - t + \ln(1 + t)\right)\Big|_0^2 = 3\ln 3.$$

例 2 求定积分 $\displaystyle\int_0^a \sqrt{a^2 - x^2}\,dx \quad (a > 0)$.

解 令 $x = a \sin t$,则 $\mathrm{d}x = a \cos t \, \mathrm{d}t$. 当 t 从 0 变到 $\dfrac{\pi}{2}$ 时,x 从 0 变到 a,所以

$$\int_0^a \sqrt{a^2 - x^2} \, \mathrm{d}x = \int_0^{\frac{\pi}{2}} a \cos t \cdot a \cos t \, \mathrm{d}t$$

$$= a^2 \int_0^{\frac{\pi}{2}} \frac{1 + \cos 2t}{2} \, \mathrm{d}t$$

$$= \frac{a^2}{2} \left(t + \frac{\sin 2t}{2} \right) \Big|_0^{\frac{\pi}{2}} = \frac{1}{4} \pi a^2.$$

例 3 求 $\displaystyle\int_0^{\frac{\pi}{2}} \cos^3 x \sin x \, \mathrm{d}x$.

解 **法一**:设 $t = \cos x$,则 $\mathrm{d}t = -\sin x \, \mathrm{d}x$. 当 $x = 0$ 时,$t = 1$;当 $x = \dfrac{\pi}{2}$ 时,$t = 0$. 于是

$$\int_0^{\frac{\pi}{2}} \cos^3 x \sin x \, \mathrm{d}x = \int_1^0 t^3 \cdot (-\mathrm{d}t) = \int_0^1 t^3 \mathrm{d}t = \left[\frac{1}{4} t^4 \right]_0^1 = \frac{1}{4}.$$

法二:

$$\int_0^{\frac{\pi}{2}} \cos^3 x \sin x \, \mathrm{d}x = -\int_0^{\frac{\pi}{2}} \cos^3 x \, \mathrm{d}(\cos x) = \left[-\frac{1}{4} \cos^4 x \right]_0^{\frac{\pi}{2}} = \frac{1}{4}.$$

法一是变量替换法,上下限要改变;法二是凑微分法,上下限不改变.

例 4 设 $f(x)$ 在闭区间 $[-a, a]$ 上连续,证明:

$$\int_{-a}^a f(x) \mathrm{d}x = \begin{cases} 0, & f(x) \text{ 为奇函数}; \\ 2\displaystyle\int_0^a f(x) \mathrm{d}x, & f(x) \text{ 为偶函数}. \end{cases}$$

证明 因

$$\int_{-a}^a f(x) \mathrm{d}x = \int_{-a}^0 f(x) \mathrm{d}x + \int_0^a f(x) \mathrm{d}x,$$

对上式右边第一个定积分作变量替换 $x = -t$,则当 $x = -a$ 时,$t = a$;当 $x = 0$ 时,$t = 0$. 于是

$$\int_{-a}^0 f(x) \mathrm{d}x = \int_a^0 f(-t) \mathrm{d}(-t) = -\int_a^0 f(-t) \mathrm{d}t = \int_0^a f(-x) \mathrm{d}x.$$

所以

$$\int_{-a}^a f(x) \mathrm{d}x = \int_0^a f(-x) \mathrm{d}x + \int_0^a f(x) \mathrm{d}x = \int_0^a (f(-x) + f(x)) \mathrm{d}x$$

$$= \begin{cases} 0, & f(x) \text{ 为奇函数} \\ 2\displaystyle\int_0^a f(x)\,\mathrm{d}x, & f(x) \text{ 为偶函数} \end{cases}.$$

5.3.2 定积分的分部积分法

设函数 $u = u(x), v = v(x)$ 在区间 $[a,b]$ 上具有连续导数,则

$$\mathrm{d}(uv) = u\mathrm{d}v + v\mathrm{d}u,$$

移项得

$$u\mathrm{d}v = \mathrm{d}(uv) - v\mathrm{d}u.$$

于是

$$\int_a^b u\mathrm{d}v = \int_a^b \mathrm{d}(uv) - \int_a^b v\mathrm{d}u,$$

即

$$\int_a^b u\mathrm{d}v = (uv) \Big|_a^b - \int_a^b v\mathrm{d}u \tag{5-6}$$

或

$$\int_a^b uv'\mathrm{d}x = (uv) \Big|_a^b - \int_a^b vu'\mathrm{d}x. \tag{5-7}$$

这就是定积分的**分部积分公式**. 与不定积分的分部积分公式不同的是,这里可将原函数已经积出的部分 uv 先用上、下限代入.

例 5　求定积分 $\displaystyle\int_1^5 \ln x\,\mathrm{d}x$.

解　令 $u = \ln x, \mathrm{d}v = \mathrm{d}x$,则 $\mathrm{d}u = \dfrac{1}{x}\mathrm{d}x, v = x$,故

$$\int_1^5 \ln x\,\mathrm{d}x = x\ln x\Big|_1^5 - \int_1^5 x\frac{1}{x}\,\mathrm{d}x = x\ln x\Big|_1^5 - x\Big|_1^5 = 5\ln 5 - 4.$$

例 6　求定积分 $\displaystyle\int_1^{e^2} \frac{1}{\sqrt{x}}(\ln x)^2\mathrm{d}x$.

解　$\displaystyle\int_1^{e^2} \frac{1}{\sqrt{x}}(\ln x)^2\mathrm{d}x = 2\int_1^{e^2}(\ln x)^2\mathrm{d}(\sqrt{x}) = 2\left[\sqrt{x}(\ln x)^2\Big|_1^{e^2} - \int_1^{e^2}\frac{2}{\sqrt{x}}\ln x\,\mathrm{d}x\right]$

$$= 8\mathrm{e} - 8\int_1^{e^2}\ln x\,\mathrm{d}(\sqrt{x}) = 8\mathrm{e} - 8\left[\sqrt{x}\ln x\Big|_1^{e^2} - \int_1^{e^2}\frac{1}{\sqrt{x}}\,\mathrm{d}x\right]$$

$$= 8\mathrm{e} - 16\mathrm{e} + 16\sqrt{x}\Big|_1^{e^2} = 8(\mathrm{e} - 2).$$

例 7　求定积分 $\displaystyle\int_{\frac{1}{2}}^1 \mathrm{e}^{-\sqrt{2x-1}}\mathrm{d}x$.

解 令 $t = \sqrt{2x - 1}$ 则 $t\,\mathrm{d}t = \mathrm{d}x$,且当 $x = \dfrac{1}{2}$ 时,$t = 0$;当 $x = 1$ 时,$t = 1$.

于是

$$\int_{1/2}^{1} \mathrm{e}^{-\sqrt{2x-1}}\,\mathrm{d}x = \int_{0}^{1} t\mathrm{e}^{-t}\,\mathrm{d}t.$$

再次使用分部积分法,得

$$\int_{0}^{1} t\mathrm{e}^{-t}\,\mathrm{d}t = -t\mathrm{e}^{-t}\Big|_{0}^{1} + \int_{0}^{1} \mathrm{e}^{-t}\,\mathrm{d}t = -\frac{1}{\mathrm{e}} - (\mathrm{e}^{-t})\Big|_{0}^{1} = 1 - \frac{2}{\mathrm{e}}.$$

习题 5.3

基础题

1. 求下列定积分的值.

(1) $\displaystyle\int_{1}^{\mathrm{e}} \frac{1 + \ln x}{x}\,\mathrm{d}x$;

(2) $\displaystyle\int_{0}^{1} x\sqrt{1 - x^2}\,\mathrm{d}x$;

(3) $\displaystyle\int_{1}^{2} \frac{1}{x^2}\mathrm{e}^{\frac{1}{x}}\,\mathrm{d}x$;

(4) $\displaystyle\int_{0}^{3} \frac{1}{1 + \sqrt{x + 1}}\,\mathrm{d}x$;

(5) $\displaystyle\int_{1}^{64} \frac{\mathrm{d}x}{\sqrt{x} + \sqrt[3]{x}}$;

(6) $\displaystyle\int_{1}^{10} \frac{\sqrt{x - 1}}{x}\,\mathrm{d}x$;

(7) $\displaystyle\int_{0}^{2} x^2\mathrm{e}^{2x}\,\mathrm{d}x$;

(8) $\displaystyle\int_{0}^{1} \arctan x\,\mathrm{d}x$;

(9) $\displaystyle\int_{0}^{\mathrm{e}-1} \ln(x + 1)\,\mathrm{d}x$;

(10) $\displaystyle\int_{0}^{\frac{\pi}{2}} \mathrm{e}^{2x}\cos x\,\mathrm{d}x$.

2. 求下列定积分.

(1) $\displaystyle\int_{-1}^{1} (x^2 + 3x + \sin x\cos^2 x)\,\mathrm{d}x$;

(2) $\displaystyle\int_{-1}^{1} \frac{x^3\sin^2 x}{x^4 + 2x^2 + 1}\,\mathrm{d}x$;

(3) $\displaystyle\int_{-a}^{a} \frac{x^2}{\sqrt{x^2 + a^2}}\,\mathrm{d}x$;

(4) $\displaystyle\int_{-1}^{1} \frac{1 + \sin x}{\sqrt{1 - x^2}}\,\mathrm{d}x$.

提高题

1.【2018 年数一】设函数 $f(x)$ 具有 2 阶连续导数,若曲线 $y = f(x)$ 过点 $(0,0)$ 且与曲线 $y = 2^x$ 在点 $(1,2)$ 处相切,则 $\displaystyle\int_{0}^{1} xf''(x)\,\mathrm{d}x = $ _____.

2.【2017 年数一】求 $\lim\limits_{n\to\infty}\sum\limits_{k=1}^{n}\dfrac{k}{n^2}\ln\left(1+\dfrac{k}{n}\right)$.

5.4　广义积分

前面讨论定积分的定义时,要求函数的定义域只能是有限区间 $[a,b]$,并且被积函数在积分区间上是有界的. 但是在实际问题中,还会遇到函数的定义域是无穷区间 $[a,+\infty),(-\infty,a]$ 或 $(-\infty,+\infty)$,或被积函数为无界的情况. 前者称为无穷区间上的积分,后者称为**无界函数的积分**. 因此,在定积分的计算中,还要研究无穷区间上的积分和无界函数的积分. 这两类积分统称为**广义积分**或**反常积分**,而前面讨论的定积分称为**常义积分**. 本节将介绍广义积分的概念和计算方法.

5.4.1　无穷区间上的广义积分——无穷积分

定义 1　设函数 $f(x)$ 在区间 $[a,+\infty)$ 上连续,如果极限 $\lim\limits_{b\to+\infty}\displaystyle\int_a^b f(x)\mathrm{d}x$ 存在,则称此极限值为函数 $f(x)$ 在无穷区间 $[a,+\infty)$ 上的广义积分,记为 $\displaystyle\int_a^{+\infty}f(x)\mathrm{d}x$,即

$$\int_a^{+\infty}f(x)\mathrm{d}x=\lim\limits_{b\to+\infty}\int_a^b f(x)\mathrm{d}x.$$

此时也称广义积分 $\displaystyle\int_a^{+\infty}f(x)\mathrm{d}x$ 收敛;如果极限 $\lim\limits_{b\to+\infty}\displaystyle\int_a^b f(x)\mathrm{d}x$ 不存在,则称广义积分 $\displaystyle\int_a^{+\infty}f(x)\mathrm{d}x$ 发散.

类似地,可定义函数 $f(x)$ 在无穷区间 $(-\infty,b]$ 上的广义积分

$$\int_{-\infty}^b f(x)\mathrm{d}x=\lim\limits_{a\to-\infty}\int_a^b f(x)\mathrm{d}x.$$

定义 2　函数 $f(x)$ 在无穷区间 $(-\infty,+\infty)$ 上的广义积分定义为

$$\int_{-\infty}^{+\infty}f(x)\mathrm{d}x=\int_{-\infty}^a f(x)\mathrm{d}x+\int_a^{+\infty}f(x)\mathrm{d}x,$$

其中,a 为任意实数,当上式右端两个广义积分都收敛时,称广义积分

$\int_{-\infty}^{+\infty} f(x)\mathrm{d}x$ 是收敛的;否则,称广义积分 $\int_{-\infty}^{+\infty} f(x)\mathrm{d}x$ 是发散的. 上述广义积分统称为**无穷限的广义积分**.

若 $F(x)$ 是 $f(x)$ 的一个原函数,记

$$F(+\infty) = \lim_{x\to+\infty} F(x), F(-\infty) = \lim_{x\to-\infty} F(x),$$

则广义积分可表示为

$$\int_a^{+\infty} f(x)\mathrm{d}x = F(x)\Big|_a^{+\infty} = F(+\infty) - F(a);$$

$$\int_{-\infty}^b f(x)\mathrm{d}x = F(x)\Big|_{-\infty}^b = F(b) - F(-\infty);$$

$$\int_{-\infty}^{+\infty} f(x)\mathrm{d}x = F(x)\Big|_{-\infty}^{+\infty} = F(+\infty) - F(-\infty).$$

例1 计算广义积分 $\int_0^{+\infty} x\mathrm{e}^{-x^2}\mathrm{d}x$ 的值.

解 由定义

$$\int_0^{+\infty} x\mathrm{e}^{-x^2}\mathrm{d}x = \lim_{b\to+\infty}\int_0^b x\mathrm{e}^{-x^2}\mathrm{d}x = \lim_{b\to+\infty}\left(-\frac{1}{2}\int_0^b \mathrm{e}^{-x^2}\mathrm{d}(-x^2)\right)$$

$$= -\frac{1}{2}\lim_{b\to+\infty}\mathrm{e}^{-x^2}\Big|_0^b = -\frac{1}{2}\lim_{b\to+\infty}(\mathrm{e}^{-b^2}-\mathrm{e}^0) = \frac{1}{2}.$$

例2 判断广义积分 $\int_1^{+\infty}\frac{1}{x^p}\mathrm{d}x$ 的敛散性,其中 p 为常数.

解 当 $p=1$ 时,$\int_1^{+\infty}\frac{1}{x}\mathrm{d}x = \ln x\Big|_1^{+\infty} = +\infty$;

当 $p\neq 1$ 时,$\int_1^{+\infty}\frac{1}{x^p}\mathrm{d}x = \frac{x^{1-p}}{1-p}\Big|_1^{+\infty} = \begin{cases} +\infty, & p<1; \\ \dfrac{1}{p-1}, & p>1. \end{cases}$

因此,当 $p\leq 1$ 时,广义积分 $\int_1^{+\infty}\frac{1}{x^p}\mathrm{d}x$ 发散;当 $p>1$ 时,广义积分 $\int_1^{+\infty}\frac{1}{x^p}\mathrm{d}x$ 收敛,且收敛于 $\frac{1}{p-1}$.

例3 判断广义积分 $\int_{-\infty}^{+\infty}\sin x\,\mathrm{d}x$ 的收敛性.

解 由于

$$\int_{-\infty}^{+\infty}\sin x\,\mathrm{d}x = \int_{-\infty}^0\sin x\,\mathrm{d}x + \int_0^{+\infty}\sin x\,\mathrm{d}x,$$

而 $\int_0^{+\infty} \sin x \, \mathrm{d}x = -\cos x \Big|_0^{+\infty} = 1 - \lim_{x \to +\infty} \cos x$，此极限不存在，即广义积分 $\int_0^{+\infty} \sin x \, \mathrm{d}x$ 发散. 因此，广义积分 $\int_{-\infty}^{+\infty} \sin x \, \mathrm{d}x$ 发散.

5.4.2 无界函数的广义积分——瑕积分

定义3 设函数 $f(x)$ 在区间 $(a,b]$ 上连续，且 $\lim\limits_{x \to a^+} f(x) = \infty$. 取 $A > a$，如果极限 $\lim\limits_{A \to a^+} \int_A^b f(x) \, \mathrm{d}x$ 存在，则称此极限为函数 $f(x)$ 在 $(a,b]$ 上的广义积分，记作 $\int_a^b f(x) \, \mathrm{d}x$，即

$$\int_a^b f(x) \, \mathrm{d}x = \lim_{A \to a^+} \int_A^b f(x) \, \mathrm{d}x.$$

此时也称广义积分 $\int_a^b f(x) \, \mathrm{d}x$ 收敛，否则就称广义积分 $\int_a^b f(x) \, \mathrm{d}x$ 发散.

类似地，当 $x = b$ 为 $f(x)$ 的无穷间断点时，$f(x)$ 在 $[a,b)$ 上的广义积分 $\int_a^b f(x) \, \mathrm{d}x$ 为（取 $B < b$）：

$$\int_a^b f(x) \, \mathrm{d}x = \lim_{B \to b^-} \int_a^B f(x) \, \mathrm{d}x.$$

当无穷间断点 $x = c$ 位于区间 $[a,b]$ 的内部时，则定义广义积分 $\int_a^b f(x) \, \mathrm{d}x$ 为：

$$\int_a^b f(x) \, \mathrm{d}x = \int_a^c f(x) \, \mathrm{d}x + \int_c^b f(x) \, \mathrm{d}x.$$

注：上式右端两个积分均为广义积分，当且仅当右端两个积分同时收敛时，称广义积分 $\int_a^b f(x) \, \mathrm{d}x$ 收敛，否则称其发散.

注：(1) 广义积分是常义积分（定积分）概念的扩充，收敛的广义积分与定积分具有类似的性质，但不能直接利用牛顿-莱布尼茨式.

(2) 求广义积分就是求常义积分的一种极限，因此，首先计算一个常义积分，再求极限. 定积分中换元积分法和分部积分法都可以推广到广义积分，且在求极限时可以利用求极限的一切方法，包括洛必达法则.

(3) 为了方便，利用下列符号表示极限：

$$\lim_{a \to -\infty} F(x) \Big|_a^b = F(x) \Big|_{-\infty}^b \; ; \quad \lim_{b \to +\infty} F(x) \Big|_a^b = F(x) \Big|_a^{+\infty} \; ;$$

$$\lim_{B \to a^+} F(x) \Big|_B^b = F(x) \Big|_a^b; \lim_{B \to b^-} F(x) \Big|_a^B = F(x) \Big|_a^b.$$

（4）瑕积分与常义积分的记号一样，要注意判断和区别.

例4　求 $\int_0^1 \frac{1}{\sqrt{1-x}} \, dx$.

解　因为函数 $f(x) = \frac{1}{\sqrt{1-x}} \, dx$ 在 $[0,1)$ 上连续，且 $\lim\limits_{x \to 1^-} \frac{1}{\sqrt{1-x}} = +\infty$，

所以 $\int_0^1 \frac{1}{\sqrt{1-x}} \, dx$ 是广义积分，于是

$$\int_0^1 \frac{1}{\sqrt{1-x}} \, dx = \lim_{B \to 1^-} \int_0^B \frac{1}{\sqrt{1-x}} \, dx = \lim_{B \to 1^-} \left[-2\sqrt{1-x} \right] \Big|_0^B$$
$$= \lim_{B \to 1^-} \left[2 - 2\sqrt{1-B} \right] = 2.$$

例5　求 $\int_0^1 \frac{1}{x} \, dx$.

解　因为函数 $f(x) = \frac{1}{x}$ 在 $(0,1]$ 上连续，且 $\lim\limits_{x \to 0^+} \frac{1}{x} = +\infty$，所以 $\int_0^1 \frac{1}{x} \, dx$ 是广义积分，于是

$$\int_0^1 \frac{1}{x} \, dx = \lim_{A \to 0^+} \int_A^1 \frac{1}{x} \, dx = \lim_{A \to 0^+} \ln x \Big|_A^1$$
$$= -\lim_{A \to 0^+} \ln A = +\infty.$$

故 $\int_0^1 \frac{1}{x} \, dx$ 发散.

例6　计算 $\int_{-1}^1 \frac{1}{x^2} \, dx$.

解　因为 $\lim\limits_{x \to 0} \frac{1}{x^2} = +\infty$，所以 $\int_{-1}^1 \frac{1}{x^2} \, dx$ 是广义积分，于是

$$\int_{-1}^1 \frac{1}{x^2} \, dx = \int_0^1 \frac{1}{x^2} \, dx + \int_{-1}^0 \frac{1}{x^2} \, dx.$$

由于 $\int_{-1}^0 \frac{1}{x^2} \, dx = +\infty$，即 $\int_{-1}^0 \frac{1}{x^2} \, dx$ 发散，从而 $\int_{-1}^1 \frac{1}{x^2} \, dx$ 发散.

对于例6，如果没有考虑被积函数 $\frac{1}{x^2}$ 在 $x=0$ 处有无穷间断点的情况，仍然按定积分来计算，就会得出如下错误的结果：

$$\int_{-1}^1 \frac{1}{x^2} \, dx = -\frac{1}{x} \Big|_{-1}^1 = -2.$$

例7 求积分 $\int_0^1 \ln x \, \mathrm{d}x$.

解 因为被积函数 $\ln x$, 当 $x \to 0^+$ 时无界, 所以按瑕积分进行.

$$\int_0^1 \ln x \, \mathrm{d}x = x \ln x \Big|_0^1 - \int_0^1 \mathrm{d}x = -1 - \lim_{x \to 0^+} x \ln x$$

$$= -1 - \lim_{x \to 0^+} \frac{\ln x}{\frac{1}{x}} = -1 + \lim_{x \to 0^+} x = -1.$$

例8 讨论广义积分 $\int_a^b \dfrac{\mathrm{d}x}{(x-a)^q}$ 的敛散性.

解 当 $q = 1$ 时,

$$\int_a^b \frac{\mathrm{d}x}{(x-a)^q} = \int_a^b \frac{\mathrm{d}x}{x-a} = \ln(x-a) \Big|_a^b = \ln(b-a) - \lim_{x \to a^+} \ln(x-a) = +\infty$$

发散;

当 $q \neq 1$ 时,

$$\int_a^b \frac{\mathrm{d}x}{(x-a)^q} = \frac{(x-a)^{1-q}}{1-q} \Big|_a^b = \frac{(b-a)^{1-q}}{1-q} - \lim_{x \to a^+} \frac{(x-a)^{1-q}}{1-q}$$

$$= \begin{cases} \dfrac{(b-a)^{1-q}}{1-q}, q < 1 \, (\text{收敛}) \\ +\infty, q > 1 \, (\text{发散}) \end{cases}.$$

故 $q < 1$ 时, 该广义积分收敛, 其值为 $\dfrac{(b-a)^{1-q}}{1-q}$; 当 $q \geqslant 1$ 时, 该广义积分发散.

此广义积分称为 **q 积分**, 牢记它的敛散性, 可以直接运用.

 **习题5.4**

基础题

1. 求下列广义积分.

(1) $\int_{-\infty}^0 \mathrm{e}^x \, \mathrm{d}x$;

(2) $\int_1^{+\infty} \dfrac{1}{x^2} \, \mathrm{d}x$;

(3) $\int_{-\infty}^{+\infty} \dfrac{1}{1+x^2} \, \mathrm{d}x$;

(4) $\int_e^{+\infty} \dfrac{\ln x}{x} \, \mathrm{d}x$;

(5) $\int_0^{+\infty} \mathrm{e}^{-ax}\sin bx\,\mathrm{d}x\,(a>0)$； (6) $\int_1^{+\infty} \dfrac{\arctan x}{1+x^2}\,\mathrm{d}x.$

2. 判断下列瑕积分的敛散性,如果收敛,计算积分值.

(1) $\int_0^1 \dfrac{1}{\sqrt{x}}\,\mathrm{d}x$； (2) $\int_0^1 \dfrac{\mathrm{d}x}{\sqrt{1-x^2}}$；

(3) $\int_1^2 \dfrac{1}{x\ln x}\,\mathrm{d}x$； (4) $\int_{\frac{\pi}{4}}^{\frac{\pi}{2}} \dfrac{1}{\cos^2 x}\,\mathrm{d}x$；

(5) $\int_0^2 \dfrac{\mathrm{d}x}{(1-x)^2}$； (6) $\int_{-1}^1 \dfrac{1}{x^2}\mathrm{e}^{\frac{1}{x}}\,\mathrm{d}x.$

提高题

计算下列广义积分.

(1) $I=\int_1^{+\infty} \dfrac{\mathrm{d}x}{\mathrm{e}^{1+x}+\mathrm{e}^{3-x}}$； (2) $\int_0^{+\infty} \dfrac{x\mathrm{e}^{-x}}{(1+\mathrm{e}^{-x})^2}\,\mathrm{d}x.$

5.5 定积分的应用

由于定积分的概念和理论是在解决实际问题的过程中产生和发展起来的,因而它的应用非常广泛.

问题1 在机械制造中,某凸轮横截面的轮廓线是由极坐标方程 $r=a(1+\cos\theta)(a>0)$ 确定的,要计算该凸轮的面积和体积.

问题2 修建一道梯形闸门,它的两条底边各长 6 m 和 4 m,高为 6 m,较长的底边与水面平齐,要计算闸门一侧所受水的压力.

为了解决这些问题,下面先介绍运用定积分解决实际问题的常用方法——**微元法**,然后讨论定积分在几何学、物理学、经济学等方面的一些简单应用. 读者通过这部分内容的学习,不仅要掌握一些具体应用的计算公式,而且还要学会用定积分解决实际问题的思想方法.

5.5.1 定积分的微元法

定积分的所有应用问题,一般可按“分割、求和、取极限”三个步骤把所有量表示为定积分的形式,如本章讨论过的曲边梯形的面积问题.

设由连续曲线 $y=f(x)$ 与直线 $x=a$、$x=b$ 和 $y=0$ 所围成的曲边梯形.

（1）分割.

用任意一组分点把区间 $[a,b]$ 分成长度为 $\Delta x_i\,(i=1,2,\cdots,n)$ 的 n 个小区间,相应地把曲边梯形分成 n 个小曲边梯形,记第 i 个小曲边梯形的面积为 ΔA_i,则

$$\Delta A_i \approx f(\xi_i)\Delta x_i,\quad x_{i-1}\leqslant\xi_i\leqslant x_i. \tag{5-8}$$

（2）求和.

所求曲边梯形面积 A 的近似值,即

$$A = \sum_{i=1}^{n}\Delta A_i \approx \sum_{i=1}^{n}f(\xi_i)\Delta x_i. \tag{5-9}$$

（3）取极限.

取上述和式的极限,便得到曲边梯形的面积

$$A = \lim_{\lambda\to0}\sum_{i=1}^{n}f(\xi_i)\Delta x_i = \int_a^b f(x)\,\mathrm{d}x, \tag{5-10}$$

其中 $\lambda = \max\{\Delta x_1,\Delta x_2,\cdots,\Delta x_n\}$.

由上述过程可见,当把区间 $[a,b]$ 分成 n 个小区间时,所求面积 A（总量）也被相应地分割成 n 个小曲边梯形的面积（部分量）,而所求量等于各部分量之和 $\left(A = \sum_{i=1}^{n}\Delta A_i\right)$,这一性质称为所求量对区间 $[a,b]$ 具有可加性. 此外,以 $f(\xi_i)\Delta x_i$ 近似代替部分量 ΔA_i 时,其误差是比 Δx_i 高阶的无穷小. 这两点保证了求和、取极限后能得到所求量的精确值.

对上述分析过程,在实际应用中可省略其下标,简化为

（1）分割.

把区间 $[a,b]$ 分成 n 个小区间,任取其中一个小区间 $[x,x+\mathrm{d}x]$（**区间微元**）,用 ΔA 表示 $[x,x+\mathrm{d}x]$ 上小曲边梯形的面积,于是所求面积

$$A = \sum \Delta A. \tag{5-11}$$

取 $[x,x+\mathrm{d}x]$ 的左端点 x 为 ξ,以点 x 处的函数值 $f(x)$ 为高、$\mathrm{d}x$ 为底的小矩形的面积 $f(x)\mathrm{d}x$（**面积微元**,记为 $\mathrm{d}A$）作为 ΔA 的近似值（如图 5-7 阴影部分）.

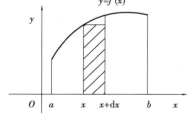

图 5-7

（2）求和.

所求面积 A 的近似值

$$\Delta A \approx \sum \mathrm{d}A = \sum f(x)\,\mathrm{d}x. \tag{5-12}$$

（3）取极限.

面积 A 的精确值

$$A = \lim \sum f(x)\,\mathrm{d}x = \int_a^b f(x)\,\mathrm{d}x. \tag{5-13}$$

由上述分析,我们可以抽象出在应用学科中广泛采用的将所求量 U（总量）表示为定积分的方法——**微元法**,这个方法的主要步骤如下:

（1）由分割写出微元.

根据具体问题,选取一个积分变量,例如 x 为积分变量,并确定它的变化区间 $[a,b]$,任取 $[a,b]$ 的一个区间微元 $[x,x+\mathrm{d}x]$,求出相应于这个区间微元上的部分量 ΔU 的近似值,即求出所求总量 U 的微元

$$\mathrm{d}U = f(x)\,\mathrm{d}x.$$

（2）由微元写出积分.

根据 $\mathrm{d}U = f(x)\,\mathrm{d}x$ 写出表示总量 U 的定积分

$$U = \int_a^b \mathrm{d}U = \int_a^b f(x)\,\mathrm{d}x.$$

应用微元法解决实际问题时,要注意以下两点:

（1）所求总量 U 关于区间 $[a,b]$ 应具有可加性,即如果把区间 $[a,b]$ 分成许多部分区间,则 U 相应地分成许多部分量,而 U 等于所有部分量 ΔU 之和.

（2）使用微元法的关键在于正确给出部分量 ΔU 的近似表达式 $f(x)\,\mathrm{d}x$,即使得

$$f(x)\,\mathrm{d}x = \mathrm{d}U \approx \Delta U.$$

在通常情况下,要检验 $\Delta U - f(x)\,\mathrm{d}x$ 是否为 $\mathrm{d}x$ 的高阶无穷小不容易,因此,在实际应用中要注意 $\mathrm{d}U = f(x)\,\mathrm{d}x$ 的合理性.

下面主要介绍微元法在几何中的几种应用.

5.5.2　平面图形的面积

1）直角坐标下平面图形的面积

（1）由曲线 $y = f(x)$ 和直线 $x=a,x=b,y=0$ 所围成曲边梯形的面积的求法前面已经介绍,此处不再叙述.

（2）求由两条曲线 $y=f(x),y=g(x)(f(x)\geqslant g(x))$ 及直线 $x=a,x=b$ 所围成平面的面积 A,如图 5-8 所示.

下面用微元法求面积 A.

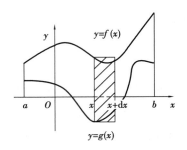

图 5-8

①取 x 为积分变量，$x \in [a, b]$.

②在区间 $[a, b]$ 上任取一小区间 $[x, x + \mathrm{d}x]$，该区间上小曲边梯形的面积 $\mathrm{d}A$ 可以用高为 $f(x) - g(x)$，底边为 $\mathrm{d}x$ 的小矩形的面积近似代替，从而得面积元素

$$\mathrm{d}A = [f(x) - g(x)]\mathrm{d}x.$$

③写出积分表达式，即

$$A = \int_a^b [f(x) - g(x)]\mathrm{d}x.$$

（3）求由两条曲线 $x = \psi(y)$，$x = \varphi(y)$（$\psi(y) \leqslant \varphi(y)$）及直线 $y = c, y = d$ 所围成的平面图形的面积，如图 5-9 所示.

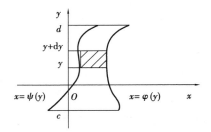

图 5-9

这里取 y 为积分变量，$y \in [c, d]$，用类似（2）的方法可以推出：

$$A = \int_c^d [\varphi(y) - \psi(y)]\mathrm{d}y.$$

例 1　求由曲线 $y = x^2$ 与 $y = 2x - x^2$ 所围图形的面积.

解　先画出所围的图形，如图 5-10 所示.

由方程组 $\begin{cases} y = x^2 \\ y = 2x - x^2 \end{cases}$，得两条曲线的交点为 $O(0, 0)$，$A(1, 1)$，取 x 为积分

变量, $x \in [0,1]$. 由公式得

$$A = \int_0^1 (2x - x^2 - x^2)\,\mathrm{d}x = \left[x^2 - \frac{2}{3}x^3 \right]_0^1 = \frac{1}{3}.$$

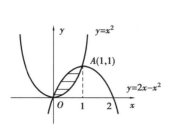
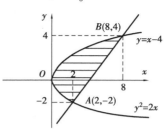

图 5-10   图 5-11

例 2 求由曲线 $y^2 = 2x, y = x - 4$ 所围成的图形的面积.

解 画出所围的图形,如图 5-11 所示.

由 $\begin{cases} y^2 = 2x, \\ y = x - 4 \end{cases}$ 得交点 $(2, -2), (8, 4)$. 选 y 为积分变量, $y \in [-2, 4]$, 任取

微元区间 $[y, y + \mathrm{d}y] \subset [-2, 4]$, 其面积微元

$$\mathrm{d}A = \left[(y + 4) - \frac{1}{2}y^2 \right]\mathrm{d}y.$$

因此,所求平面图形的面积为

$$A = \int_{-2}^4 \left[(y + 4) - \frac{1}{2}y^2 \right]\mathrm{d}y = \left[\frac{1}{2}y^2 + 4y - \frac{y^3}{6} \right]\Bigg|_{-2}^4 = 18.$$

注:本题若以 x 为积分变量,由于图形在 $[0,2]$ 和 $[2,8]$ 两个区间上的构成情况不同,因此需要分成两部分来计算,其结果应为:

$$A = 2\int_0^2 \sqrt{2x}\,\mathrm{d}x + \int_2^8 \left[\sqrt{2x} - (x - 4) \right]\mathrm{d}x$$

$$= \frac{4\sqrt{2}}{3}x^{\frac{3}{2}}\Big|_0^2 + \left[\frac{2\sqrt{2}}{3}x^{\frac{3}{2}} - \frac{1}{2}x^2 + 4x \right]\Bigg|_2^8$$

$$= 18.$$

显然,对于例 2,选取 x 作积分变量,不如选取 y 作积分变量计算简便. 可见适当选取积分变量,可简化计算.

例 3 求曲线 $y = \cos x$ 与 $y = \sin x$ 在区间 $[0, \pi]$ 上所围平面图形的面积.

解 如图 5-12 所示,曲线 $y = \cos x$ 与 $y = \sin x$ 的交点坐标为 $\left(\frac{\pi}{4}, \frac{\sqrt{2}}{2} \right)$,选取

x 作为积分变量，$x \in [0, \pi]$，于是，所求面积为

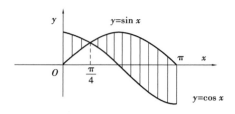

图 5-12

$$A = \int_0^{\frac{\pi}{4}} (\cos x - \sin x)\,\mathrm{d}x + \int_{\frac{\pi}{4}}^{\pi} (\sin x - \cos x)\,\mathrm{d}x$$

$$= (\sin x + \cos x)\,\Big|_0^{\frac{\pi}{4}} + (-\cos x - \sin x)\,\Big|_{\frac{\pi}{4}}^{\pi} = 2\sqrt{2}.$$

2）极坐标下平面图形的面积

设曲线的方程由极坐标形式给出

$$\rho = \rho(\theta),\ \alpha \leqslant \theta \leqslant \beta.$$

现在要求由曲线 $\rho = \rho(\theta)$，射线 $\theta = \alpha$ 和 $\theta = \beta$ 所围成的曲边扇形的面积 A，如图 5-13 所示.

选 θ 为积分变量，其变化范围 $[\alpha, \beta]$. 任取一个微元区间 $[\theta, \theta + \mathrm{d}\theta] \subset [\alpha, \beta]$，其相应于区间微元 $[\theta, \theta + \mathrm{d}\theta]$ 的小曲边扇形的面积可以用半径为 $\rho = \rho(\theta)$，中心角为 $\mathrm{d}\theta$ 的扇形的面积来近似代替，从而曲边扇形的面积微元为

$$\mathrm{d}A = \frac{1}{2}\big[\rho(\theta)\big]^2 \mathrm{d}\theta.$$

因此，所求平面图形的面积为

$$A = \frac{1}{2}\int_\alpha^\beta \big[\rho(\theta)\big]^2 \mathrm{d}\theta.$$

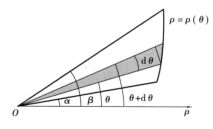

图 5-13

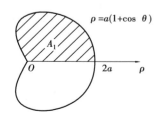

图 5-14

例4 求心形线 $\rho = a(1 + \cos \theta)(a > 0)$ 所围成的图形的面积,如图 5-14 所示.

解 此图形对称于极轴,因此所求图形的面积 A 是极轴上方部分图形面积 A_1 的两倍. 对于极轴上方部分图形,取 θ 为积分变量, $\theta \in [0, \pi]$,由上述公式得:

$$
\begin{aligned}
A &= 2A_1 = 2 \times \frac{1}{2} \int_0^\pi a^2 (1 + \cos \theta)^2 \mathrm{d}\theta \\
&= a^2 \int_0^\pi (1 + 2\cos\theta + \cos^2\theta) \mathrm{d}\theta \\
&= a^2 \int_0^\pi \left(\frac{3}{2} + 2\cos\theta + \frac{1}{2}\cos 2\theta \right) \mathrm{d}\theta \\
&= a^2 \left[\frac{3}{2}\theta + 2\sin\theta + \frac{1}{4}\sin 2\theta \right] \Big|_0^\pi = \frac{3}{2}\pi a^2.
\end{aligned}
$$

这个结果就是本节前面问题 1 提到的凸轮横截面的面积,如果知道凸轮的厚度,可进一步求出它的体积,这里不再赘述.

5.5.3 体积

1)旋转体的体积

一平面图形绕该平面内一条定直线旋转一周而成的立体称为**旋转体**,这条定直线称为**旋转轴**.

例如,圆柱可视为由矩形绕它的一条边旋转一周而成的立体,圆锥可视为直角三角形绕它的一条直角边旋转一周而成的立体,而球体可视为半圆绕它的直径旋转一周而成的立体.

下面我们主要考虑以 x 轴和 y 轴为旋转轴的旋转体,并利用微元法来推导旋转体的体积公式.

设旋转体是由连续曲线 $y = f(x) \geq 0$,直线 $x = a$, $x = b$ 及 x 轴所围成平面图形绕 x 轴旋转而成的. 求旋转体的体积 V.

选 x 为积分变量,其变化区间 $x \in [a, b]$,任取微元区间 $[x, x + \mathrm{d}x] \subset [a, b]$,相应于 $[x, x + \mathrm{d}x]$ 的窄曲边梯形绕 x 轴旋转而成的薄片的体积近似于以 $f(x)$ 为底半径、$\mathrm{d}x$ 为高的扁圆柱体的体积,如图 5-15 所示,即体积微元为

$$\mathrm{d}V = \pi [f(x)]^2 \mathrm{d}x.$$

因此,所求旋转体的体积为

$$V = \int_a^b \pi [f(x)]^2 \mathrm{d}x.$$

类似地,如图 5-16 所示,由连续曲线 $x = \varphi(y)$,直线 $y = c, y = d(c < d)$ 及 y 轴所围成平面图形绕 y 轴旋转而成的旋转体的体积为

$$V = \pi \int_c^d \left[\varphi(y) \right]^2 \mathrm{d}y.$$

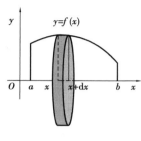

图 5-15

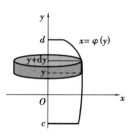

图 5-16

例 5   求由椭圆 $\dfrac{x^2}{a^2} + \dfrac{y^2}{b^2} = 1$ 绕 x 轴及 y 轴旋转而成的椭球体的体积.

解   （1）绕 x 轴旋转的椭球体如图 5-17 所示,它可看作上半椭圆 $y = \dfrac{b}{a} \sqrt{a^2 - x^2}$ 与 x 轴围成的平面图形绕 x 轴旋转而成. 取 x 为积分变量,$x \in [-a, a]$,由公式所求椭球体的体积为

$$
\begin{aligned}
V_x &= \pi \int_{-a}^a \left(\frac{b}{a} \sqrt{a^2 - x^2} \right)^2 \mathrm{d}x \\
&= \frac{2\pi b^2}{a^2} \int_0^a (a^2 - x^2) \mathrm{d}x \\
&= \frac{2\pi b^2}{a^2} \left[a^2 x - \frac{x^3}{3} \right]_0^a \\
&= \frac{4}{3} \pi a b^2.
\end{aligned}
$$

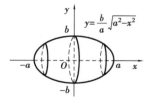

图 5-17

（2）绕 y 轴旋转的椭球体,可看作右半椭圆 $x = \dfrac{a}{b} \sqrt{b^2 - y^2}$ 与 y 轴围成的平面图形绕 y 轴旋转而成,如图 5-18 所示,取 y 为积分变量,$y \in [-b, b]$,由公式所求椭球体体积为

$$
\begin{aligned}
V_y &= \pi \int_{-b}^b \left(\frac{a}{b} \sqrt{b^2 - y^2} \right)^2 \mathrm{d}y \\
&= \frac{2\pi a^2}{b^2} \int_0^b (b^2 - y^2) \mathrm{d}y
\end{aligned}
$$

$$= \frac{2\pi a^2}{b^2} \left[b^2 y - \frac{y^3}{3} \right]_0^b$$

$$= \frac{4}{3}\pi a^2 b.$$

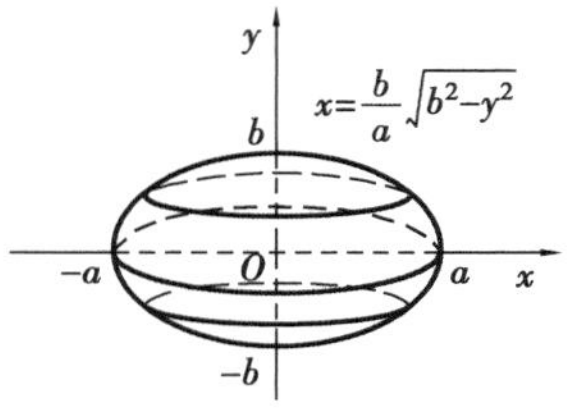

当 $a = b = R$ 时,上述结果为 $V = \frac{4}{3}\pi R^3$,这就是

大家所熟悉的球体的体积公式.

图 5-18

2)平行截面面积为已知的立体的体积

如果一个立体不是旋转体,但却知道该立体上垂直于一定直线的各个截面的面积. 那么这个立体体积也可用定积分来计算.

不妨设直线为 x 轴,并设该立体在过点 $x = a$, $x = b$ 且垂直于 x 轴的两平面之间,以 $A(x)$ 表示过点 x 且垂直于 x 轴的截面面积. 这里假定 $A(x)$ 是 x 的连续函数,求该物体介于 $x = a$ 和 $x = b\,(a < b)$ 之间的体积,如图 5-19 所示.

取 x 为积分变量,其变化区间 $x \in [a, b]$,任取微元区间 $[x, x + \mathrm{d}x] \subset [a, b]$,相应于该区间微元的一薄片的体积近似于底面积为 $A(x)$,高为 $\mathrm{d}x$ 的扁平圆柱体的体积,即体积微元

$$\mathrm{d}V = A(x)\,\mathrm{d}x,$$

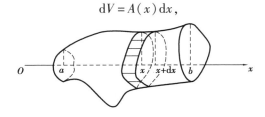

图 5-19

从而,所求立体的体积为

$$V = \int_a^b A(x)\,\mathrm{d}x.$$

例6　一平面过半径为 R 的圆柱底面中心,并与底面成 α 夹角. 计算平面截圆柱体所得立体的体积 V,如图 5-20 所示.

解　如图 5-20 所示建立坐标系,用过 x 轴上任意一点 x 且垂直于 x 轴的平面去截立体,截得的截面面积为

$$A(x) = \frac{1}{2}\sqrt{R^2 - x^2} \cdot \sqrt{R^2 - x^2}\tan\alpha$$

$$= \frac{1}{2}\tan\alpha \cdot (R^2 - x^2),\ -R \leqslant x \leqslant R.$$

因此,该立体的体积为

$$V = \int_{-R}^{R} A(x)\,dx = \frac{1}{2}\tan\alpha\int_{-R}^{R}(R^2 - x^2)\,dx = \frac{2}{3}R^3\tan\alpha.$$

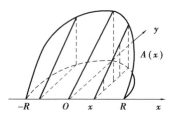

图 5-20

5.5.4　平面曲线的弧长(理工)

1)平行曲线弧长的概念

直线的长度是可以直接度量的,而一条曲线段的长度一般不能直接度量.要计算平面曲线的弧长,需建立平面的连续曲线弧长的概念.

在初等几何中,求圆周长的方法是:利用圆内接正多边形的周长作为圆周长的近似值,令多边形的边数无限增多而取极限,就可定出圆周的周长. 这里,我们也可类似地定义平面曲线弧长的概念.

定义　设 A、B 是曲线弧 L 上的两个端点,在 L 上插入分点
$$A = M_0, M_1, \cdots, M_{n-1}, M_n = B, i = 0, 1, \cdots, n.$$
并以此连接相邻分点得一内接折线,如图 5-21 所示,设曲线弧 L 的弧长为 s,则

$$s \approx \sum_{i=1}^{n} |M_{i-1}M_i|.$$

记 $\lambda = \max\{|M_0M_1|, \cdots, |M_{n-1}M_n|\}$.

如果极限 $\lim\limits_{\lambda\to 0}\sum\limits_{i=1}^{n}|M_{i-1}M_i|$ 存在,则称此极限为平面曲线弧 L 的弧长,并称曲线 L 是可求长的,即 $s = \lim\limits_{\lambda\to 0}\sum\limits_{i=1}^{n}|M_{i-1}M_i|$.

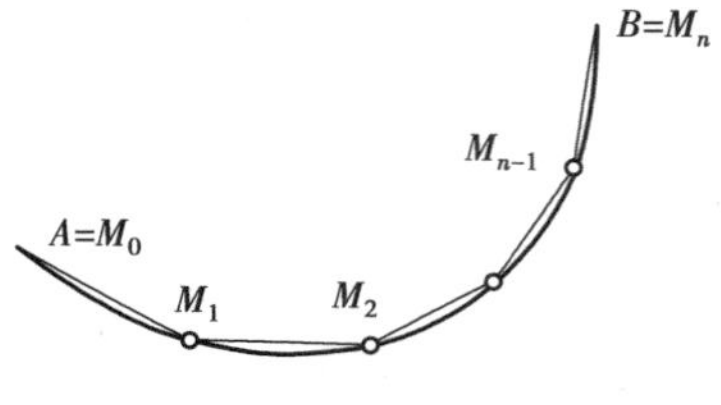

定理　光滑曲线弧是可求长的.

图 5-21

2)平行曲线弧长的计算

由于光滑曲线弧是可求长的,故可应用定积分来计算弧长. 利用定积分的微元法来讨论弧长的计算公式.

（1）直角坐标情形.

设函数 $f(x)$ 在区间 $[a,b]$ 上有一阶连续导数，即曲线 $y=f(x)$ 为 $[a,b]$ 上的光滑曲线. 求此光滑曲线的弧长 s.

如图 5-22 所示，取 x 为积分变量，其变化区间 $x\in[a,b]$，任取微元区间 $[x,x+\mathrm{d}x]$，相应于该区间微元上的一小段弧的长度，近似等于该曲线在点 $(x,f(x))$ 处的相应一小段切线的长度. 而切线上相应小段的长度

$$PT=\sqrt{(\mathrm{d}x)^2+(\mathrm{d}y)^2}=\sqrt{1+y'^2}\,\mathrm{d}x,$$

从而得到弧长微元（**弧微分**）

$$\mathrm{d}s=\sqrt{1+y'^2}\,\mathrm{d}x,$$

所求光滑曲线的弧长

$$s=\int_a^b\sqrt{1+y'^2}\,\mathrm{d}x\quad(a<b). \tag{5-14}$$

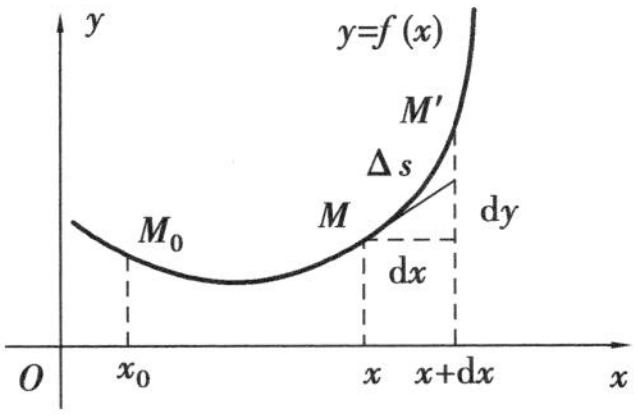

图 5-22

（2）参数方程情形.

如果曲线弧 L 由参数方程

$$\begin{cases}x=\varphi(t)\\y=\psi(t)\end{cases}\quad(\alpha\leqslant t\leqslant\beta)$$

给出，其中 $\varphi(t),\psi(t)$ 在 $[\alpha,\beta]$ 上具有一阶连续导数，则弧长微元

$$\mathrm{d}s=\sqrt{(\mathrm{d}x)^2+(\mathrm{d}y)^2}=\sqrt{\varphi'^2(t)+\psi'^2(t)}\,\mathrm{d}t,$$

所求光滑曲线弧长

$$s=\int_\alpha^\beta\sqrt{\varphi'^2(t)+\psi'^2(t)}\,\mathrm{d}t. \tag{5-15}$$

（3）极坐标情形.

如果曲线由极坐标方程

$$r=r(\theta)\quad(\alpha\leqslant\theta\leqslant\beta)$$

给出，其中 $r(\theta)$ 在 $[\alpha,\beta]$ 上具有连续导数，此时可把极坐标方程化为参数方程

$$\begin{cases} x = r(\theta)\cos\theta \\ y = r(\theta)\sin\theta \end{cases} (\alpha \le \theta \le \beta),$$

并且

$$\mathrm{d}x = [r'(\theta)\cos\theta - r(\theta)\sin\theta]\mathrm{d}\theta, \mathrm{d}y = [r'(\theta)\sin\theta + r(\theta)\cos\theta]\mathrm{d}\theta.$$

则得到弧长微元

$$\mathrm{d}s = \sqrt{(\mathrm{d}x)^2 + (\mathrm{d}y)^2} = \sqrt{r^2(\theta) + r'^2(\theta)}\,\mathrm{d}\theta,$$

所求光滑曲线的弧长

$$s = \int_\alpha^\beta \sqrt{r^2(\theta) + r'^2(\theta)}\,\mathrm{d}\theta. \tag{5-16}$$

例7 求圆 $x^2 + y^2 = R^2$ 的周长.

解 将圆的方程化为参数方程

$$\begin{cases} x = R\cos\theta \\ y = R\sin\theta \end{cases} (0 \le \theta \le 2\pi),$$

则所求圆周长

$$s = \int_0^{2\pi} \sqrt{(-R\sin\theta)^2 + (R\cos\theta)^2}\,\mathrm{d}\theta = R\int_0^{2\pi}\mathrm{d}\theta = 2\pi R.$$

例8 求星形线 $\begin{cases} x = a\cos^3 t \\ y = a\sin^3 t \end{cases}$ 的全长.

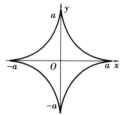

解 如图5-23所示，由于对称性，只需求出第一象限的弧长的4倍即可.

由 $x = a\cos^3 t$ 知，当 $x = a$ 时，$t = 0$；当 $x = 0$ 时，$t = \dfrac{\pi}{2}$. 于是所求弧长

图 5-23

$$s = 4\int_0^{\frac{\pi}{2}} \sqrt{9a^2\cos^4 t\sin^2 t + 9a^2\sin^4 t\cos^2 t}\,\mathrm{d}t$$

$$= 4\int_0^{\frac{\pi}{2}} 3a|\cos t\sin t|\mathrm{d}t = 4\int_0^{\frac{\pi}{2}} \frac{3}{2}a\,\mathrm{d}(\sin^2 t) = 6a.$$

5.5.5 功、水压力和引力

1）变力沿直线所做的功

根据初等物理学知识，一个与物体位移方向一致而大小为 F 的常力，将物体移动了距离 s 时所做的功为 $W = Fs$.

如果物体在运动过程中受到变力的作用，则可利用定积分微元法来计算物体受变力沿直线所做的功.

一般地,假设 $F(x)$ 是 $[a,b]$ 上的连续函数,讨论在变力 $F(x)$ 的作用下,物体从 $x=a$ 移动到 $x=b$ 时所做的功 W,如图 5-24 所示.

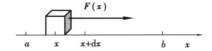

图 5-24

任取微元 $[x,x+\mathrm{d}x]$,物体由点 x 移动到 $x+\mathrm{d}x$ 的过程中所受到的变力近似视为物体在点 x 受到的常力 $F(x)$,则功微元为

$$\mathrm{d}W = F(x)\mathrm{d}x,$$

于是,物体受变力 $F(x)$ 的作用由 $x=a$ 移动到 $x=b$ 时所做的功

$$W = \int_a^b \mathrm{d}W = \int_a^b F(x)\mathrm{d}x.$$

在实际应用中,许多问题都可以转化为物体受变力作用沿直线所做的功的情形.

例 9　设 40 N 的力使弹簧从自然长度 10 cm 拉长至 15 cm,问需要做多大的功才能克服弹力,将伸长的弹簧从 15 cm 再拉长 3 cm?

解　根据胡克定律,有

$$F(x) = kx.$$

当弹簧从 10 cm 拉长至 15 cm 时,其伸长量为 5 cm $= 0.05$ m. 因有 $F(0.05) = 40$,即 $0.05k = 40$,于是得 $k = 800$. 故

$$F(x) = 800x.$$

这样,弹簧从 15 cm 拉长到 18 cm,所做的功为

$$W = \int_{0.05}^{0.08} 800x\,\mathrm{d}x = 400x^2\,\Big|_{0.05}^{0.08} = 400(0.006\,4 - 0.002\,5) = 1.56\text{ J}.$$

2）水压力

根据初等物理学知识,在水深为 h 处的压强 $p = \rho g h$,这里 ρ 是水的密度. 如果有一面积为 A 的平板水平地放置在水深 h 处,则平板一侧所受的水压力为

$$P = p \cdot A.$$

如果平板垂直放置在水中,如图 5-25 所示,由于水深不同的点处压强 p 不相等,平板一侧不同深度处所受的水压力是不同的,此时,可采用微元法计算.

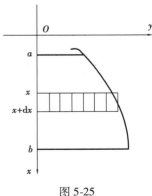

图 5-25

任取微元 $[x, x + \mathrm{d}x]$，则小矩形上的压强近似为 $p = \gamma x$，从而小矩形片的压力微元为

$$\mathrm{d}P = p \cdot \mathrm{d}A.$$

其中 $\mathrm{d}A, f(x)$ 分别表示小矩形片的面积和长. 则所求平板一侧所受的水压力为

$$P = \int_a^b \mathrm{d}P = \int_a^b \gamma x f(x) \mathrm{d}x.$$

下面我们来看本节前面问题 2 的答案.

例 10 修建一道梯形闸门，它的两条底边各长 6 m 和 4 m，高为 6 m，较长的底边与水面平齐，计算闸门一侧所受水的压力.

解 根据题设条件. 建立如图 5-26 所示的坐标系，AB 的方程为 $y = -\dfrac{1}{6}x + 3$. 取 x 为积分变量，$x \in [0, 6]$，在 $x \in [0, 6]$ 上任一小区间 $[x, x + \mathrm{d}x]$ 的压力微元为

$$\mathrm{d}F = 2\rho g x y \mathrm{d}x = 2 \times 9.8 \times 10^3 x \left(-\frac{1}{6}x + 3 \right) \mathrm{d}x,$$

从而所求的压力为

$$F = \int_0^6 9.8 \times 10^3 \left(-\frac{1}{3}x^2 + 6x \right) \mathrm{d}x$$

$$= 9.8 \times 10^3 \left[-\frac{1}{9}x^3 + 3x^2 \right] \Big|_0^6$$

$$\approx 8.23 \times 10^5 \text{ N}.$$

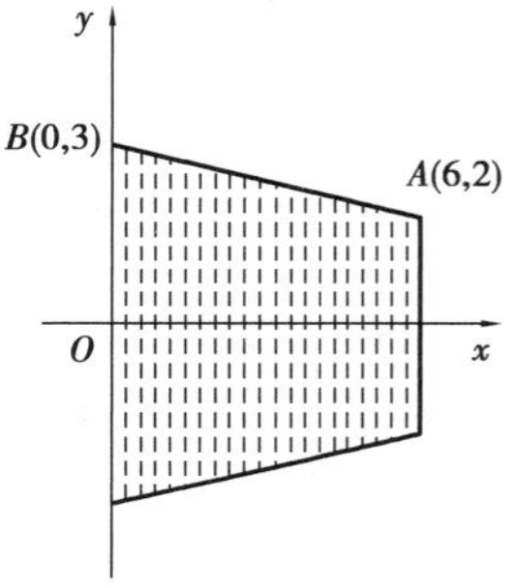

图 5-26

例 11 一个横放着的圆柱形水桶，桶内盛有半桶水，设桶的底半径为 R，水的密度为 ρ，计算桶的圆侧面的一端所受到的水压力.

解 在桶的一端面建立坐标系，取 x 为积分变量，变化范围为 $[0, R]$，任取微元 $[x, x + \mathrm{d}x]$，则小矩形上的压强近似为 $p = \rho g x$，而小矩形片的面积为

$$2\sqrt{R^2 - x^2}\, \mathrm{d}x.$$

因此，该小矩形片一侧所受的水压力的近似值，即压力微元为

$$\mathrm{d}P = 2\rho g x \sqrt{R^2 - x^2}\, \mathrm{d}x,$$

所以，一端面上所受的压力为

$$P = \int_0^R 2\rho g x \sqrt{R^2 - x^2}\, \mathrm{d}x = -\rho g \int_0^R \sqrt{R^2 - x^2}\, \mathrm{d}(R^2 - x^2)$$

$$= -\rho g \left[\frac{2}{3}(\sqrt{R^2 - x^2})^3 \right] \Big|_0^R = \frac{2\rho g}{3}R^3.$$

3)引力

根据初等物理学知识,质量分别为 m_1, m_2,相距为 r 的两个质点间的引力大小为 $F = k\dfrac{m_1 m_2}{r^2}$($k$ 为引力系数),引力的方向为两质点的连线方向.

如果要计算一根细棒或一平面对一个质点的引力,由于细棒或平面上各点与该质点的距离是变化的,且各点对该质点的引力方向也是变化的,下面通过具体的例子来说明该问题的计算方法.

例 12 假设有一长度为 l,线密度为 ρ 的均匀细棒,在其中垂线上距棒 a 单位处有一质量为 m 的质点 M,试计算该棒对质点 M 的引力.

解 如图 5-27 所示,建立坐标系,使棒位于 y 轴上,质点 M 位于 x 轴上,取 y 为积分变量,变化范围为 $\left[-\dfrac{l}{2}, \dfrac{l}{2}\right]$,任取微元 $[y, y+\mathrm{d}y]$,把细棒上相应于 $[y, y+\mathrm{d}y]$ 的一段近似看成质点,其质量为 $\rho\mathrm{d}y$,与质点 M 的距离为 $r = \sqrt{a^2 + y^2}$,因此,这一小段对质点的引力 ΔF 的大小为

$$\Delta F \approx k\,\frac{m\rho\mathrm{d}y}{a^2 + y^2},$$

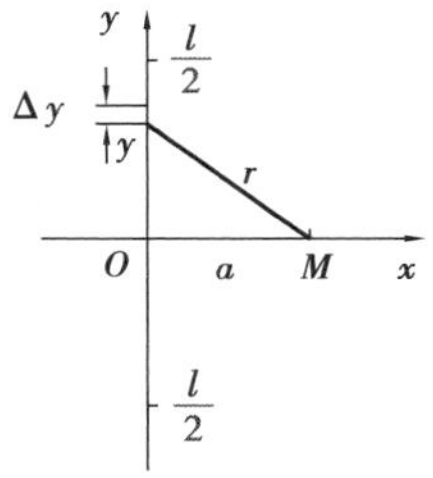

图 5-27

从而可求出 ΔF 在水平方向分力的近似值,即细棒对质点 M 的引力在水平方向的分力微元为

$$\mathrm{d}F_x = -k\,\frac{am\rho\mathrm{d}y}{(a^2 + y^2)^{\frac{3}{2}}},$$

故所求引力在水平方向的分力为

$$F_x = -\int_{-\frac{l}{2}}^{\frac{l}{2}} k\,\frac{am\rho\mathrm{d}y}{(a^2 + y^2)^{\frac{3}{2}}} = \frac{-2\,km\rho l}{a(4a^2 + l^2)^{\frac{1}{2}}}\,.$$

另外,由对称性知,引力在铅直方向的分力 $F_y = 0$.

5.5.6 定积分在经济分析中的应用(经济)

1)由边际函数求原经济函数

设产量为 x 时的边际成本为 $C'(x)$,边际收入 $R'(x)$,固定成本为 C_0,则产量为 x 时的总成本函数为

$$C(x) = \int_0^x C'(t)\mathrm{d}t + C_0.$$

总收入函数为

$$R(x) = \int_0^x R'(t)\,dt.$$

总利润函数为

$$L(x) = R(x) - C(x)$$

$$= \int_0^x R'(t)\,dt - \left[\int_0^x C'(t)\,dt + C_0 \right]$$

$$= \int_0^x [R'(t) - C'(t)]\,dt - C_0,$$

即

$$L(x) = \int_0^x L'(t)\,dt - C_0.$$

例 13 设生产某产品的固定成本为 100 万元，而当产量为 x（单位：百件）时的边际成本 $C'(x) = -40 - 20x + 3x^2$，边际收入 $R'(x) = 32 + 10x$. 试求

（1）总利润函数；

（2）使总利润最大的产量.

解 总成本函数为

$$C(x) = \int_0^x C'(t)\,dt + C_0 = \int_0^x (-40 - 20t + 3t^2)\,dt + 100$$

$$= 100 - 40x - 10x^2 + x^3.$$

总收入函数为

$$R(x) = \int_0^x R'(t)\,dt = \int_0^x (32 + 10t)\,dt = 32x + 5x^2.$$

因此，总利润函数为

$$L(x) = R(x) - C(x) = -100 + 72x + 15x^2 - x^3.$$

令 $L'(x) = R'(x) - C'(x) = 72 + 30x - 3x^2 = 0$，

得 $x = 12, x = -2$（舍去）.

又因为 $L''(x) = 30 - 6x$，从而 $L''(12) = -42 < 0$，所以 $x = 12$ 是 $L(x)$ 在 $(0, +\infty)$ 内的唯一极大值点，故也是最大值点，所以当产量为 1 200 件时，总利润最大.

2）由变化率求总量

设总产量 Q 是时间 t 的函数 $Q = Q(t)$，Q 对时间 t 的变化率（产出率）为 $Q'(t)$，则在 $[t_0, t]$ 这段时间内的产量为

$$Q = \int_{t_0}^t Q'(t)\,dt.$$

例 14 设某地区消费者个人收入为 x 元时，消费支出 $W(x)$ 的变化率

$W'(x) = \dfrac{15}{\sqrt{x}}$,当个人收入由 2 500 元增加到 3 600 元时,消费支出增加多少元?

解 当个人收入由 2 500 元增加到 3 600 元时,消费支出增加

$$\Delta W = W(3\ 600) - W(2\ 500) = \int_{2\ 500}^{3\ 600} \frac{15}{\sqrt{x}} \mathrm{d}x = 30\sqrt{x} \Big|_{2\ 500}^{3\ 600} = 300(\text{元}).$$

3)资本现值和投资问题

我们知道,设有 P 元人民币,若按年利率为 r 的连续复利计算,则 t 年后的价值为 $P\mathrm{e}^{rt}$ 元;反之,若 t 年后要 P 元人民币,现在应有 $P\mathrm{e}^{-rt}$ 元,称此为资本现值.

设在时间区间 $[0, T]$ 内任意时刻 t 的收益率(收益对时间的变化率)为 $P(t)$. 若按年利率为 r 的连续复利计算,则在时间区间 $[t, t+dt]$ 内的收益现值为 $P(t)\mathrm{e}^{-rt}\mathrm{d}t$. 由定积分的微元法,则在 $[0, T]$ 内得到的总收益现值为

$$A = \int_0^T P(t)\mathrm{e}^{-rt}\mathrm{d}t.$$

若收益率 $P(t) = a$(a 为常数),称其为均匀收益率. 若年利率 r 也为常数,则总收益现值为

$$A = \int_0^T a\mathrm{e}^{-rt}\mathrm{d}t = -\frac{a}{r}\mathrm{e}^{-rt}\Big|_0^T = \frac{a}{r}(1 - \mathrm{e}^{-rT}).$$

例 15 一投资项目需投入 1 000 万元,预计每年收益为 200 万元. 若该投资为无限期,按年利率为 5% 的连续复利计算,那么该投资收益的资本价值 W 为多少?

解 投资收益的资本价值

$W = $ 总收益现值 $A - $ 投入资金现值 A_0

$= \displaystyle\int_0^{+\infty} 200\mathrm{e}^{-0.05t}\mathrm{d}t - 1\ 000 = -\frac{200}{0.05}\mathrm{e}^{-0.05t}\Big|_0^{+\infty} - 1\ 000 = \frac{200}{0.05} - 1\ 000$

$= 3\ 000(\text{万元}).$

习题 5.5

基础题

1. 求下列曲线围成平面图形的面积.

(1) $y = x^2$, $y = \sqrt{x}$;

(2) $y = \dfrac{1}{x}$, $y = x$, $y = 2$;

（3）$y = \sin x, y = \cos x, x = 0, x = \dfrac{\pi}{2}$；　　（4）$y = 4 - x^2, y = 0$；

（5）$y^2 = 4 + x, x + 2y = 4$；　　　　　（6）$y = x^2, y = (x-2)^2, y = 0$.

2. 求由直线 $y = 0$ 与曲线 $y = x^2$ 及它在点（1，1）处的法线所围成图形的面积.

3. 求下列平面图形分别绕 x 轴，y 轴旋转所产生的立体的体积.

（1）$y + 2x = 1, x = 0$ 及 $y = 0$；　　　（2）$y = \sqrt{2x}, x = 1, x = 2$ 及 $y = 0$.

4. 有一弹簧，用 10 N 的力可以把它拉长 0.005 m，求把弹簧拉长 0.03 m 时力所做的功.

5. 有一圆柱形贮水桶，高 2 m，底圆半径为 0.8 m，桶内装 1 m 深的水，试问要将桶内的水全部吸出要做多少功？

6. 求曲线 $r = 2a \cos \theta$ 所围成图形的面积.

7. 已知物体做变速直线运动的速度为 $v(t) = 2t^2 + t$（m/s），求该物体在前 5 s 内经过的路程.

8. 设一沿 x 轴运动的物体所受的外力是 $\left| \cos \dfrac{\pi}{3} x \right|$（N），求当此物体从 $x = 1$ m 处移到 $x = 2$ m 处时外力所做的功.

9. 一水库闸门的形状为直角梯形，上底为 6 m，下底为 2 m，高为 10 m，求当水面与上底相齐时，闸门一侧所受的压力.

10. 已知某产品的固定成本为 1 万元，边际收益和边际成本分别为（单位：万元/100 台）

$$MR(Q) = 8 - Q, \quad MC(Q) = 4 + \dfrac{Q}{4}$$

（1）求产量由 100 台增加到 500 台时，总收益增加了多少？

（2）求产量由 200 台增加到 500 台时，总成本增加了多少？

（3）求产量为多少时，总利润最大？

（4）求总利润最大时的总收益、总成本和总利润.

提高题

1. 求曲线 $y = x^2 - 2x, y = 0, x = 1, x = 3$ 所围成的平面图形的面积 S，并求该平面图形绕 y 轴旋转一周所得旋转体的体积 V.

2. 设直线 $y = ax$ 与抛物线 $y = x^2$ 所围成图形的面积为 S_1，它们与直线 $x = 1$ 所围成的图形面积为 S_2，并且 $a < 1$.

（1）试确定 a 的值,使 $S_1 + S_2$ 达到最小,并求出最小值;

（2）求该最小值所对应的平面图形绕 x 轴旋转一周所得旋转体的体积.

应用题

某工厂生产某产品 $Q(100$ 台$)$ 的边际成本为 $MC(Q) = 2($ 万元$/100$ 台$)$,设固定成本为 0,边际收益为 $MR(Q) = 7 - 2Q($ 万元$/100$ 台$)$. 求:

（1）生产量为多少时,总利润 L 最大? 最大总利润是多少?

（2）在利润最大的生产量的基础上又生产了 50 台,总利润减少多少?

总习题 5

基础题

1. 填空题.

（1）曲线 $y = \cos x$ 与直线 $x = 0, x = \pi, y = 0$ 所围成平面图形面积等于 _____.

（2）函数 $f(x)$ 在 $[-1, 2]$ 上连续且其平均值为 $-\dfrac{5}{6}$,则 $\displaystyle\int_{-1}^{2} f(x)\,\mathrm{d}x =$ _____.

（3）$\displaystyle\int_0^1 (2x + k)\,\mathrm{d}x = 2$,则 $k =$ _____.

（4）设可导函数 $f(x)$ 满足条件 $f(0) = 1, f(2) = 3, f'(2) = 5$,则 $\displaystyle\int_0^1 x f''(2x)\,\mathrm{d}x =$ _____.

2. 单项选择题.

（1）$\dfrac{\mathrm{d}}{\mathrm{d}x} \displaystyle\int_a^x \dfrac{\sin t}{t}\,\mathrm{d}t = ($ 　　$)$.

A. $\dfrac{\sin x}{x}$ 　　　　B. $\dfrac{\cos x}{x}$ 　　　　C. $\dfrac{\sin a}{a}$ 　　　　D. $\dfrac{\sin t}{t}$

（2）$\left[\displaystyle\int_x^b f(t)\,\mathrm{d}t \right]' = ($ 　　$)$.

A. 0 　　　　B. $f(b) - f(x)$ 　　C. $f(a)$ 　　　　D. $-f(x)$

（3）设 $f(x)$ 在 $[a,b]$ 上连续，$F(x) = \int_a^x f(t)\,dt$，则（　　）.

A. $F(x)$ 是 $f(x)$ 在 $[a,b]$ 上的一个原函数.

B. $f(x)$ 是 $F(x)$ 在 $[a,b]$ 上的一个原函数.

C. 是 $f(x)$ 在 $[a,b]$ 上唯一的原函数.

D. 是 $F(x)$ 在 $[a,b]$ 上唯一的原函数.

（4）设 $f(x)$ 为连续函数，则 $\int_0^1 f(x)\,dx = ($　　$)$.

A. $\int_0^{\frac{\pi}{2}} \cos x f(\sin x)\,dx$　　　　B. $\int_0^{\frac{\pi}{2}} \sin x f(\cos x)\,dx$

C. $\int_0^{\frac{\pi}{2}} \cos x f(\cos x)\,dx$　　　　D. $\int_0^{\frac{\pi}{2}} \sin x f(\sin x)\,dx$

（5）设 $f(x)$ 在 $[a,b]$ 上连续，则下列各式中不成立的是（　　）.

A. $\int_a^b f(x)\,dx = \int_a^b f(t)\,dt$　　　　B. $\int_a^b f(x)\,dx = -\int_b^a f(t)\,dt$

C. $\int_a^b f(x)\,dx = 0$　　　　D. 若 $\int_a^b f(x)\,dx = 0$，则 $f(x) = 0$

3. 解答下列各题.

（1）求下列极限：

① $\lim\limits_{x\to 0} \dfrac{\int_0^x \sin t\,dt}{x^2}$；　　　　② $\lim\limits_{x\to 0} \dfrac{\int_0^{x^2} \arctan\sqrt{t}\,dt}{x^2}$；

③ $\lim\limits_{x\to \frac{\pi}{2}} \dfrac{\int_{\frac{\pi}{2}}^x \sin^2 t\,dt}{x - \dfrac{\pi}{2}}$；　　　　④ $\lim\limits_{x\to +\infty} \dfrac{\int_0^{x^2} \sqrt{1+t^4}\,dt}{x^6}$.

（2）求下列定积分：

① $\int_1^2 \left(x + \dfrac{1}{x}\right)dx$；　　　　② $\int_0^{\frac{\pi}{4}} (\sin x + \cos x)\,dx$；

③ $\int_0^{\frac{\pi}{2}} \left|\dfrac{1}{2} - \sin x\right|dx$；　　　　④ $\int_0^{\frac{\pi}{2}} \sin x \cos^2 x\,dx$；

⑤ $\int_0^{\ln 2} \dfrac{e^x}{1 + e^{2x}}\,dx$；　　　　⑥ $\int_1^{e^2} \dfrac{dx}{x\sqrt{1 + \ln x}}$；

⑦ $\int_1^{\sqrt{3}} \dfrac{1}{\sqrt{4 - x^2}}\,dx$；　　　　⑧ $\int_0^3 \dfrac{x}{1 + \sqrt{x+1}}\,dx$；

⑨ $\displaystyle\int_0^2 x^2 \sqrt{4 - x^2}\,\mathrm{d}x$;

⑩ $\displaystyle\int_0^1 \frac{x\sqrt{1 - x^2}}{2 - x^2}\,\mathrm{d}x$;

⑪ $\displaystyle\int_1^2 \frac{\sqrt{x^2 - 1}}{x}\,\mathrm{d}x$;

⑫ $\displaystyle\int_0^{\ln 2} \sqrt{\mathrm{e}^x - 1}\,\mathrm{d}x$;

⑬ $\displaystyle\int_0^{\sqrt{\ln 2}} x^3 \mathrm{e}^{x^2}\,\mathrm{d}x$;

⑭ $\displaystyle\int_{\frac{1}{e}}^{e} |\ln x|\,\mathrm{d}x$;

⑮ $\displaystyle\int_0^{\frac{1}{2}} \arcsin x\,\mathrm{d}x$;

⑯ $\displaystyle\int_0^{\ln 2} \sqrt{1 - \mathrm{e}^{-2x}}\,\mathrm{d}x$.

（3）试求函数 $f(x) = \displaystyle\int_0^x \mathrm{e}^{-t}\cos t\,\mathrm{d}t$ 在区间 $[0,\pi]$ 的最大值点.

（4）设函数 $f(x)$ 在 $[0,a]$ 上连续，证明 $\displaystyle\int_0^a f(x)\,\mathrm{d}x = \int_0^a f(a - x)\,\mathrm{d}x$.

（5）已知 m,n 为自然数，证明 $\displaystyle\int_0^1 x^m (1 - x)^n\,\mathrm{d}x = \int_0^1 x^n (1 - x)^m\,\mathrm{d}x$.

（6）设 $S_1(t)$ 是曲线 $x = \sqrt{y}$ 与直线 $x = 0$ 及 $y = t\ (0 < t < 1)$ 所围图形的面积. $S_2(t)$ 是曲线 $x = \sqrt{y}$ 与直线 $x = 1$ 及 $y = t\,(0 < t < 1)$ 所围图形的面积，试求 t 为何值时 $S_1(t) + S_2(t)$ 最小？最小值是多少？

（7）求抛物线 $y = -x^2 + 4x - 3$ 及其在点 $(0,-3)$ 各点 $(3,0)$ 处的切线所围成的图形面积及此平面图形绕 y 轴旋转所得的旋转体体积.

（8）抛物线 $y = ax^2 + bx + c$ 通过点 $(0,0)$ ，且当 $0 < x < 1$ 时，$y > 0$ ，它和直线 $x = 1$ 及 $y = 0$ 所转成的图形面积是 $\dfrac{4}{9}$ ，问这个图形绕 x 轴旋转所得的旋转体体积为最小时，a,b 与 c 的值应是多少？

（9）已知某类产品总产量 Q 在时刻 t 的变化率为 $Q'(t) = 250 + 32t - 0.6t^2(\mathrm{kg/h})$. 求从 $t = 2$ 到 $t = 4$ 这两小时之内的产量.

（10）已知物体运动的速度与时间的算术平方根成正比，时间从 $t = 0$ 至 $t = 4\ \mathrm{s}$ 时，物体经过的距离是 $32\ \mathrm{cm}$ ，求距离 s 与时间 t 的函数关系式.

（11）一根粗细均匀的绳子，长为 $50\ \mathrm{m}$ ，已知每米的质量是 $0.5\ \mathrm{kg}$ ，若拉着绳子的一端将其拉到 $120\ \mathrm{m}$ 的高处放好，试求所做的功.

提高题

1. 设 $f(x)$ 在区间 $[0,1]$ 上连续，在 $(0,1)$ 内可导，且满足 $f(1) = 3\displaystyle\int_0^{\frac{1}{3}} \mathrm{e}^{1-x^2} f(x)\,\mathrm{d}x$ ，证明存在 $\xi \in (0,1)$ ，使得 $f'(\xi) = 2\xi f(\xi)$.

2. 设函数 $f(x)$ 在 $(0, +\infty)$ 内连续, $f(1) = \dfrac{5}{2}$, 且对所有 $x, t \in (0, +\infty)$, 满足条件 $\displaystyle\int_1^{xt} f(u)\,\mathrm{d}u = t\int_1^x f(u)\,\mathrm{d}u + x\int_1^t f(u)\,\mathrm{d}u$. 求 $f(x)$.

3. 设函数 $f(x)$ 连续, 则在下列变上限定积分定义的函数中, 必为偶函数的是(   ).

A. $\displaystyle\int_0^x t[f(t) + f(-t)]\,\mathrm{d}t$ B. $\displaystyle\int_0^x t[f(t) - f(-t)]\,\mathrm{d}t$

C. $\displaystyle\int_0^x f(t^2)\,\mathrm{d}t$ D. $\displaystyle\int_0^x f^2(t)\,\mathrm{d}t$

4. 求极限 $\displaystyle\lim_{x\to 0} \dfrac{\displaystyle\int_0^x \left[\int_0^{u^2} \arctan(1+t)\,\mathrm{d}t\right]\mathrm{d}u}{x(1-\cos x)}$.

5. 设函数 $f(x), g(x)$ 在 $[a, b]$ 上连续, 且 $g(x) > 0$, 利用闭区间上连续函数的性质, 证明存在一点 $\xi \in [a, b]$, 使 $\displaystyle\int_a^b f(x)g(x)\,\mathrm{d}x = f(\xi)\int_a^b g(x)\,\mathrm{d}x$.

6. $\displaystyle\int_{-1}^1 (|x| + x)\,\mathrm{e}^{-|x|}\,\mathrm{d}x = $ _____ .

7. 设 $f(x) = \begin{cases} x\mathrm{e}^{x^2}, & -\dfrac{1}{2} \leqslant x < \dfrac{1}{2} \\ -1, & x \geqslant \dfrac{1}{2} \end{cases}$, 则 $\displaystyle\int_{\frac{1}{2}}^2 f(x-1)\,\mathrm{d}x = $ _____ .

8. 设 $f(x), g(x)$ 在 $[a, b]$ 上连续, 且满足

$$\int_a^x f(t)\,\mathrm{d}t \geqslant \int_a^x g(t)\,\mathrm{d}t, \quad x \in [a, b], \quad \int_a^b f(t)\,\mathrm{d}t = \int_a^b g(t)\,\mathrm{d}t.$$

证明: $\displaystyle\int_a^b xf(x)\,\mathrm{d}x \leqslant \int_a^b xg(x)\,\mathrm{d}x$.

第6章 微分方程

函数是客观事物的内部联系在数量方面的反映,利用函数关系可以研究客观事物的规律性,因此如何寻找出所需要的函数关系,在实践中具有重要意义.但在实际问题中,往往很难直接得到所研究变量之间的函数关系,而需要通过未知函数及其导数(或微分)所满足的等式来寻求未知函数,这样的等式就是微分方程.微分方程是研究事物运动、演化和变化规律的最为基本的数学知识和方法,对这些规律的描述和分析通常都要归结为对相应微分方程的研究.

本章主要介绍微分方程的基本概念和几种常用微分方程的求解方法.

6.1 微分方程的基本概念

在许多问题中,往往不能直接找出所需要的函数关系,但是根据问题所提供的情况,有时可以列出含有要找的函数及其导数的关系式,这就是微分方程.微分方程建立以后,对它进行研究,找出未知函数,这就是解微分方程.

下面举几个例来说明微分方程的基本概念.

引例 1 英国学者马尔萨斯(Malthus)认为人口的相对增长率为常数,即如果设 t 时刻人口数为 $x(t)$,则人口增长速度与人口总量 $x(t)$ 成正比,从而建立了 Malthus 模型

$$\begin{cases} \dfrac{\mathrm{d}x}{\mathrm{d}t} = ax, a > 0 \\ x(t_0) = x_0 \end{cases}.$$

这是一个含有一阶导数的数学模型.

引例 2　一条曲线通过点 $(1,2)$，且该曲线上任一点 $M(x,y)$ 处的切线斜率为 $3x^2$，求这条曲线的方程.

解　设所求曲线为 $y=y(x)$，由导数的几何意义可知，未知函数 $y=y(x)$ 满足关系式

$$\frac{\mathrm{d}y}{\mathrm{d}x}=3x^2. \tag{6-1}$$

对方程 (6-1) 两端积分，得

$$y=\int 3x^2\mathrm{d}x=x^3+C. \tag{6-2}$$

由于曲线通过点 $(1,2)$，因此

$$y(1)=2. \tag{6-3}$$

把条件 (6-3) 代入 (6-2) 式，得

$$2=1^3+C,$$

即 $C=1$. 于是得所求曲线的方程为

$$y=x^3+1. \tag{6-4}$$

引例 3　假设某投资者以固定的年利率 r 投资 A_0 元，若一年内 k 次将利息加入本金，则 t 年后的现金总额为

$$A(t)=A_0\left(1+\frac{r}{k}\right)^{kt}.$$

这里的 k 可以是每日、每月、每年，如果不是在离散的区间将利息加入本金，而是连续地以正比于账户现金的速度将利息加入本金，就可以得到一个初值为本金的增长模型：

$$\begin{cases}\dfrac{\mathrm{d}A}{\mathrm{d}t}=rA\\A(0)=A_0\end{cases}.$$

以上 3 例的方程中，共同特点是均含有一个未知函数的导数.

定义 1　含有未知函数的导数（或微分）的方程称为**微分方程**.

未知函数是一元函数的微分方程称为**常微分方程**；未知函数是多元函数的微分方程，称为**偏微分方程**. 本章只讨论常微分方程，简称**微分方程**.

定义 2　微分方程中出现的未知函数的最高阶导数的阶数，称为微分方程的**阶**.

引例 2 中的微分方程 $\dfrac{\mathrm{d}y}{\mathrm{d}x}=3x^2$ 是一阶微分方程，而方程 $y''-3y'+2y=x$ 是

二阶微分方程.

定义 3 若一个函数代入独立微分方程后能使方程成为恒等式,则称此函数为该**微分方程的解**.

若微分方程的解中所含独立任意常数的个数等于该方程的阶数,则称此解为该微分方程的**通解**. 确定微分方程通解中任意常数的条件,称为**初始条件**. 确定了通解中任意常数后的解,称为微分方程的**特解**.

一阶微分方程的初始条件一般表示为

当 $x = x_0$ 时, $y = y_0$,或写成 $y \mid_{x=x_0} = y_0$.

二阶微分方程的初始条件表示为

当 $x = x_0$ 时, $y = y_0$, $y'(x_0) = y_1$,或写成 $y \mid_{x=x_0} = y_0$, $y' \mid_{x=x_0} = y_1$.

注:微分方程的通解在几何上是一簇积分曲线,特解则是满足初始条件的一条积分曲线.

例 1 验证 $y = C_1 e^x + C_2 e^{-x}$ 是微分方程 $y'' - y = 0$ 的通解.

解 因为

$$y' = C_1 e^x - C_2 e^{-x}, y'' = C_1 e^x + C_2 e^{-x},$$

代入原方程,有

$$y'' - y = (C_1 e^x + C_2 e^{-x}) - (C_1 e^x + C_2 e^{-x}) = 0.$$

由于 C_1 , C_2 为两个任意常数,方程的阶数为 2,故 $y = C_1 e^x + C_2 e^{-x}$ 为 $y'' - y = 0$ 的通解.

例 2 解微分方程 $y'' = x e^x + 1$.

解 积分一次,得

$$y' = \int (x e^x + 1) dx = x e^x - e^x + x + C_1,$$

再积分一次,得

$$y = \int (x e^x - e^x + x + C_1) dx = x e^x - 2 e^x + \frac{1}{2} x^2 + C_1 x + C_2.$$

例 3 【应用案例】假设不计空气阻力和摩擦力,设列车经过提速后,以 20 m/s 的速度在平直的轨道上行驶,当列车制动时,获得的加速度为 -0.4 m/s²,问列车开始制动后多少时间才能停住? 列车在这段时间内行驶了多少路程?

解 设列车制动后的运动规律为 $s = s(t)$,由二阶导数的物理意义知

$$\frac{d^2 s}{dt^2} = -0.4, \tag{6-5}$$

这是一个含有二阶导数的模型. 列车开始制动时, $t = 0$,所以满足条件

$s(0)=0$，初速度 $\dfrac{\mathrm{d}s}{\mathrm{d}t}\Big|_{t=0}=20.$

对式(6-5)两边积分，得

$$v=\frac{\mathrm{d}s}{\mathrm{d}t}=\int(-0.4)\mathrm{d}t=-0.4t+C_1, \tag{6-6}$$

再积分一次，得

$$s=\int(-0.4t+C_1)\mathrm{d}t=-0.2t^2+C_1t+C_2. \tag{6-7}$$

将条件 $s(0)=0,\dfrac{\mathrm{d}s}{\mathrm{d}t}\Big|_{t=0}=20$ 代入式(6-6)和式(6-7)，得 $C_1=20,C_2=0$，

于是

$$v=-0.4t+20,s=-0.2t^2+20t.$$

所以，列车从开始制动到停住所需时间为 $t=50$ s，列车在这段时间内行驶了 $s=50$ m.

 习题 6.1

基础题

1. 填空题.

（1）微分方程 $(x-6y)\mathrm{d}x+2\mathrm{d}y=0$ 的阶数是_____；

（2）微分方程 $e^x y''+(y')^3+x=1$ 的通解中应包含的任意常数的个数为

_____.

2. 选择题.

（1）下列方程中（　　）不是常微分方程.

A. $x^2+y^2=1$

B. $y'=xy$

C. $\mathrm{d}x=(3x^2+y)\mathrm{d}y$

D. $\dfrac{\mathrm{d}^2x}{\mathrm{d}t^2}+\dfrac{\mathrm{d}x}{\mathrm{d}t}=2x$

（2）下列函数中，（　　）不是微分方程 $y'-y=0$ 的通解.

A. $y=Ce^x$

B. $y=-Ce^x$

C. $y=\pm Ce^x$

D. $y=\pm Ce^{x+C}$

（3）下列方程中（　　）是二阶微分方程.

A. $y'''+yy'-3xy=0$

B. $(y')^2+3x^2y=x^3$

C. $y'' + x^2 y' + x = 0$ D. $y \dfrac{\mathrm{d}y}{\mathrm{d}x} + 2x^3 - 1 = 0$

3. 指出下列各题中的函数是否为所给微分方程的解?

(1) $xy' = 2x$,已知函数 $y = 5x^2$;   (2) $y'' - 2y' + y = 0$,已知函数 $y = xe^x$.

4. 验证函数 $y = C_1 e^x + C_2 e^{3x}$ 是微分方程 $y'' - 4y' + 3y = 0$ 的通解,并求方程满足初始条件 $y(0) = 0$, $y'(0) = 1$ 的特解.

5. 写出分别满足下列条件的曲线所确定的微分方程.

(1) 曲线上任意点 $P(x,y)$ 处的切线斜率等于该点坐标之和;

(2) 曲线上任意点 $P(x,y)$ 处的法线与 x 轴的交点为 Q,且线段 PQ 被 y 轴平分.

6. 已知曲线过点 $(1,2)$,且在曲线上任何一点的切线斜率等于原点到该切点的连续斜率的两倍,求此曲线方程.

6.2 一阶微分方程

一阶微分方程的一般形式为

$$F(x,y,y') = 0 \text{ 或 } y' = f(x,y),$$

前者称为一阶**隐式**微分方程,后者称为一阶**显式**微分方程,而

$$M(x,y)\mathrm{d}x + N(x,y)\mathrm{d}y = 0$$

称为微分形式的一阶微分方程.

6.2.1 可分离变量的微分方程

定义1 形如

$$g(y)\mathrm{d}y = f(x)\mathrm{d}x \tag{6-8}$$

的微分方程称为已分离变量的微分方程.

将方程(6-8)两边积分,得

$$\int g(y)\mathrm{d}y = \int f(x)\mathrm{d}x.$$

设 $F(x)$,$G(y)$ 分别为 $f(x)$,$g(y)$ 的一个原函数,于是方程(6-8)的通解为

$$G(y) = F(x) + C.$$

这种求解方式通常称为**分离变量法**,其求解步骤是:(1)分离变量;(2)两

边积分.

定义 2 设 $f(x), g(y)$ 是连续函数, 若有 $y' = f(x)g(y)$ 或 $\dfrac{\mathrm{d}y}{\mathrm{d}x} = f(x)g(y)$, 则称其为可分离变量微分方程.

例 1 求微分方程 $y' = 2xy$ 的通解.

解 方程为可分离变量微分方程, 分离变量得

$$\frac{\mathrm{d}y}{y} = 2x\,\mathrm{d}x\,(y \neq 0),$$

两端积分得

$$\int \frac{\mathrm{d}y}{y} = \int 2x\,\mathrm{d}x,$$

即

$$\ln|y| = x^2 + C_1.$$

从而

$$|y| = \mathrm{e}^{x^2 + C_1} = \mathrm{e}^{C_1}\mathrm{e}^{x^2},$$

即

$$y = \pm\,\mathrm{e}^{C_1}\mathrm{e}^{x^2}.$$

因为 $\pm\,\mathrm{e}^{C_1}$ 是任意非零常数, 考虑 $y = 0$ 也是方程的特解, 故可记 $C = \pm\,\mathrm{e}^{C_1}$.
于是, 原方程的通解为

$$y = C\mathrm{e}^{x^2},$$

其中, C 为任意常数.

例 2 求微分方程 $\dfrac{\mathrm{d}y}{\mathrm{d}x} = 1 + x + y^2 + xy^2$ 的通解.

解 方程可化为 $\dfrac{\mathrm{d}y}{\mathrm{d}x} = (1 + x)(1 + y^2)$,

分离变量 $\dfrac{1}{1 + y^2}\,\mathrm{d}y = (1 + x)\,\mathrm{d}x.$

两边积分 $\displaystyle\int \frac{1}{1 + y^2}\,\mathrm{d}y = \int (1 + x)\,\mathrm{d}x,$ 即 $\arctan y = \dfrac{1}{2}x^2 + x + C.$

于是原方程的通解为 $y = \tan\left(\dfrac{1}{2}x^2 + x + C\right)$, 其中 C 为任意常数.

例 3 求微分方程 $x(1 + y^2)\,\mathrm{d}x - y(1 + x^2)\,\mathrm{d}y = 0$ 满足初始条件 $y\big|_{x=1} = 2$ 的特解.

解 方程为可分离变量微分方程, 分离变量

$$\frac{y}{1 + y^2}\,\mathrm{d}y = \frac{x}{1 + x^2}\,\mathrm{d}x.$$

两边积分 $\displaystyle\int \frac{y}{1 + y^2}\,\mathrm{d}y = \int \frac{x}{1 + x^2}\,\mathrm{d}x.$

从而得 $$\frac{1}{2}\ln(1 + y^2) = \frac{1}{2}\ln(1 + x^2) + C_1,$$

即 $$1 + y^2 = C(1 + x^2).$$

将初始条件 $y\big|_{x=1} = 2$ 代入通解,得 $C = \dfrac{5}{2}$,故所求微分方程通解为

$$1 + y^2 = \frac{5}{2}(1 + x^2).$$

例4 【应用案例】某商品的需求量 Q 对价格 P 的弹性为 $-P\ln 4$,已知商品的最大需求量为 1 600,求需求函数.

解 设所求的需求函数为 $Q = Q(P)$,根据题意,有

$$\frac{P}{Q} \cdot \frac{\mathrm{d}Q}{\mathrm{d}P} = -P\ln 4,\text{且 } Q(0) = 1\ 600.$$

整理变形为 $$\frac{\mathrm{d}Q}{Q} = -\ln 4\mathrm{d}P.$$

两边积分,整理得

$$Q = C4^{-P}\ (C \neq 0).$$

将条件 $Q(0) = 1\ 600$ 代入,得 $C = 1\ 600$,故所求的需求函数为

$$Q(P) = 1\ 600 \cdot 4^{-P}.$$

6.2.2 齐次微分方程

1)齐次微分方程的概念

形如 $y' = \varphi\left(\dfrac{y}{x}\right)$ 的微分方程称为齐次微分方程.

2)齐次微分方程的解法

求齐次微分方程的通解时,先将方程化为 $\dfrac{\mathrm{d}y}{\mathrm{d}x} = \varphi\left(\dfrac{y}{x}\right)$ 的形式.

再令 $u = \dfrac{y}{x}$,则 $y = ux$,两边求导得 $\dfrac{\mathrm{d}y}{\mathrm{d}x} = u + x\dfrac{\mathrm{d}u}{\mathrm{d}x}$.

代入原方程,$u + x\dfrac{\mathrm{d}u}{\mathrm{d}x} = \varphi(u)$. 分离变量,$\dfrac{\mathrm{d}u}{\varphi(u) - u} = \dfrac{\mathrm{d}x}{x}$. 然后两边积分,得

$$\int \frac{\mathrm{d}u}{\varphi(u) - u} = \int \frac{\mathrm{d}x}{x}.$$

最后再用 $\dfrac{y}{x}$ 代替 u,即可得原方程的通解.

例5 求微分方程 $y' = \dfrac{y}{y-x}$ 的通解.

解 原方程可化为 $\dfrac{\mathrm{d}y}{\mathrm{d}x} = \dfrac{\dfrac{y}{x}}{\dfrac{y}{x} - 1}$.

令 $u = \dfrac{y}{x}$，则 $y = ux$，两边求导得 $\dfrac{\mathrm{d}y}{\mathrm{d}x} = u + x\dfrac{\mathrm{d}u}{\mathrm{d}x}$.

所以 $u + x\dfrac{\mathrm{d}u}{\mathrm{d}x} = \dfrac{u}{u-1}$，整理得 $\dfrac{u-1}{2u-u^2}\,\mathrm{d}u = \dfrac{\mathrm{d}x}{x}$.

两边积分可得 $\ln|x| = -\dfrac{1}{2}\ln|2-u| - \dfrac{1}{2}\ln|u| + \dfrac{1}{2}\ln|C|$，

即
$$u(2-u)x^2 = C.$$

将 $u = \dfrac{y}{x}$ 代入，可得原方程的通解为

$$y(2x-y) = C\,(C\ 为任意常数).$$

例6 解微分方程 $y^2 + x^2\dfrac{\mathrm{d}y}{\mathrm{d}x} = xy\dfrac{\mathrm{d}y}{\mathrm{d}x}$.

解 原方程可写成

$$\dfrac{\mathrm{d}y}{\mathrm{d}x} = \dfrac{y^2}{xy - x^2} = \dfrac{\left(\dfrac{y}{x}\right)^2}{\dfrac{y}{x} - 1}，这是齐次方程.$$

若令 $u = \dfrac{y}{x}$，则 $y = ux, \dfrac{\mathrm{d}y}{\mathrm{d}x} = u + x\dfrac{\mathrm{d}u}{\mathrm{d}x}$.

于是原方程变为 $u + x\dfrac{\mathrm{d}u}{\mathrm{d}x} = \dfrac{u^2}{u-1}$，即 $x\dfrac{\mathrm{d}u}{\mathrm{d}x} = \dfrac{u}{u-1}$.

分离变量 $\left(1 - \dfrac{1}{u}\right)\mathrm{d}u = \dfrac{\mathrm{d}x}{x}$.

两边积分，得 $u - \ln|u| + C = \ln|x|$，所以 $\ln|xu| = u + C$.

以 $\dfrac{y}{x}$ 替代上式中的 u，便得所给方程的通解

$$\ln|y| = \dfrac{y}{x} + C,$$

其中，C 为任意常数.

6.2.3　一阶线性微分方程

定义 3　形如

$$y' + p(x)y = q(x) \tag{6-9}$$

的微分方程称为一阶线性微分方程. 这里的"线性"是指微分方程中含有未知函数和它的导数 y',且都是关于 y,y' 的一次项.

若 $q(x) \equiv 0$,则方程　　　　　$y' + p(x)y = 0$ 　　　　　(6-10)

称为**一阶线性齐次微分方程**；

若 $q(x) \neq 0$,则方程　　　　　$y' + p(x)y = q(x)$ 　　　　　(6-10)′

称为**一阶线性非齐次微分方程**.

1）一阶线性齐次微分方程的解法

一阶线性齐次微分方程为　　　　　$y' + p(x)y = 0$.

显然,方程是可分离变量方程,分离变量

$$\frac{1}{y}\mathrm{d}y = -p(x)\mathrm{d}x.$$

两边积分

$$\ln|y| = -\int p(x)\mathrm{d}x + C_1.$$

因此,通解为　　　　　$y = Ce^{-\int p(x)\mathrm{d}x}$,　　　　　(6-11)

其中,C 为任意常数.

注：

（1）方程(6-10)分离变量后,失去原方程的一个特解 $y = 0$,但它可由通解中的 $C = 0$ 得到；

（2）$\int p(x)\mathrm{d}x$ 表示 $p(x)$ 的原函数,但在这里不必取 $p(x)$ 的全体原函数,只需取其中一个即可；

（3）求一阶线性齐次微分方程的通解,可分别采用两种方法：一是公式法,直接用式(6-11)；二是先分离变量再积分求解；

（4）分离变量法的步骤：

①分离变量；②方程两端积分.

2）一阶线性非齐次微分方程的解法

由于一阶线性非齐次微分方程与一阶线性齐次微分方程左端是一样的,只是右端一个是 $q(x)$,另一个是 0,所以现设方程(6-9)的解为

$$y = C(x)\mathrm{e}^{-\int p(x)\mathrm{d}x}. \tag{6-12}$$

所以

$$y' = C'(x)\mathrm{e}^{-\int p(x)\mathrm{d}x} + C(x)\mathrm{e}^{-\int p(x)\mathrm{d}x}\big[-p(x)\big]$$

$$= C'(x)\mathrm{e}^{-\int p(x)\mathrm{d}x} - p(x)C(x)\mathrm{e}^{-\int p(x)\mathrm{d}x}.$$

为了确定 $C(x)$，把式(6-12)及其导数代入方程(6-9)并化简，得

$$C'(x)\mathrm{e}^{-\int p(x)\mathrm{d}x} = q(x),$$

即

$$C'(x) = q(x)\mathrm{e}^{\int p(x)\mathrm{d}x}.$$

两边积分，得

$$C(x) = \int q(x)\mathrm{e}^{\int p(x)\mathrm{d}x}\mathrm{d}x + C. \tag{6-13}$$

把 $C(x)$ 代入式(6-12)，就得一阶线性非齐次微分方程(6-10)′的通解

$$y = \mathrm{e}^{-\int p(x)\mathrm{d}x}\Big[\int q(x)\mathrm{e}^{\int p(x)\mathrm{d}x}\mathrm{d}x + C\Big]. \tag{6-14}$$

将通解公式(6-14)改写成两项之和为

$$y = C\mathrm{e}^{-\int p(x)\mathrm{d}x} + \mathrm{e}^{-\int p(x)\mathrm{d}x}\int q(x)\mathrm{e}^{\int p(x)\mathrm{d}x}\mathrm{d}x. \tag{6-15}$$

可以看出，上式中的第一项是对应的齐次方程(6-10)的通解，第二项是非齐次方程(6-9)的一个特解（可在通解(6-14)中取 $C=0$ 得到）. 由此可知，一阶线性非齐次微分方程的通解是对应齐次方程的通解与非齐次方程的一个特解之和. 这种将对应的齐次方程(6-10)的通解中的常数 C 变易成函数 $C(x)$，从而得到非齐次方程(6-9)的通解的方法，称为**常数变易法**.

用常数变易法求一阶线性非齐次微分方程的通解的一般步骤：

(1)先求出对应的齐次方程的通解 $y = C\mathrm{e}^{-\int p(x)\mathrm{d}x}$；

(2)根据所求的通解设出非齐次方程的解 $y = C(x)\mathrm{e}^{-\int p(x)\mathrm{d}x}$（常数变易）；

(3)把所设解代入线性非齐次微分方程，解出 $C(x)$，并写出线性非齐次微分方程的通解

$$y = \mathrm{e}^{-\int p(x)\mathrm{d}x}\Big[\int q(x)\mathrm{e}^{\int p(x)\mathrm{d}x}\mathrm{d}x + C\Big].$$

例7 求方程 $y' - \dfrac{y}{x+1} = \mathrm{e}^x(x+1)$ 的通解.

解（方法一：公式法） 这里 $p(x) = -\dfrac{1}{x+1}, q(x) = \mathrm{e}^x(x+1)$，代入式(6-14)，通解为

$$y = \mathrm{e}^{\int \frac{1}{x+1}\,\mathrm{d}x}\Big[\int \mathrm{e}^x(x+1)\mathrm{e}^{-\int \frac{1}{x+1}\,\mathrm{d}x}\,\mathrm{d}x + C\Big] = (x+1)\Big(C + \int \mathrm{e}^x\,\mathrm{d}x\Big),$$

即

$$y = (x+1)(\mathrm{e}^x + C).$$

（方法二：常数变易法）　先解对应的齐次方程

$$y' - \frac{1}{x+1}y = 0.$$

分离变量，得

$$\frac{\mathrm{d}y}{y} = \frac{\mathrm{d}x}{x+1}.$$

两边积分，得

$$\ln y = \ln(x+1) + \ln C.$$

故齐次方程的通解为

$$y = C(x+1).$$

设原微分方程的通解为

$$y = C(x)(x+1),$$

代入原方程，可得

$$C'(x) = \mathrm{e}^x.$$

因此

$$C(x) = \int \mathrm{e}^x\,\mathrm{d}x = \mathrm{e}^x + C,$$

故齐次方程的通解为

$$y = (x+1)(\mathrm{e}^x + C).$$

现将以上一阶微分方程的解法总结如表 6-1.

表 6-1

类　型		方　程	解　法
可分离变量		$\dfrac{\mathrm{d}y}{\mathrm{d}x} = f(x)g(y)$	分离变量两边积分
齐次微分方程		$\dfrac{\mathrm{d}y}{\mathrm{d}x} = \varphi\Big(\dfrac{y}{x}\Big)$	令 $u = \dfrac{y}{x}$，分离变量两边积分
一阶线性方程	齐次	$\dfrac{\mathrm{d}y}{\mathrm{d}x} + p(x)y = 0$	分离变量两边积分或 用公式 $y = C\mathrm{e}^{-\int p(x)\,\mathrm{d}x}$
	非齐次	$\dfrac{\mathrm{d}y}{\mathrm{d}x} + p(x)y = q(x)$	常数变易法或用公式 $y = \mathrm{e}^{-\int p(x)\,\mathrm{d}x}\Big[\int q(x)\mathrm{e}^{\int p(x)\,\mathrm{d}x}\,\mathrm{d}x + C\Big]$

例 8　【应用案例】已知某公司的纯利润对广告费的变化率与常数 A 和利

润 L 之差成正比，当 $x=0$ 时，$L=L_0$，试求纯利润 L 与广告费 x 的函数关系.

解　根据题意列出方程　　　$\dfrac{\mathrm{d}L}{\mathrm{d}x}=k(A-L)$（$k$ 为常数）.

分离变量，得　　　　　　　　　　$\dfrac{\mathrm{d}L}{A-L}=k\mathrm{d}x.$

两边积分，得　　　　　　　　$-\ln(A-L)=kx+C_1.$

整理，得　　　　　　　　　　　　$L=A-Ce^{-kx}.$

由初始条件 $L=L_0$，解得 $C=A-L_0$，故

$$L=A+(A-L_0)e^{-kx}.$$

习题 6.2

基础题

1. 判断下列方程是否为可分离变量的微分方程.

(1) $(x^2+1)\mathrm{d}x+(y^2-2)\mathrm{d}y=0$；　　　　(2) $(x^2-y)\mathrm{d}x+(y^2+x)\mathrm{d}y=0$；

(3) $(x^2+y^2)y'=2xy$；　　　　　　　(4) $2x^2yy'+y^2=2.$

2. 单项选择题.

(1) 方程 $xy'+3y=0$ 的通解是（　　）.

A. x^{-3}　　　　　　B. Cxe^x　　　　　C. $x^{-3}+C$　　　　　D. Cx^{-3}

(2) 方程 $x\,\mathrm{d}y=y\ln y\mathrm{d}x$ 的一个解为（　　）.

A. $y=\ln x$　　　　B. $y=\sin x$　　　　C. $y=e^x$　　　　D. $\ln^2 y=x$

(3) 微分方程 $(x-2y)y'=2x-y$ 的通解为（　　）.

A. $x^2+y^2=C$　　B. $x+y=C$　　　　C. $y=x+1$　　　D. $x^2-xy+y^2=C$

3. 求下列微分方程的通解.

(1) $xy\mathrm{d}x+\sqrt{1-x^2}\,\mathrm{d}y=0$；　　　　(2) $(1+y)^2\dfrac{\mathrm{d}y}{\mathrm{d}x}+x^3=0$；

(3) $\dfrac{\mathrm{d}y}{\mathrm{d}x}-y\sec^2 x=0$；　　　　　(4) $xy'-y\ln y=0.$

4. 求下列微分方程的通解.

(1) $y'=y\sin x$；　　　　　　　(2) $\dfrac{\mathrm{d}y}{\mathrm{d}x}-3xy=2x$；

（3）$(1 + x^2)y' = y \ln y$;   （4）$y' - \dfrac{2}{x+1}y = (x+1)^2$;

（5）$x \dfrac{\mathrm{d}y}{\mathrm{d}x} = x \sin x - y$.

5. 求下列微分方程满足所给初始条件的特解.

（1）$xy' - y = 0$, $y\big|_{x=1} = 2$;

（2）$(xy^2 + x)\mathrm{d}x + (x^2 y - y)\mathrm{d}y = 0$, $y\big|_{x=0} = 1$;

（3）$y' + y \cos x = \mathrm{e}^{-\sin x}$, $y\big|_{x=0} = 0$.

6. 已知某产品的总利润 L 与广告支出 x 的函数式为 $L'(x) + L(x) = 1 - x$, 当 $x = 0$ 时 $L(0) = 3$, 求总利润函数 $L(x)$.

提高题

1. 设 $f(x)$ 连续并且满足 $f(x) = \cos 2x + \displaystyle\int_0^x f(t) \sin t \, \mathrm{d}t$, 求 $f(x)$.

2. （2016 年考研数学 Ⅲ）设函数 $f(x)$ 连续, 且满足

$$\int_0^x f(x-t)\mathrm{d}t = \int_0^x (x-t)f(t)\mathrm{d}t + \mathrm{e}^{-x} - 1,$$ 求 $f(x)$.

3. 设函数 $f(x)$ 具有连续的一阶导数, 且满足 $f(x) = \displaystyle\int_0^x (x^2 - t^2)f'(t)\mathrm{d}t + x^2$, 则 $f(x) = ($　　$)$.

A. $\mathrm{e}^{x^2} - 1$　　　B. $\mathrm{e}^{x^2} + 1$　　　C. $\mathrm{e}^x - 1$　　　D. $\mathrm{e}^x + 1$

4. （2016 年考研数学 Ⅱ）以 $y = x^2 - \mathrm{e}^x$ 和 $y = x^2$ 为特解的一阶线性非齐次微分方程是（　　）.

A. $y' - y = 2 - x^2$ 　　　　　　B. $y' - y = 2x - x^2$

C. $y' - y = 2x + x^2$ 　　　　　　D. $y' - y = 2 + x^2$

5. （2006 年考研数学 Ⅲ）设非齐次线性微分方程 $y' + P(x)y = Q(x)$ 有两个不同的解 $y_1(x)$, $y_2(x)$, C 为任意常数, 则该方程的通解是（　　）.

A. $C[y_1(x) - y_2(x)]$ 　　　　　B. $y_1(x) + C[y_1(x) - y_2(x)]$

C. $C[y_1(x) + y_2(x)]$ 　　　　　D. $y_1(x) + C[y_1(x) + y_2(x)]$

6. （2001 年考研数学 Ⅱ）设 L 为一平面曲线, 其上任意点 $P(x,y)$ $(x > 0)$ 到原点的距离恒等于该点处的切线在 y 轴上的截距, 且 L 过点 $P\left(\dfrac{1}{2}, 0\right)$, 则曲线 L 的方程为 _____.

6.3　几种可降阶的二阶微分方程

形如 $F(x,y,y',y'')=0$ 的微分方程,称作二阶微分方程.

本节将讨论几种特殊的二阶微分方程,对它们做适当的变换可将其转化为一阶微分方程,其处理问题的基本思想方法是"降阶".

6.3.1　$y''=f(x)$ 型的二阶微分方程

形如

$$y''=f(x) \tag{6-16}$$

型的**二阶微分方程**的通解可经过两次积分而求得,也就是积分"降阶".

对式(6-16)两边积分,得

$$y'=\int f(x)\,\mathrm{d}x+C_1,$$

再对上式两边积分,得

$$y=\int\Big[\int f(x)\,\mathrm{d}x\Big]\mathrm{d}x+C_1x+C_2,$$

其中,C_1、C_2 为任意常数.

例1　解微分方程 $y''=2x+\cos x$.

解　两边积分,得

$$y'=\int(2x+\cos x)\,\mathrm{d}x=x^2+\sin x+C_1.$$

两边再积分,得

$$y=\int(x^2+\sin x+C_1)\,\mathrm{d}x=\frac{1}{3}x^3-\cos x+C_1x+C_2.$$

所以　$y=\dfrac{1}{3}x^3-\cos x+C_1x+C_2$ 为原方程的通解,其中 C_1,C_2 为任意常数.

6.3.2　不显含未知函数 y 的二阶微分方程

定义1　形如

$$y''=f(x,y') \tag{6-17}$$

的微分方程,称为不显含未知函数 y 的二阶微分方程.

令 $p=y'$，则 $p'=y''$，代入方程(6-17)得

$$p'=f(x,p).\tag{6-18}$$

这是关于未知函数 p 的一阶微分方程，如果能从方程(6-18)中求出通解

$$p=\varphi(x,C_1),$$

则方程(6-18)的通解为

$$y=\int\varphi(x,C_1)\mathrm{d}x+C_2.$$

例 2　解微分方程 $xy''+y'-x^2=0$.

解　令 $p=y'$，则 $p'=y''$，于是原方程可以化为

$$p'+\frac{1}{x}p=x,$$

此为一阶线性非齐次微分方程，解得

$$p=\left[\int x\mathrm{e}^{\int\frac{1}{x}\mathrm{d}x}\mathrm{d}x+C_1\right]\mathrm{e}^{-\int\frac{1}{x}\mathrm{d}x}=\frac{1}{3}x^2+\frac{1}{x}C_1(x\neq0),$$

即

$$y'=\frac{1}{3}x^2+\frac{1}{x}C_1.$$

再积分，得原方程的通解

$$y=\int\left(\frac{1}{3}x^2+\frac{1}{x}C_1\right)\mathrm{d}x=\frac{1}{9}x^3+C_1\ln|x|+C_2.$$

6.3.3　不显含自变量 x 的二阶微分方程

定义 2　形如

$$y''=f(y,y')\tag{6-19}$$

的方程称为不显含自变量 x 的二阶微分方程.

如果将方程(6-19)中的 y' 看作 y 的函数 $y'=p(y)$，则

$$y''=\frac{\mathrm{d}p}{\mathrm{d}x}=\frac{\mathrm{d}p}{\mathrm{d}y}\cdot\frac{\mathrm{d}y}{\mathrm{d}x}=p\cdot\frac{\mathrm{d}p}{\mathrm{d}y}.$$

于是方程(6-19)变为

$$p\frac{\mathrm{d}p}{\mathrm{d}y}=f(y,p).\tag{6-20}$$

设方程(6-20)的通解 $p=\varphi(y,C_1)$ 已求出，则由 $\dfrac{\mathrm{d}y}{\mathrm{d}x}=p=\varphi(y,C_1)$，可得方程(6-19)的通解

$$\int\frac{\mathrm{d}y}{\varphi(y,C_1)}=x+C_2.$$

例 3　求微分 $yy''-(y')^2=0$ 的通解.

解 设 $p = y'$，则原方程化为 $yp\dfrac{\mathrm{d}p}{\mathrm{d}y} - p^2 = 0$.

当 $y \neq 0, p \neq 0$ 时，有 $\dfrac{\mathrm{d}p}{\mathrm{d}y} - \dfrac{1}{y}p = 0$.

于是 $p = C_1 \mathrm{e}^{\int \frac{1}{y}\mathrm{d}y} = C_1 y$，　　即 $y' - C_1 y = 0$.

从而原方程的通解为　　$y = C_2 \mathrm{e}^{\int C_1 \mathrm{d}x} = C_2 \mathrm{e}^{C_1 x}$.

例4【应用案例】质量为 m 的质点受力 F 的作用沿 ox 轴做直线运动. 设力 F 仅为时间 t 的函数：$F = F(t)$. 在开始时刻 $t = 0$ 时 $F(0) = F_0$. 随着时间 t 的增大，力 F 均匀地减小，直到 $t = T$ 时，$F(T) = 0$. 如果开始时质点位于原点，且初速度为零，求质点在 $0 \leqslant t \leqslant T$ 这段时间内的运动规律.

解 设 $x = x(T)$ 表示在时刻 t 时质点的位置，根据牛顿第二定律，质点运动微分方程为

$$m\dfrac{\mathrm{d}^2 x}{\mathrm{d}t^2} = F(t).$$

由题设，当 $t = 0$ 时，$F(0) = F_0$，且力随时间的增大而均匀地减小，所以 $F(t) = F_0 - kt$；

又当 $t = T$ 时，$F(T) = 0$，从而 $F(t) = F_0\left(1 - \dfrac{t}{T}\right)$.

故方程为

$$\dfrac{\mathrm{d}^2 x}{\mathrm{d}t^2} = \dfrac{F_0}{m}\left(1 - \dfrac{t}{T}\right).$$

初始条件为 $x\big|_{t=0} = 0, \dfrac{\mathrm{d}x}{\mathrm{d}t}\Big|_{t=0} = 0$，两端积分两次，于是所求质点的运动规律为

$$x = \dfrac{F_0}{m}\left(\dfrac{t^2}{2} - \dfrac{t^3}{6T}\right), 0 \leqslant t \leqslant T.$$

以上三种特殊的二阶微分方程的解法均是通过降阶转化为一阶线性微分方程处理，降阶方式一是积分降阶，二是换元降阶.

习题6.3

基础题

1. 填空题.

（1）微分方程 $y'' = x$ 的通解是_____；

（2）微分方程 $y'' + y' - x = 0$ 的通解是_____.

2. 下列方程中可利用 $p = y', p' = y''$ 降为一阶微分方程的是_____.

A. $(y'')^2 + xy' - x = 0$ B. $y'' + yy' + y^2 = 0$

C. $y'' + y^2 y' - y^2 x = 0$ D. $y'' + yy' + x = 0$

3. 求下列微分方程的解.

（1） $y'' = e^{3x} + \sin x$ ；   （2） $y'' = 1 + (y')^2$ ；

（3） $y'' - y' = x^2$ ；   （4） $yy'' - (y')^2 = 0$.

4. 求下列微分方程的解.

（1） $y'' = x + \sin x$ ；   （2） $xy'' + y' = 0$ ；

（3） $xy'' - (y')^2 = y'$ ；   （4） $y'' = \dfrac{1}{x} y' + xe^x$ ；

（5） $y'' - 3\sqrt{y} = 0, y(0) = 1, y'(0) = 2$.

5. 求 $y'' = x$ 的经过点 $M(0,1)$ ，且在 M 点与直线 $y = \dfrac{1}{2} x + 1$ 相切的积分曲线.

提高题

（2002 年考研数学 I）微分方程 $yy'' + y'^2 = 0$ 满足初始条件 $y\big|_{x=0} = 1, y'\big|_{x=0} = \dfrac{1}{2}$ 的特解是_____.

6.4 二阶常系数线性微分方程

6.4.1 二阶常系数线性微分方程的形式

定义 形如

$$y'' + py' + qy = f(x)$$

的微分方程,称为二阶常系数线性微分方程,其中 p, q 是常数, $f(x)$ 是关于 x 的函数.

当 $f(x) \equiv 0$ 时,方程 $y'' + py' + qy = 0$ （6-21）

称为二阶常系数齐次线性微分方程；

当 $f(x) \neq 0$ 时，方程 $\qquad y'' + py' + qy = f(x)$ $\qquad$ (6-22)

称为二阶常系数非齐次线性微分方程.

6.4.2 二阶常系数齐次线性微分方程的解法

定理 1 如果函数 y_1, y_2 是二阶齐次线性微分方程 $y'' + py' + qy = 0$ 的两个特解，那么函数 $y = C_1 y_1 + C_2 y_2$（C_1, C_2 为任意常数）也是该方程的解，并且当 $\dfrac{y_1}{y_2} \neq$ 常数时，函数 $y = C_1 y_1 + C_2 y_2$ 就是该方程的通解.

方程 $r^2 + pr + q = 0$ 称为微分方程(6-21)的**特征方程**，特征方程的根称为微分方程(6-21)的**特征根**.

求二阶常系数齐次线性微分方程 $y'' + py' + qy = 0$ 的通解步骤可归纳如下：

第一步，写出微分方程(6-21)对应的特征方程 $\qquad r^2 + pr + q = 0$；

第二步，求出两个特征根 r_1, r_2；

第三步，根据两个特征根的情况，按表 6-2 写出微分方程(6-21)的通解.

表 6-2

特征方程 $r^2 + pr + q = 0$ 的两个根 r_1, r_2	微分方程 $y'' + py' + qy = 0$ 的通解
两个不相等的实数根 r_1, r_2	$y = C_1 e^{r_1 x} + C_2 e^{r_2 x}$
两个相等的实数根 $r_1 = r_2 = r$	$y = (C_1 + C_2 x) e^{rx}$
一对共轭虚根 $r_{1,2} = \alpha \pm i\beta$	$y = e^{\alpha x}(C_1 \cos \beta x + C_2 \sin \beta x)$

例 1 求方程 $y'' - 5y' + 6y = 0$ 的通解.

解 微分方程 $y'' - 5y' + 6y = 0$ 是二阶常系数齐次线性微分方程，其特征方程为

$$r^2 - 5r + 6 = 0,$$

特征根是 $\qquad r_1 = 2, r_2 = 3.$

所以原方程的通解为

$$y = C_1 e^{2x} + C_2 e^{3x}（其中 C_1, C_2 为任意常数）.$$

例 2 求方程 $4y'' - 4y' + y = 0$ 满足初始条件 $y|_{x=0} = 1, y'|_{x=0} = \dfrac{5}{2}$ 的特解.

解 方程为二阶常系数齐次线性微分方程，其特征方程为 $4r^2 - 4r + 1 = 0$，

特征根为
$$r_1 = r_2 = \frac{1}{2}.$$

所以原方程的通解为
$$y = (C_1 + C_2 x) e^{\frac{x}{2}},$$

从而
$$y' = \frac{1}{2}(C_1 + C_2 x) e^{\frac{x}{2}} + C_2 e^{\frac{x}{2}}.$$

将初始条件 $y\big|_{x=0} = 1$, $y'\big|_{x=0} = \frac{5}{2}$代入以上两式,得 $C_1 = 1$, $C_2 = 2$.

于是所求原方程的特解为
$$y = (1 + 2x) e^{\frac{x}{2}}$$

例 3 求方程 $y'' - y' + y = 0$ 的通解.

解 方程为二阶常系数齐次线性微分方程,其特征方程为
$$r^2 - r + 1 = 0,$$

它有一对共轭虚根
$$r_1 = \frac{1}{2} + \frac{\sqrt{3}}{2}\mathbf{i}, r_2 = \frac{1}{2} - \frac{\sqrt{3}}{2}\mathbf{i}.$$

所以,原方程的通解为
$$y = e^{\frac{x}{2}}\left(C_1 \cos \frac{\sqrt{3}}{2}x + C_2 \sin \frac{\sqrt{3}}{2}x \right).$$

6.4.3 二阶常系数非齐次线性微分方程的解法

定理 2 设 Y 是方程(6-21)的通解,$\overline{y}$是方程(6-22)的一个特解,则
$$y = Y + \overline{y} \tag{6-23}$$
就是方程(6-22)的通解.

根据定理 2,要求方程(6-22)的通解,必须求得方程(6-21)的通解和方程(6-22)的一个特解. 方程(6-21)的通解前面已经做了介绍,在这里,给出 $f(x) = P_n(x) e^{\lambda x}$的特解的形式,见表6-3.

表 6-3

$f(x)$ 的形式	特解的形式	
$f(x) = P_n(x) e^{\lambda x}$ (其中 $P_n(x)$ 是关于 x 的一个 n 次多项式,λ 为实数)	λ 不是特征方程的根	$\overline{y} = Q_n(x) e^{\lambda x}$
	λ 是特征方程的单根	$\overline{y} = xQ_n(x) e^{\lambda x}$
	λ 是特征方程的重根	$\overline{y} = x^2 Q_n(x) e^{\lambda x}$
	以上形式中的 $Q_n(x)$ 代表与 $P_n(x)$ 同次的待定多项式	

例4   求方程 $y'' + 2y' + 5y = 5x + 2$ 的一个特解.

解   因为 $\lambda = 0$ 不是特征方程 $r^2 + 2r + 5 = 0$ 的根,所以,可设特解为 $\overline{y} = Ax + B$,则 $\overline{y}' = A$,$\overline{y}'' = 0$,代入原方程得

$$2A + 5Ax + 5B = 5x + 2.$$

比较两端 x 的同次幂的系数得

$$\begin{cases} 5A = 5, \\ 2A + 5B = 2. \end{cases}$$

解之得 $A = 1$,$B = 0$. 所以原方程的一个特解为

$$\overline{y} = x.$$

例5   求方程 $y'' - 3y' + 2y = 3xe^{2x}$ 的通解.

解   方程对应的特征方程为

$$r^2 - 3r + 2 = 0,$$

则齐次方程的通解为

$$Y = C_1 e^x + C_2 e^{2x}.$$

因 $\lambda = 2$ 是特征方程的单根,于是原方程的一个特解可设为 $\overline{y} = x(Ax + B)e^{2x}$,则

$$\overline{y}' = e^{2x}[2Ax^2 + (2A + 2B)x + B],$$
$$\overline{y}'' = e^{2x}[4Ax^2 + (8A + 4B)x + (2A + 4B)].$$

将 $\overline{y}$、$\overline{y}'$、$\overline{y}''$ 代入原方程,得

$$2Ax + (2A + B) = 3x.$$

于是

$$\begin{cases} 2A = 3 \\ 2A + B = 0 \end{cases}.$$

解得

$$\begin{cases} A = \dfrac{3}{2}, \\ B = -3 \end{cases}$$

则特解为

$$\overline{y} = \left(\frac{3}{2}x^2 - 3x \right) e^{2x}.$$

因此,原方程的通解为

$$y = C_1 e^x + C_2 e^{2x} + \left(\frac{3}{2}x^2 - 3x \right) e^{2x}.$$

习题6.4

基础题

1. 选择题.

(1)微分方程$\dfrac{d^2 y}{dx^2} - \dfrac{9}{4}x = 0$ 通解是( ).

A. $y = \dfrac{3}{8}x^3 + x$ 　　　　　　　B. $y = \dfrac{3}{8}x^3 + Cx$

C. $y = \dfrac{3}{8}x^3 + C_1 x + C_2$ 　　　D. $y = \dfrac{3}{8}x^3 + x + C$

(2)微分方程$y'' - 2y' + y = 0$ 特解是( ).
A. $y = x^2 e^x$ 　　B. $y = e^x$ 　　C. $y = x^3 e^x$ 　　D. $y = e^{-x}$

2. 填空题.

(1)$y'' - y' - 2y = 0$ 的通解为_____;

(2)设$r_1 = 3, r_2 = 4$ 为方程$y'' + py' + qy = 0$(其中p、q均为常数)的特征方程的两个根,则该微分方程的通解为_____;

(3)设二阶系数齐次线性微分方程的特征方程的两个根为$r_1 = 1 + 3i, r_2 = 1 - 3i$,则该二阶系数齐次线性微分方程为_____.

3. 求下列微分方程的通解.

(1)$y'' - y = 0$; 　　　　　　　(2)$y'' - 5y' = 0$;

(3)$y'' - 2y' + 5y = 0$.

4. 求下列二阶齐次线性微分方程的通解.

(1)$4y'' + 4y' + y = 0$; 　　　　(2)$y'' - 7y' + 6y = 0$;

(3)$y'' + 6y' + 10y = 0$; 　　　　(4)$y'' + 4y' + 3y = 0$.

5. 求下列二阶非齐次线性微分方程的通解.

(1)$y'' + y' = x^2$; 　　　　　　(2)$y'' - 2y' = e^{2x}$;

(3)$y'' - 9y' = 2x$.

6. 求下列微分方程满足初始条件特解.

（1）$y'' - 4y' + 3y = 0$，$y|_{x=0} = 6$，$y'|_{x=0} = 0$；

（2）$y'' + 25y = 0$，$y|_{x=0} = 2$，$y'|_{x=0} = 5$.

提高题

1. 设函数 $f(x)$ 连续，且满足 $f(x) = e^x + \int_0^x t f(t) \, dt - x \int_0^x f(t) \, dt$，求 $f(x)$.

2. 已知函数 y_1, y_2, y_3 是方程 $y'' + p(x)y' + q(x)y = f(x)$ 的解，以下哪些函数也是这个方程的一个解？

（1）$\dfrac{1}{3}(y_1 + y_2 + y_3)$；

（2）$\dfrac{y_1 + 5y_2}{6}$；

（3）$\dfrac{1}{4}y_1 + \dfrac{1}{3}y_2 + \dfrac{1}{2}y_3$；

（4）$4y_1 - \dfrac{10}{3}y_2 + \dfrac{1}{3}y_3$；

（5）$y_1 + C(y_2 - y_3)$.

3. 已知函数 y_1, y_2, y_3 是方程 $y'' + p(x)y' + q(x)y = f(x)$ 的 3 个线性无关的解，写出方程 $y'' + p(x)y' + q(x)y = 0$ 的通解.

4. （2011 年考研数学 II）微分方程 $y'' - \lambda^2 y = e^{\lambda x} + e^{-\lambda x}$（$\lambda > 0$）的特解形式为（　　）.

A. $a(e^{\lambda x} + e^{-\lambda x})$　　　　　　B. $ax(e^{\lambda x} + e^{-\lambda x})$

C. $x(ae^{\lambda x} + be^{-\lambda x})$　　　　　　D. $x^2(ae^{\lambda x} + be^{-\lambda x})$

5. 已知方程 $y'' + p(x)y' + q(x)y = f(x)$ 有 3 个解 x, x^2, x^3，写出一组相应的齐次方程的线性无关的两个解，并求原方程的满足 $y(2) = 2$，$y'(2) = 5$ 的特解.

6. （2001 年考研数学 II）设函数 $f(x), g(x)$ 满足 $f'(x) = g(x)$，$g'(x) = 2e^x - f(x)$，且 $f(0) = 0$，$g(0) = 2$，求 $\int_0^\pi \left[\dfrac{g(x)}{1+x} - \dfrac{f(x)}{(1+x)^2} \right] dx$.

总习题6

基础题

1. 填空题.

（1）$xy''' + 2x^2y' + y = x^3 - 1$ 是_____是阶微分方程；

（2）$y'' - 4y' + 4y = 0$ 的通解是_____；

（3）$e^y y' = 1$ 的通解为_____；

（4）若 $r_1 = 0, r_2 = 0$,是某二阶常数齐次线性微分方程的特征方程的根,则该方程的通解是_____；

（5）设 $y = \cos 2x$ 是微分方程 $y' + p(x)y = 0$ 一个解,则方程通解是_____.

2. 选择题.

（1）$x + y^2 + (1 - x)y' - 3 = 0$ 是（　　）.

A. 可分离变量的微分方程　　　　　B. 一阶齐次微分方程

C. 一阶齐次线性微分方程　　　　　D. 一阶非齐次线性微分方程

（2）下列方程中可分离变量的是（　　）.

A. $\sin(xy)dx + e^y dy = 0$　　　　　B. $x\sin y dx + y^2 dy = 0$

C. $(1 + xy)dx + y dy = 0$　　　　　D. $\cos(xy)dx + e^{x+y}dy = 0$

（3）$y'' = e^{-x}$ 的通解为（　　）.

A. $y = -e^{-x}$　　　　　　　　　　B. $y = e^{-x} + x + C$

C. $y = e^{-x} + C_1 x + C_2$　　　　　D. $y = -e^{-x} + C_1 x + C_2$

（4）若 $y_1(x)$ 与 $y_2(x)$ 是某个二阶齐次线性方程的解,则 $C_1 y_1(x) + C_2 y_2(x)$（ $C_1 、 C_2$ 为任意常数)必是该方程的（　　）.

A. 通解　　　　　B. 特解　　　　　C. 解　　　　　D. 全部解

（5）若 $y_1(x)$ 是非齐次线性微分方程 $y' + p(x)y = q(x)$ 的一个解,则该方程的通解是（　　）.

A. $y = y_1(x) + e^{-\int p(x)dx}$　　　　　B. $y = y_1(x) + Ce^{-\int p(x)dx}$

C. $y = y_1(x) + e^{-\int p(x)dx} + C$　　　　D. $y = y_1(x) + Ce^{\int p(x)dx}$

（6）微分方程 $y'' - 2y' + y = 0$ 的一个特解是( ).

A. $y = x^2 e^x$

B. $y = e^x$

C. $y = x^3 e^x$

D. $y = e^{-x}$

（7）微分方程 $y'' + 5y = \sin 3x$ 的特解形式为( ).

A. $y = a \sin 3x$

B. $y = a \cos 3x$

C. $y = a \cos 3x + b \sin 3x$

D. $y = x^3 (a \cos x + b \sin x)$

3. 求下列微分方程的通解或特解.

（1）$y'' = e^x + 1$；

（2）$xy \mathrm{d}x + \sqrt{1 + x^2}\, \mathrm{d}y = 0$；

（3）$x \dfrac{\mathrm{d}y}{\mathrm{d}x} - 2y = 2x$；

（4）$(y^2 - 6x) y' + 2y = 0$；

（5）$y'' - y' - 2y = 0$；

（6）$y'' - 3y' - 4y = 0, y(0) = 0, y'(0) = -5$.

4. 解答题.

（1）已知函数 $f(x)(x \in \mathbf{R})$ 满足：$f'(x) = f''(x), f(0) = 1, f'(0) = 2$，求 $f(x)$；

（2）设 $\displaystyle\int_0^x f(t) \mathrm{d}t = f(x) - 3x$，求 $f(x)$；

（3）已知方程 $y'' - y = 0$ 的积分曲线，使其在点 $(0,0)$ 处与直线 $y = x$ 相切，求此曲线方程；

（4）某公司对销售某种商品的情况经过分析后发现，当不作广告宣传时，销售这种商品的净利润为 p_0；若作广告宣传，则净利润 p 随广告费 r 变化的变化率与某确定常数 a 和净利润 p 之差成正比，比例常数为 k，求净利润与广告费的函数关系；

（5）设 Q 是容积为 V 的某湖泊在时刻 t 的污染总量，假若污染源已清除，当采取治污措施后，污染物的减少率 r 与污染物的总量成正比且与湖泊的容积成反比变化，设 k 为比例系数，且 $Q(0) = Q_0$，求该湖泊污染物的变化规律.

提高题

1. 设 $y_1(x), y_2(x)$ 是方程 $y'' + p(x)y' + q(x)y = 0$ 的两个解，令

$$W(x) = \begin{vmatrix} y_1(x) & y_2(x) \\ y_1'(x) & y_2'(x) \end{vmatrix} = y_1(x) y_2'(x) - y_1'(x) y_2(x).$$

（1）证明 $W'(x) + p(x)W(x) = 0$；

（2）证明 $W(x) = W(x_0) e^{-\int_{x_0}^x p(t)\mathrm{d}t}$.

2. 设 $f(x)$ 是齐次线性方程 $y'' + p(x)y' + q(x)y = 0$ 的一个特解.

（1）验证利用变量代换 $y = v(x)f(x)$ 和 $w(x) = v'(x)$ 可以把原方程降为一个一阶方程；

（2）求原方程的另一个与 $f(x)$ 线性无关的解，并写出原方程的通解.

3. 已知 $y = e^x$ 是齐次线性方程 $(2x-1)y'' - (2x+1)y' + 2y = 0$ 的一个特解，求方程的通解.

4. 设 $\varphi(x)$ 连续，且 $\varphi(x) = e^x + \int_0^x t\varphi(t)\,dt - x\int_0^x \varphi(t)\,dt$，求 $\varphi(x)$.

参考文献

［1］同济大学应用数学系.高等数学［M］.6 版.北京:高等教育出版社,2007.

［2］赵家国,彭年斌,胡清林.微积分:经管类［M］.北京:高等教育出版社,2011.

［3］张景中.教育数学探索［M］.成都:四川教育出版社,1994.

［4］华东师范大学数学系.数学分析［M］.3 版.北京:高等教育出版社,2009.

［5］赵树嫄.微积分——经济应用数学基础［M］.北京:中国人民大学出版社,2007.

［6］吴赣昌.微积分:经管类［M］.5 版.北京:中国人民大学出版社,2017.

［7］吴赣昌.微积分:理工类［M］.4 版.北京:中国人民大学出版社,2011.

［8］刘智鑫,胡清林.微积分［M］.成都:四川大学出版社,2008.

［9］贾晓峰,王希云.微积分与数学模型［M］.2 版.北京:高等教育出版社,2008.

［10］姜启源.数学模型［M］.2 版.北京:高等教育出版社,1993.

［11］傅英定,谢云荪.微积分［M］.2 版.北京:高等教育出版社,2009.